Die Reihe *Vita Mathematica* bringt unter einheitlichen Gesichtspunkten verfasste *Werkbiographien* bedeutender Mathematiker von der Antike bis in unsere Zeit – unter Berücksichtigung der wissenschaftshistorischen Forschung der letzten Jahrzehnte. Diese Bücher sind nicht primär für professionelle Mathematikhistoriker geschrieben, sondern wenden sich an Studierende der Mathematik, der Physik und der technischen Wissenschaften in den ersten bis mittleren Semestern, an Mathematik- und Physiklehrer, Mathematiker und Physiker, welche ihre Fachdisziplinen in ihrer Einbettung in die Kultur- und Geistesgeschichte kennenlernen und studieren möchten. Diese Mathematiker-Biographien sind einem noch breiteren Publikum zugänglich und verständlich. Die Publikationssprachen sind Deutsch, Englisch oder Französisch.

Vita Mathematica
Band 8

Herausgegeben
von Emil A. Fellmann

Christian Goldbach 1690–1764

Adolf P. Juškevič
Judith Kh. Kopelevič

Aus dem Russischen übersetzt von Annerose und Walter Purkert

1994   Birkhäuser Verlag
Basel · Boston · Berlin

Die Autoren:

A.P. Juškevič †
Institut für Geschichte der
Naturwissenschaften und der
Technik, RAN
Staropanski per. 1–5
103012 Moskau, Russland

Ju.Kh. Kopelevič
Institut für Geschichte der
Naturwissenschaften und der
Technik, RAN
Petersburger Abt.
Universitetskaja Nab. 5
199034 St. Petersburg, Russland

Die Originalausgabe erschien 1983 unter dem Titel: Khristian Gold'bakh, 1690–1764
© Izdatel'stvo "Nauka", Moskva, 1983

Die Deutsche Bibliothek – CIP-Einheitsaufnahme

Juškevič, Adolf P.:
Christian Goldbach : 1690 – 1764 / Adolf P. Juškevič ;
Judith Kh. Kopelevič. Aus dem Russ. übers. von Annerose und
Walter Purkert. – Basel ; Boston ; Berlin : Birkhäuser, 1994
(Vita mathematica ; Bd. 8)
Einheitssacht.: Christian Goldbach <dt.>
ISBN-13: 978-3-0348-7384-0   e-ISBN-13: 978-3-0348-7382-6
DOI: 10.1007/978-3-0348-7382-6
NE: Kopelevič, Judith C.:; GT

© 1994 Birkhäuser Verlag, Postfach 133, CH-4010 Basel, Schweiz
Softcover reprint of the hardcover 1st edition 1994

Gedruckt auf säurefreiem Papier, hergestellt aus chlorfrei gebleichtem Zellstoff
Umschlaggestaltung: Albert Gomm SGD/ITC/SWB, Basel
Satz und Layout: *mathScreen online*, CH-4056 Basel

ISBN-13: 978-3-0348-7384-0

9 8 7 6 5 4 3 2 1

Inhalt

A8 Anmerkungen

Vorwort

Als P.H. Fuss, ein Urenkel Leonhard Eulers und seinerzeit ständiger Sekretär der Petersburger Akademie der Wissenschaften, das zweibändige Werk *Mathematischer und physikalischer Briefwechsel einiger bedeutender Geometer des 18. Jahrhunderts* herausgab, reservierte er den ersten Band für den Briefwechsel seines berühmten Urgroßvaters mit dessen Freund Christian Goldbach.[1] Im zweiten Band nimmt die Korrespondenz Goldbachs mit zwei Vertretern der Familie Bernoulli, mit Nikolaus II und Daniel[2], einen beachtlichen Platz — mehr als 300 Seiten — ein. Alle diese Gelehrten des 18. Jahrhunderts waren Mitglieder der Petersburger Akademie der Wissenschaften. Euler und Daniel Bernoulli genießen Weltruhm, Nikolaus II Bernoulli starb ganz jung, ohne genügend Zeit gehabt zu haben, sein offensichtlich vorhandenes Talent zu entfalten. Goldbachs wissenschaftliche Verdienste sind weitaus weniger bekannt, obwohl jeder Mathematiker schon etwas von der Goldbachschen Vermutung in der Zahlentheorie gehört hat. Fuss äußerte sich über Goldbach folgendermaßen: «Sein Briefwechsel zeigt, daß es der großen Breite seiner Kenntnisse geschuldet ist, wenn er auf keinem Spezialgebiet berühmt wurde. Bald sehen wir ihn mit Bayer knifflige Fragen der klassischen und orientalischen Philologie behandeln; bald läßt er sich auf endlose Streitereien über Archäologie mit dem berühmten Stosch ein; hier zieht ihn Bülfinger zu den damals in Mode kommenden metaphysischen Spekulationen heran, die indessen zu rein gar nichts führten; dort regen Euler und die Bernoulli ihn an, sich mit Mathematik zu beschäftigen und weihen ihn in die Geheimnisse der höheren Analysis und der Zahlentheorie ein.»[3] Diese Worte, die wiederholt in der wissenschaftshistorischen Literatur zitiert worden sind, treffen die Wahrheit recht gut. Goldbach war in der Tat ein Mensch mit außerordentlich breiten Interessen und Kenntnissen, einer der vielseitigsten Gelehrten seiner Zeit. Sein Charakter und die Art seiner Laufbahn bedingten, daß er nie die Absicht hatte, sich auf die Enge eines Spezialgebietes zu konzentrieren. Dennoch stand unter den Wissenschaften, die ihn fesselten, die Mathematik von Jugend an über mehr als 45 Jahre hindurch bis zum Ende seines Lebens an erster Stelle. Selbst als er die Stellung eines Professors an der Akademie der Wissenschaften gegen eine hohe Position im Kollegium (d.h. im Ministerium) für Auswärtige Angelegenheiten eingetauscht hatte, blieb Mathematik seine Lieblingsbeschäftigung. Es wäre auch falsch zu glauben, daß Goldbach von Euler und den Brüdern Bernoulli nur Anregungen empfing, bestimmte Fragen der Mathematik zu behandeln; auch er seinerseits stimulierte in nicht geringem Maße deren Schaffen, insbesondere durch seine Gespräche und Briefe. Andernfalls hätte der physikalisch-mathematische Briefwechsel mit ihm keinen Wert für solche herausragenden Gelehrten gehabt und wäre bald beendet worden. Der Briefwechsel Goldbachs spielte in der Entwicklung der Mathematik, vor allem einiger Teile der Analysis und der Zahlentheorie, wahrscheinlich eine größere Rolle als seine nicht gerade zahlreichen Artikel, aber auch diese sind nicht ohne Bedeutung. Wir werden die gedruckten Arbeiten und den Briefwechsel Goldbachs gemeinsam behandeln.

Zu seinen Lebzeiten genoß Goldbach in der wissenschaftlichen Welt hohes Ansehen. Später war sein Name so gut wie vergessen. Erst nach der Herausgabe des schon genannten Werkes *Mathematischer und physikalischer Briefwechsel einiger bedeutender Geometer des XVIII. Jahrhunderts* durch P.H. Fuss im Jahre 1843 wurde die mathematische Welt wieder auf ihn aufmerksam. Aber selbst bis in unsere Tage fehlte eine wissenschaftliche Biographie Goldbachs. Sein jüngerer Zeitgenosse A.F. Büsching widmete ihm einige Seiten[4] und später auch der Historiker und Literaturhistoriker P.P. Pekarskij, der wertvolle Studien zur Geschichte der Petersburger Akademie der Wissenschaften publiziert hat.[5] Dabei wurden Materialien verwendet, die sich im Archiv der Petersburger Akademie der Wissenschaften (heute: Petersburger Abteilung der Russischen Akademie der Wissenschaften) befanden. Aber der äußerst reichhaltige handschriftliche Nachlaß Goldbachs selbst, der sich im Moskauer Hauptarchiv des Ministeriums für Auswärtige Angelegenheiten (heute: Zentrales Staatliches Archiv für alte Akten — CGADA) befand, wurde völlig außer acht gelassen. Auf diesen Nachlaß, der auch von Pekarskij erwähnt wird, werden wir noch näher eingehen.

Auch das wissenschaftliche Schaffen Goldbachs ist nur sehr ungenügend erforscht worden. M. Cantor widmete ihm einige Seiten im dritten Band seiner *Vorlesungen über Geschichte der Mathematik.* Cantors Analyse ist allerdings ziemlich lückenhaft, und deshalb ist auch die Bewertung des Goldbachschen Beitrags zur Entwicklung der Wissenschaft unvollständig.[6] L.E. Dickson[7] und E.P. Ožigova[8] erwähnen in ihren Büchern zur Geschichte der Zahlentheorie einige einschlägige Entdeckungen Goldbachs. Etwas eingehender werden diese in den Kommentaren von A.A. Kiselev und I.G. Melnikov zu der schon genannten Neuausgabe der Korrespondenz Euler-Goldbach und auch in der Einführung zu diesem Werk beschrieben, aber auch hier werden nicht alle relevanten Arbeiten Goldbachs in Betracht gezogen. Ziemlich vollständig sind die Entdeckungen Goldbachs auf dem Gebiet der unendlichen Reihen untersucht worden, und zwar in einem umfangreichen Artikel von J.E. Hofmann über die ersten Untersuchungen Eulers zu diesem Thema.[9] Allerdings behandelt Hofmann Goldbachs Entdeckungen nur in den recht knapp gehaltenen Anmerkungen, und seine Analyse ist auch nicht ganz frei von Unzulänglichkeiten.

Die Literatur über Goldbachs Wirken ist so spärlich, daß wir sie nicht in einer gesonderten Rubrik aufführen, sondern sie jeweils im Zuge der Darstellung mit erwähnen.

Bei der Arbeit an der Biographie Goldbachs waren wir bestrebt, in dem durch den Umfang des vorliegenden Buches gesteckten Rahmen alle bekannten Archivalien, die gedruckten Arbeiten Goldbachs sowie den veröffentlichten und den unveröffentlichten Briefwechsel auszuwerten.[10] Das Leben Goldbachs selbst, über das bisher nur wenig bekannt war, ist von höchstem Interesse. Er bereiste, als 18-jähriger beginnend, im Verlaufe von mehr als 15 Jahren ganz Westeuropa mit Ausnahme von Spanien und Portugal, weilte in Dutzenden von Städten, besuchte überall, wo es möglich war, wissenschaftliche Gesellschaften, Universitäten, Museen, Observatorien, Bibliotheken, schloß allerorten neue, bald mehr, bald weniger dauerhafte Bekanntschaften sowohl in der wissenschaftlichen Welt als auch in der politischen Sphäre. Dabei korrespondierte er von überall her mit einer ständig wachsenden Zahl von Briefpartnern. Wem ist Goldbach bis 1725 nicht alles begegnet: Leibniz, mit dem er sofort in Briefwechsel trat, Newton und dessen Anhängern wie Moivre, Halley u. a., Nikolaus I Bernoulli (in England) und dessen Cousin Nikolaus II (in Italien), Ch. Wolff, dem deutschen Aufklärer Thomasius, dem Herausgeber der Leipziger *Acta Eruditorum* J.B. Mencke, Malebranche und Varignon, Dutzenden anderen Mathematikern, Astronomen, Physikern, Ärzten, Philosophen, Historikern, Philologen und Juristen. Er traf mit einer Reihe führender Staatsmänner zusammen bis hin zu Ministern und regierenden Fürsten, deren Namen uns im weiteren noch begegnen werden. Offenbar waren seine Reisen oftmals mit gewissen diplomatischen Zielen verbunden. Seine Begegnungen, seine Eindrücke und Gespräche (mit Ausnahme der diplomatischen) vermerkte er in seinem Tagebuch (1710–1761), welches er auf allen seinen Reisen bei sich führte. Dieses Tagebuch und eine Reihe bis heute unveröffentlichter Briefe geben uns nicht nur einen Einblick in das Leben Goldbachs; sie vermitteln uns auch ein Bild eines großen Teiles der wissenschaftlichen Welt im Europa jener Zeit. Das Tagebuch und die anderen Papiere Goldbachs, welche sich alle im Zentralen Staatlichen Archiv für alte Akten in Moskau befinden, werden hier erstmalig zugänglich gemacht.

Mehr erforscht und bekannt ist die Tätigkeit Goldbachs an der Petersburger Akademie der Wissenschaften, wo er von 1725 bis 1742 wirkte (mit einer Unterbrechung, bedingt durch seine Übersiedlung nach Moskau zusammen mit dem Kaiserhof; er war nämlich zum Erzieher Peters II. berufen worden, danach war er einige Zeit bei der berühmten Fürstentochter Natalja Alexejevna). Die äußere Seite des engen Zusammenwirkens von Goldbach mit J. Hermann, D. Bernoulli, L. Euler und vielen anderen hervorragenden Vertretern der exakten Wissenschaften an der Akademie ist schon 1870 von P. Pekarskij behandelt worden[11], aber auch hier bringen die Archivalien viele wesentliche neue Momente an den Tag, die im Bd. 1 der *Protokolle* der Akademie von 1725–1743 nicht enthalten sind. Als Goldbach im Jahre 1742 in das Kollegium für Auswärtige Angelegenheiten berufen wurde, anfangs im Range eines Staatsrats, danach im Range eines Geheimrats (dieser Rang entsprach nach der unter Peter I. gültigen «Tabelle der Ränge» von 1722 dem Militärrang Generalleutnant) wurde der Kreis der ihm nahestehenden Gelehrten von selbst kleiner, zumal er einen Teil seiner Zeit in Moskau verbringen mußte, und sein Tagebuch wird nun für die Wissenschaftsgeschichte weniger interessant. Aber seine von dienstlichen

Vorgängen und gesellschaftlichen Verpflichtungen freie Zeit widmete Goldbach größtenteils der Mathematik, insbesondere der
Zahlentheorie. Gerade in die Zeit vom Frühjahr 1742 bis Winter
1763/64 fallen drei Viertel seines äußerst wertvollen Briefwechsels
mit Euler: 145 von 196 Briefen.

Wir geben nun eine kurze Beschreibung der Goldbachschen
Papiere im Moskauer Zentralen Staatlichen Archiv für alte Akten
(CGADA); vielleicht kann sie anderen Forschern von Nutzen sein.

1. F. 181, op. (= opis: Inventarliste) 16, Nr. 1409: Tagebuchaufzeichnungen von August 1718 bis Oktober 1761.
2. Ebenda, Nr. 1410: Tagebuchaufzeichnungen von 1704–1710;
   Manuskripte von Briefen Goldbachs und verschiedene Notizen
   aus den Jahren 1708–1710 (ungefähr die Hälfte der Bogen
   dieses Bandes sind herausgeschnitten worden).
3. Ebenda, Nr. 1411: kurze Auszüge aus Zeitungen und anderen
   Quellen über verschiedene politische Ereignisse, hauptsächlich
   aus dem Leben der Herrscherfamilien verschiedener Länder.
4. Ebenda, Nr. 1412: kurze Tagebuchnotizen von Januar 1753 bis
   Dezember 1757 (mit einer Zusammenfassung der erhaltenen
   und abgeschickten Briefe).
5. Ebenda, Nr. 1413, č. (= čast': Teil) 1–5: Briefe an Goldbach
   von 1709–1763.
6. Ebenda, Nr. 1414, č. 1–4: Notizbücher, die von Goldbach
   «Chaos von Beobachtungen» genannt wurden: Auszüge aus
   Büchern und Zeitungen, Kopien von Denkmalinschriften, Re-
   zepte und andere Gelegenheitsnotizen von 1707–1763.
7. Ebenda, Nr. 1415. č. 1–5: Briefe Goldbachs von 1720–1763.
8. F. 199, op. 1, portf.(portfolio) 247: vom Konferenzsekretär der
   Akademie der Wissenschaften G.F. Müller gesammelte biographische Dokumente zu Goldbach und einige Materialien
   zu seiner Tätigkeit in der Akademie der Wissenschaften, verschiedene seiner Wahlsprüche, Widmungen, Umschriften für
   Medaillen u. a. m., ferner Briefe (kurze Schreiben) des Präsidenten der Akademie J.A. Korff an Goldbach aus den Jahren
   1735–1740.
9. Ebenda, portf. 546: Kurze Anschreiben Goldbachs an G.F.
   Müller aus den fünfziger Jahren.

Das Buch enthält ein Namensverzeichnis sowie einige Ab-
bildungen. Leider ist unter diesen kein Porträt von Goldbach,

weil offenbar keines existiert. Die Tagebücher Goldbachs sind in
Deutsch und Latein geschrieben. Im Briefwechsel werden außer
diesen beiden Sprachen auch Französisch und in seltenen Fällen
auch Italienisch benutzt. Dienstliche Schreiben sind in Russisch,
Deutsch oder Latein abgefaßt.

Goldbach gab in seinen Tagebüchern und in seinem Briefwechsel, auch während seiner Zeit in Rußland, Daten stets nach dem
Gregorianischen Kalender (Datierung neuen Stils) an. Deshalb
sind in diesem Buch die Daten in der Regel Daten des Gregorianischen Kalenders. Wenn von einem Ereignis die Rede ist, das
unter einem Datum alten Stils bekannt ist, oder wenn das angegebene Datum aus einem russischen Dokument stammt, wird
die Datierung alten Stils benutzt und dahinter in Klammern das
entsprechende Datum nach dem Gregorianischen Kalender angegeben.

Der Biographie Goldbachs fügen wir folgende Anhänge bei:

1. Die Übersetzung seines bisher nicht veröffentlichten Briefwechsels mit J. Hermann (mit einigen Kürzungen),
2. Goldbachs Meinung über den Personalbestand der Petersburger Akademie der Wissenschaften,
3. sein Vorschlag zur Abfassung einer Geschichte der Akademie
   und
4. Originaltexte zweier seiner in Latein verfaßten Gedichte.

Die Autoren danken den Leitern des Zentralen Staatlichen Archivs für alte Akten und der Petersburger Abteilung des Archivs
der Akademie der Wissenschaften Rußlands für die Erlaubnis, die
in diesen Archiven befindlichen einschlägigen Akten zu benutzen.
Ein herzlicher Dank geht ferner an Prof.Dr.A. Heinekamp(†), der
uns aus dem Leibniz-Archiv in Hannover Kopien von Stücken des
Briefwechsels zwischen Leibniz und Goldbach übersandte, sowie
an Herrn Prof.Dr.Ch.J. Scriba (Hamburg), der uns alte Zeichnungen von Königsberg und der Königsberger Universität zugänglich
machte. Besonders dankbar sind die Autoren E.P. Ožigova, die
das ganze Manuskript gelesen hat und eine Reihe wertvoller Hinweise gab, die soweit als möglich Berücksichtigung fanden.

1 Ein fahrender Scholar

Christian Goldbach wurde am 18. März 1690 in Königsberg geboren. Sein Vater, Bartolomäus Goldbach, war Stadtprediger und Professor für Geschichte und Beredsamkeit an der Königsberger Universität. Das Geschlecht der Goldbachs oder Goldbecks war im baltischen Herzogtum Pommern schon im frühen Mittelalter bekannt. Als preußische Landmeister, d.h. Großmeister des deutschen Ordens, werden Goldbachs in Dokumenten des 18. Jahrhunderts erwähnt.[1]

In den Papieren Goldbachs sind keine Angaben über seine Kindheit und seine Studentenjahre an der Königsberger Universität, wo er hauptsächlich Jura studierte, vorhanden.[2] Gelegentliche Tagebuchaufzeichnungen bringen nur einzelne Episoden ans Licht, z.B. eine Reise mit seinem Bruder Heinrich nach Heilsberg (heute Lidzbark-Warminski, Polen), wohin man sie geschickt hatte, um die schwedische Königin zu sehen. Der Jüngling beschreibt im Tagebuch den Aufzug der Königin und ihres Gefolges, ihre Kleidung und ihre Haartracht. Ihn setzte in Erstaunen, daß sie in der ungeheizten Kapelle des bischöflichen Schlosses bei klirrender Kälte mit bloßem Haupte dastand.[3]

Obwohl an der 1544 gegründeten Königsberger Universität wie an der Mehrzahl der alten deutschen Universitäten in jener Zeit Theologie, scholastische Philosophie und Jurisprudenz vorherrschten, fand Goldbach die Möglichkeit, sich auch mit Mathematik zu beschäftigen, zu der er zweifellos eine große Neigung verspürte. Im Frühjahr 1708, auf einer Reise in die nähere Umgebung, machte er in seinem Tagebuch eine Notiz über Diskussionen mit Teuerlein[4], kubische Gleichungen, unaussprechliche (d.h. irrationale) Zahlen, die Quadratur des Kreises, Kegelschnitte und die Verdopplung des Würfels betreffend.[5]

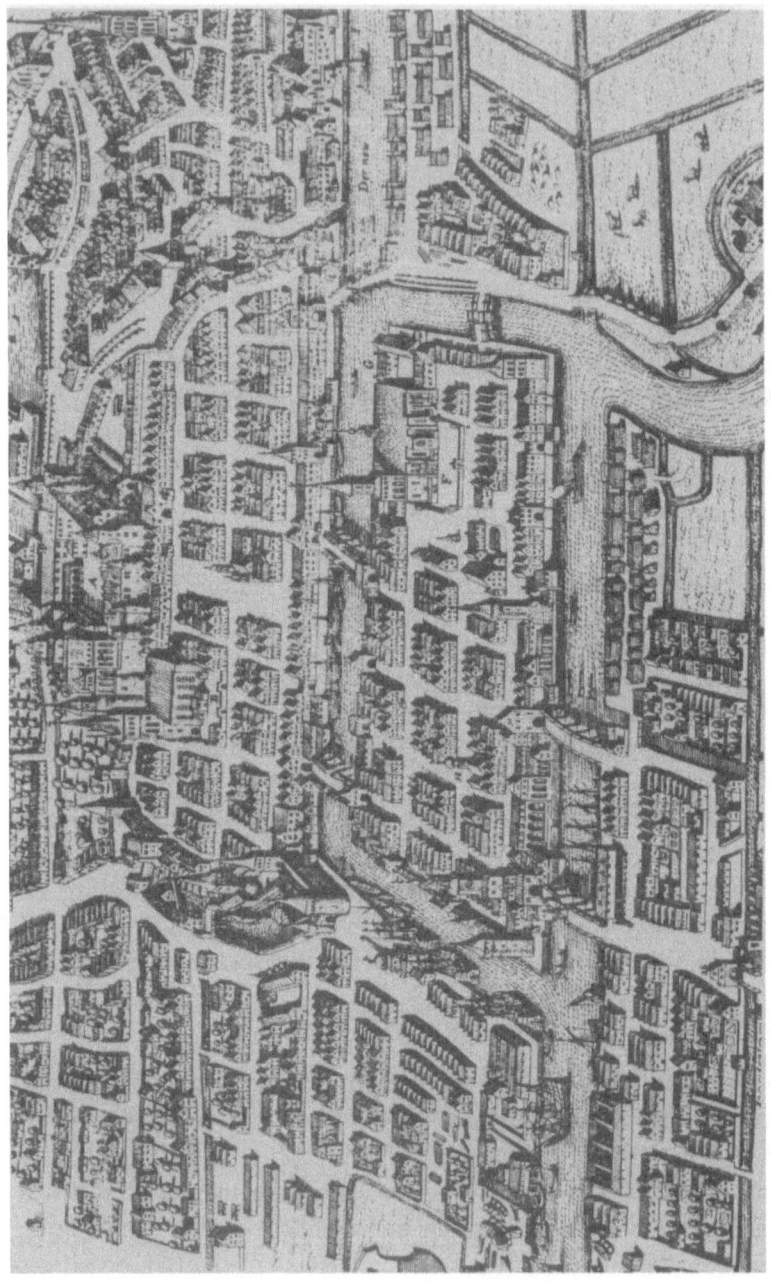

Abb. 1   Ansicht von Königsberg — eine Arbeit des Schweizer Künstlers M. Merian (17. Jh.).
Der Buchstabe G bezeichnet das Gebäude der Universität

In dem kleinen Städtchen Schippenbiel (heute Sempopol, Polen), wo er sich Ende Mai und Anfang Juni aufhielt, beschäftigte er sich mit der Lösung von Aufgaben, die Teuerlein gestellt hatte.[6] In einem Brief, den Goldbach am 14. Juni an Teuerlein nach Königsberg sandte, nennt er ihn seinen Lehrer. «Ich träumte immer davon, meine Kräfte der Buchstabenrechnung zu widmen und dabei einen erfahrenen Lehrer zu haben, der mich in die Quellen einführt und mich mit neuen Aufgaben anspornt. Einen solchen Lehrer gewann ich vor kurzem zu meiner großen Freude in Eurer Person, und ich bin fest davon überzeugt, daß Eure Ratschläge und Hinweise mir in Zukunft ebenso höchst nützlich sein werden wie sie es bisher gewesen sind.» Im selben Brief sind die Lösungen dreier Aufgaben aus der Zahlentheorie enthalten.[7] Im darauffolgenden Jahr 1709 erörterte Goldbach mit Teuerlein die Lösung verschiedener Aufgaben aus der Geometrie, der Zahlentheorie und anderen Gebieten.[8]

Goldbachs Bemühen, Lehrer zu finden, die seine mathematischen Interessen hätten befriedigen können, lenkte seine Aufmerksamkeit auf Leipzig, wo zu dieser Zeit sein Bruder Heinrich studierte. Von Heinrich, der im Herbst 1708 nach Königsberg kam, erfuhr er von Professor Hansch.[9] Am 16. April des folgenden Jahres sandte er einen Brief an Hansch mit der Bitte, sich mit algebraischen Problemen an ihn wenden zu dürfen. Er legte Hansch auch gleich eine algebraische Aufgabe vor.

Im übrigen konnten weder Teuerlein noch Hansch, die beide keinesfalls bedeutende Kenner der Mathematik waren, Goldbach auf diesem Gebiet viel vermitteln. Die mathematische Verbindung mit ihnen verlor deshalb für Goldbach bald an Interesse.

Zu den mathematischen Studien gesellten sich poetische Leidenschaften. Goldbach hat seine Jugendverse nicht aufgehoben, aber in seinen Papieren findet sich das Manuskript der in Latein verfaßten Tragödie *Absalom* mit einem Vorwort von Stobaeus[10], datiert vom 13. März 1709.[11] Offenbar fesselte den jungen Dichter die biblische Geschichte über den Schönling Absalom, den dritten Sohn des Königs David, der seinen Bruder Amnon tötete, nachdem dieser ihrer Schwester Thamar Gewalt angetan hatte, der danach eine Revolte gegen seinen Vater anzettelte und der schließlich, im Kampf gegen David geschlagen, mit seinen prächtigen Haaren in den Ästen einer Eiche hängenblieb und von des Königs Feldherrn Joab getötet wurde.

Abb. 2   Das Gebäude der Königsberger Universität. Hinter dem Gebäude
sieht man den Turm des Doms — Zeichnung aus der Mitte des 19. Jahrhunderts

Abb. 3   Das Gebäude der Königsberger Universität. — Zeichnung aus der
Mitte des 19. Jahrhunderts

Mit Beginn des Frühjahres 1709 begann für Goldbach erneut eine Zeit der Reisen. Vom 8. bis 13. Mai bereiste er Pillau (heute Baltijsk, Rußland), Braunsberg (heute Braniewo, Polen) und Frauenburg (heute Frombork, Polen). In allen diesen Orten besichtigte er die Klöster und Bibliotheken. In Frauenburg sah er eine Wasserhebemaschine, die dort noch von Kopernikus gebaut worden war. Sie war allerdings nicht mehr funktionsfähig, und die Mönche schafften das Wasser in Tonnen auf den Berg. Sie führten Goldbach auf den Turm, von dem aus Kopernikus Beobachtungen angestellt hatte. Der Sekretär des Kapitels zeigte ihm auch ein Porträt des Kopernikus, welches über der Eingangstür hing, und erzählte ihm, Kopernikus sei oft von Frauenburg nach Braunsberg nicht mit Pferden gefahren, sondern mit einer ungewöhnlichen Maschine.[12]

Im Juli fuhr Goldbach mit seinem Bruder und dem Professor Schreiber nach Pillau, wo er sich auf einem 20-geschützigen dänischen Kriegsschiff aufhielt und die Festung und den Wall besichtigte. Er sah vom Sturm beschädigte Schiffe, kaufte zu einem Schleuderpreis aus diesen Schiffen geborgenes naß gewordenes Mannschaftsbrot und trocknete es in der Sonne. Im August nach Hause zurückgekehrt, besichtigte er die reichhaltige Walenrodtsche Bibliothek, wo sich außer Büchern und Handschriften auch diverse Kuriositäten befanden: die Haut eines riesigen «Drachen», das Horn eines Nashorns, der Schweif eines indischen Vogels. Es gab auch zwei riesige Globen, mittels derer man, wenn man sich in das Innere begab, die zweifache Bewegung der Erde nach dem System des Kopernikus sehen konnte. Besondere Aufmerksamkeit widmete Goldbach den dort vorhandenen seltenen Goldmünzen — er untersuchte sie sorgfältig und beschrieb sie detailliert.[13] Mit derselben Gründlichkeit durchforschte er die Bibliothek des Professors Schreiber.

Im September ging es erneut auf Reisen, diesmal nach Marienburg (heute Malbork, Polen) mit seinem alten Schloß und seiner Bibliothek. Hier machte Goldbach einen ansässigen Uhrmacher ausfindig, von dem es hieß, er habe ein perpetuum mobile erfunden. In seinem Tagebuch erwähnt Goldbach ferner, daß sich damals irgendwo in der Nähe von Marienburg der schwedische König Karl XII. aufhielt, der nach der Niederlage in der Schlacht bei Poltawa in diese Gegend geflohen war.[14]

Bereits Ende September begab sich Goldbach wieder auf Reisen. Er machte in Memel (heute Kleipeda, Litauen) Station, wo er bis zum Februar 1710 blieb. Dort besichtigte er eine große Windmühle und lernte den Ingenieur Derger kennen, der magnetische Beobachtungen durchführte und die geographische Breite der Stadt bestimmt hatte. Bei Derger nahm Goldbach Unterricht im technischen Zeichnen und erörterte mit ihm geometrische und astronomische Probleme. Die Winterabende verbrachte er in Gesellschaft von Lehrern und Ärzten, nahm Musikunterricht, spielte Geige und Flöte.[15] Der Grund seines langen Aufenthaltes in Memel war offenbar die in Königsberg grassierende Pestepidemie. Schreiber erwähnt sie in einem Brief an Goldbach vom 20. Dezember 1709; in diesem Brief bittet er ihn auch, ihm seine neuen Gedichte zu senden und würdigt Goldbachs Talent mit außerordentlich lobenden Worten.[16]

Das Frühjahr und den Sommer 1710 verbrachte Goldbach — letztmalig vor seiner großen Reise — zu Hause. Er beschäftigte sich mit Mathematik und bereiste die Umgebung. Am 19. August trennte sich der Zwanzigjährige für lange Zeit von seiner Vaterstadt. Ein knapp geführtes Reisetagebuch erlaubt es uns, ihm auf seinen langjährigen Reisen zu folgen.[17] Sein Weg führte ihn zunächst nach Danzig, wo er eine Woche blieb, sich mit den dortigen Professoren bekannt machte, die Bibliotheken besuchte und alte und seltene Bücher durchsah. In Kirchen und Kathedralen schrieb er Texte alter Inschriften ab. Sein Interesse für Inschriften begleitete ihn überall; viele solche Inschriftentexte sind in seinem Tagebuch verzeichnet.

Am 31. August traf Goldbach in Frankfurt an der Oder ein. Er beschloß, bis Ende des Jahres dort zu bleiben und an der Universität seine Kenntnisse auf dem Gebiet der Jurisprudenz zu vervollkommnen. Er wurde von dem Frankfurter Professor J.Ch. Beckmann[18] empfangen und hatte mit ihm eine lange Unterredung — sie diskutierten den *Traktat über das Gewissen* von W. Ames (Amesius).[19] Am 4. September erledigte Goldbach die nötigen Formalitäten, leistete den «akademischen Eid» und wurde für das nächste Semester als Hörer der Universität eingeschrieben. Er besuchte Vorlesungen zur Geschichte des Rechts bei Professor Rhode[20], ein Kolleg über Handlesekunst und andere Kurse; ferner nahm er an Disputationen teil. In einer Tagebuchaufzeichnung vom 20. November ist vermerkt: «Ich habe die *Utopia* von

Biderman gelesen.»[21] Dieses Büchlein war offensichtlich ganz besonders nach seinem Geschmack, und zwar als vergnügliche Lektüre und als Musterbeispiel für die Schönheit der lateinischen Sprache. Er führte es stets bei sich und las es im Laufe der Jahre immer wieder. Es finden sich Vermerke in seinem Tagebuch — «ich habe die *Utopia* von Biderman ein zweites Mal gelesen», «ein drittes Mal», «ein viertes Mal», «erneut gelesen», dann schon ohne Zählung.

Am 29. Dezember fuhr Goldbach nach Berlin, wo er am Tage darauf eintraf. Als erstes besuchte er die Königliche Bibliothek. Am 2. Januar 1711 führte er, wie im Tagebuch vermerkt[22], ein Gespräch mit dem Hofprediger D.E. Jablonski.[23] Jablonski, ein Neffe des großen tschechischen Aufklärers Jan Amos Komenský, teilte Leibniz' Akademiegedanken und unterstützte ihn bei der Gründung der Berliner Gesellschaft der Wissenschaften. Sein Bruder, J.Th. Jablonski[24], war Sekretär der Gesellschaft. Zur Zeit von Goldbachs Ankunft in Berlin existierte die 1700 gegründete Gesellschaft bereits 10 Jahre, erlebte aber gerade eine Art Wiedergeburt. Eben erst war der Bau des Observatoriums vollendet worden, war der erste Band von Arbeiten unter dem Titel *Miscellanea Berolinensia* erschienen, hatte König Friedrich I. das Statut der Gesellschaft unterzeichnet. Auf den 19. Januar 1711 hatte man eine feierliche Zeremonie festgesetzt, auf der D.E. Jablonski als Vizepräsident der Gesellschaft und Direktor der Klasse für Literatur eine Rede hielt — eine Lobrede auf die Wissenschaft und die wissenschaftlichen Gesellschaften. Obwohl Leibniz, der Gründer und Präsident der Gesellschaft, zu dieser Zeit nicht in Berlin war, prägten seine Ideen und sein Enthusiasmus das gesamte Leben der Gesellschaft, insbesondere in diesem Moment ihrer höchsten Blüte. Man kann sich schwer vorstellen, daß die Gespräche Goldbachs mit Jablonski nicht die Angelegenheiten der Gesellschaft berührt haben, obwohl auch nicht ausgeschlossen ist, daß sie irgendwelche philologischen Feinheiten erörterten.

Wir merken an, daß sehr bald, insbesondere unter dem ungebildeten König Friedrich Wilhelm I., die Berliner Gesellschaft der Wissenschaften fast völlig in Verfall geriet und erst nach dessen Tode, in den vierziger Jahren des 18. Jahrhunderts, als «Akademie der Wissenschaften und der schönen Literatur» wiedererstand.

Am 4. Januar verließ Goldbach Berlin und begab sich erneut nach Frankfurt an der Oder, wo er in einer Disputation als Opponent auftrat. Die zweite Januarhälfte verbrachte er in Dresden, wo er sich Molières Stück *Der Bürger als Edelmann* ansah und die Raritäten der dortigen Kunstkammern studierte — seltene Uhren, eine Orgel mit gläsernen Pfeifen, einen der Tschirnhausschen[25] Brennspiegel, eine Armillarsphäre. Im Tagebuch ist festgehalten, daß auf der Sphäre nur vier Jupitermonde angegeben waren, der fünfte nicht.[26]

Am 31. Januar traf Goldbach in Leipzig ein, wo er sich mit seinem Bruder traf, einige der Professoren kennenlernte und an juristischen Disputen bei Troppeneger[27] teilnahm. Professor Maskov[28] zeigte ihm die Leipziger Bibliotheken.

Mit der Entstehung deutscher Universitäten eines neuen Typs wie der in Halle und in Jena, die Zentren der experimentellen Naturwissenschaften und der Aufklärung wurden, verlor die Leipziger Universität ihren früheren Einfluß auf das geistige Leben Deutschlands. Der an ihr wirkende Professor Ch. Thomasius[29], den man den «Vater der deutschen Aufklärung» nennt und der bestrebt war, sich über den scholastischen Dogmatismus zu erheben und vom Katheder die Ideen der Vernunft und des Humanismus zu verbreiten, war in Konflikt mit den Universitätsautoritäten, den orthodoxen Theologen, geraten. Er hatte schon 1690, d.h. im Geburtsjahr Goldbachs, Leipzig verlassen müssen und war nach Halle an der Saale übergesiedelt. Seine Leipziger Gegner wollten sogar mit Hilfe des Dresdner Obersten Konsistoriums erreichen, daß auch in Halle seine Vorlesungen verboten werden sollten, in denen er das Recht aus der sittlichen Natur des Menschen ableitete, die als natürliche Vernunft aufgefaßt wurde. Aber Thomasius' Stellung in Halle war gefestigt; er hatte einen neuen Geist in die Universität hineingetragen.

An der Leipziger Universität hatte sich seit dem Weggang von Thomasius bis zum Zeitpunkt der Ankunft Goldbachs wenig geändert; an ihr standen die traditionellen, weit von echter Wissenschaft entfernten Dispute und eine schwülstige Rhetorik weiterhin im Mittelpunkt. 1711 erbat die Universitätsobrigkeit die Meinung der Professoren, wie die Zahl der Studenten zu vergrößern sei. In den Antworten wurde vorgeschlagen, einen Tanzlehrer einzustellen, eine Reitschule zu eröffnen und die Hörsäle zu heizen.[30] Es läßt sich heute schwer beurteilen, ob

Abb. 4 Leipzig. Zeichnung von F.B. Werner, Stich von J.G. Rienglin (Anfang 18. Jahrhundert)

Goldbach von Leipzig nur deshalb angezogen wurde, weil dort
sein Bruder lebte, oder ob der Geist der Universität selbst, ihr
Festhalten an den Traditionen, ihm damals noch imponierten.
Am 24. März schrieb er sich in die Matrikel ein, aber schon am
nächsten Tag fuhr er für zwei Wochen nach Dresden. Diesmal
besichtigte er das Arsenal — Kanonen, Belagerungsgeschütze,
allerlei Maschinen. In den Pferdeställen des Schlosses hatte man
königliche Garderobe, Geschirre und Wachsfiguren des Königs
ausgestellt. Man konnte dort auch ausgestopfte Tiere besichtigen
— ein Krokodil, einen Eisbären und andere exotische Wesen. Im
anatomischen Museum gab es in Spiritus gelegte Embryonen und
Mißgeburten zu sehen. Besonders sorgfältig studierte Goldbach
die Handschriften und Inkunabeln der Bibliothek.

Aus Dresden begab sich Goldbach nach Halle, wo er am 13.
April eintraf. Seine erste Visite galt Thomasius, der ihn, wie im
Tagebuch vermerkt ist, sehr freundlich aufnahm. Goldbach besuchte mit Vergnügen juristische Dispute, wo man, wie er
schreibt, gelegentlich «lustige Sachen» redete und außer Latein
auch Deutsch sprach.[31] Er hörte bei J.F. Ludovici[32], dem Verfasser des Buches *Über die Indifferenz der Religion*, d.h. über die
Freiheit der Wahl der Religion. Ferner besuchte er ein Kolleg von
Thomasius über Staatsrecht und Vorlesungen von G.E. Stahl[33],
der über Transmutationen von Metallen las. In der Naturalien-
kammer besichtigte er verschiedene Kuriositäten, darunter eine
Schale aus Moskau.

Am 16. April besuchte Goldbach den berühmten Christian
Wolff.[34] Wolff, der in einer Reihe von Fragen als Nachfolger von
Leibniz galt, hatte schon damals einen Namen als Erneuerer in
der Philosophie. Vor Wolff wurde Philosophie an den Universitäten nur als Vorbereitung für die Theologie betrachtet. Wolff
entwickelte eine Philosophie, die sich auf Mathematik und Naturwissenschaften stützte und vom Vertrauen in die Vernunft durch-
drungen war. Daneben förderte er als Autor von Handbüchern,
die teilweise in Latein, meist aber in Deutsch erschienen, die Verbreitung des mathematischen und physikalischen Wissens einschließlich der Anwendungen der Mathematik in der Architektur, der Geographie und der Technik (über diese Handbücher
s.S. 100). Wolff zeigte Goldbach seine umfangreiche Sammlung
physikalischer Instrumente, darunter eine Luftpumpe, auf die er
besonders stolz war.

Nach den verfügbaren Quellen ist es schwer, die Frage direkt zu beantworten, warum der junge Student Christian Goldbach in allen von ihm besuchten Städten so liebenswürdig empfangen wurde und bei den Bibliothekaren, den Kustoden der Museen und bei z.T. sehr bedeutenden Gelehrten auf ein solches Interesse für seine Person stieß. Offenbar unterschied er sich beträchtlich von seinen Altersgenossen durch die Breite seines Wissens und die Gabe, ein glänzender Gesprächspartner zu sein — Eigenschaften, die für ihn mit wachsender Reife zunehmend charakteristisch wurden.

Nach Leipzig kehrte Goldbach über Merseburg zurück, wo er Sehenswürdigkeiten besichtigte, darunter einen Altar und eine Madonna von Lucas Cranach.

Die letzten Apriltage vergingen in Leipzig mit dem Besuch von theologischen und philosophischen Vorlesungen, mit Opernabenden und dem Besuch der Tanzschule. Bei dem Graveur Schencke sah Goldbach sich eine interessante Autographensammlung an. In Schenckes Album schrieb er lateinische Verse, die man auch in seinem Tagebuch findet.[35] Im Mai besuchte er Vorlesungen Leipziger Juristen. Unter dem 11. Mai findet man im Tagebuch die lakonische Notiz: «Nachmitt. H. Geheim. Rath Leibnitz gesprochen.»[36] Über den Inhalt des Gesprächs ist an dieser Stelle nichts gesagt, man kann aber aus einem Brief Goldbachs eines der Themen rekonstruieren (s.S. 12). Über andere Themen dieses Gespräches gibt eine Notiz Goldbachs in seinem *Chaos observationum quarundam tumultuarie congestarum* genannten Notizheft Aufschluß, wo es unter dem 11. Mai heißt: «H. Geheimrathen Leibnitz gesprochen, selbiger erwehnet unter anderem, daß er B. D. Par. vor vielen Jahren in Leipzig bey H. D. Schertzern gar wohl gehandelt *de quo perhonorifice et alia*. Nach Gelegenheit des Discourses erwehnet er, daß *Graecia* oftmahl pro *Russia* bey den Historicis gefunden würde, daß *Dania* vormahls *Dacia* genandt worden, wie aus den Päbstlichen Bullen von den vorigen Seculis zu ersehen. Daß H. Pufendorf[37] das Wort *evictio* durchgehends in einem ungewöhnlichen Verstande gebrauchet, dazu ihn die phrasis: *evictionem prestare* Gelegenheit gegeben. Daß er (Leibn.) nach der H. Schrifft und den mathematischen Büchern die *Digesta* vor das beste hielt.»[38] Offenbar hat der große Leibniz, der damals führende Repräsentant der deutschen Wissenschaft, Mitglied der bedeutendsten Akademien Europas und Präsident

der Berliner Sozietät der Wissenschaften, diesem jungen Manne
Aufmerksamkeit entgegengebracht und ihn ermutigt, die Verbindung fortzusetzen. Es sind insgesamt elf Briefe bekannt, die Leibniz und Goldbach in den Jahren 1711–1713 wechselten. Übrigens
existiert der letzte, undatierte, Brief von Leibniz an Goldbach
nur in einem flüchtigen Entwurf und ist wahrscheinlich nicht abgeschickt worden. Wenn Goldbach ihn erhalten hätte, so hätte er
ihn ohne Zweifel beantwortet.[39]

Im Sommersemester besuchte Goldbach einen Kurs über feu-
dales Recht bei Schreiter[40] und hörte Vorlesungen bei Schacher.[41]
Er besuchte oft die städtische Bibliothek und begann auf Bitten
des Bibliothekars mit der Besprechung mathematischer Bücher.
Wie andernorts nahm er auch in Leipzig gern an Streitgesprächen
teil. Die Abende verbrachte er in der Oper, im Ballett, in der
Komödie und beim Tanzunterricht. Im September wechselte er
Briefe mit Leibniz. Vom Ende Oktober an hörte er bei L. Menk-
ke[42] die Besprechung des feudalen Rechts von Stryck.[43] Am 11.
November begann er die Vorlesungen von J.B. Mencke[44] über
Journalistik zu besuchen, die ersten in der Welt über dieses Gebiet. Mit solchen Beschäftigungen — Vorlesungen, Disputatio-
nen, Arbeit in der Bibliothek — verging auch der Winter.

Während der Zeit seines Leipziger Aufenthalts schrieb Goldbach drei Briefe an Leibniz, wovon einer nicht erhalten geblieben
ist; er seinerseits erhielt zwei Briefe von Leibniz. Am 22. Mai
1711, noch ganz unter dem Eindruck ihrer vor kurzem stattge-
fundenen Begegnung, führte Goldbach das in ihrem Gespräch
berührte Thema der erstaunlichen Fähigkeiten mancher Leute
fort. Insbesondere ging es um J. Wallis[45], der im Kopf Quadrat-
wurzeln aus großen Zahlen ziehen konnte. In seinem Antwortbrief
vom 30. September desselben Jahres teilte Leibniz mit, daß diese
Gabe in nicht geringerem Maße als Wallis auch B. Frenicle[46] besessen habe, und daß er selbst einst im Hause eines vornehmen
Schweden einen einfachen Burschen gesehen habe, der im Kopf
eine ihm genannte Zahl von Bäumen in einem Garten mit der
Zahl der Zweige auf jedem Baum, der Zahl der Blätter auf jedem Zweig, der Zahl der Raupen auf jedem Blatt multiplizierte.
Am 12. Januar 1712 beantwortete Leibniz einen heute nicht mehr
vorliegenden Brief Goldbachs, in dem es um Probleme des freien
Falls ging, und zwar um die Ursache dafür, daß eine von einem
Turm herabgeworfene Kugel genau im Fußpunkt aufschlägt, als

ob sich der Turm zusammen mit der Erde in Ruhe befände. Leibniz erklärt diese Erscheinung damit, daß die Kugel von der Erde einen solchen Impuls aufgenommen hat, kraft dessen sie die Drehbewegung gerade mitmacht. Dabei verweist er auf einen Versuch von P. Gassendi, der einen Stein von der Mastspitze eines fahrenden Schiffes fallenließ. Goldbach setzte in seinem Brief vom 30. Januar 1712 die Überlegungen zu diesem Problem fort. Ferner erbat er Leibniz' Meinung über eine von G.Ch. Eimmart[47] bemerkte interessante optische Erscheinung, nämlich die Veränderlichkeit der Strahlenbrechung bei Änderung der Zusammensetzung der Luft. Mit diesem Brief schickte Goldbach offenbar auch Skizzen eines seiner Freunde zum Bau eines Monochords, eines Geräts zur Bestimmung der Tonhöhe einer Saite und von Abschnitten einer Saite, an Leibniz. Das war Anlaß für den großen Gelehrten, seinem jungen Korrespondenten in einem Brief vom 17. April seine Gedanken über die Sensibilität des Menschen und anderer denkbarer Lebewesen gegenüber Musik und über das Wesen von Harmonie und Disharmonie mitzuteilen. Für den Freund Goldbachs übermittelte Leibniz praktische Ratschläge zur Konstruktion eines Monochords.

Am 5. März 1712 begab sich Goldbach von Leipzig aus auf eine große Reise. Zehn Tage verbrachte er in Wittenberg. In seinem Tagebuch beschreibt er die Sehenswürdigkeiten der Stadt und seltene Bücher der Bibliothek. Am 17. März traf er in Jena ein. Hier lernte er die Professoren G.W. Wedel[48], J.F. Buddeus[49] und G.A. Hamberger[50] kennen. Bei Wedel nahm er an einem Disput *Über Wunden, von denen man nicht mit Bestimmtheit sagen kann, ob sie tödlich sind oder nicht* teil. Am 4. April reiste er weiter, besuchte Weimar und kam schließlich nach Erfurt, wo er mit dem Mathematiker J. Ludolf[51] zusammentraf. In der Erfurter Universitätsbibliothek sah er sich Handschriften an, in der Kunstkammer besichtigte er eine Gesteinssammlung und andere seltene Dinge, darunter ein Stück eines Moskauer Altars. Sein weiterer Weg führte ihn durch Wolfenbüttel und Braunschweig mit den unvermeidlichen Bibliotheksbesuchen. Am 9. Mai kam er in Hannover an und am 11. Mai — auf den Tag genau ein Jahr nach seiner ersten Begegnung — war er zu Gast bei Leibniz in dessen Wohnhaus in Hannover. An diesem Tage machte Goldbach folgende Eintragung in sein Notizbuch[52]: «Hannover, den 11. Mai. Nach der Lehre des Herrn Leibniz sei die Wirbelhypothese nicht eine gänzlich ausgemachte Sache, d.h. daß bewiesen wäre, daß das Planetensystem nicht anders als durch einen Wirbel bewegt werde. Wenn man eine Kugel von einiger Größe, etwa der Erdkugel gleich, abschösse, dann würde diese in der Tat ein Planet sein und es bedürfe keines anderen zur Fortdauer der Bewegung.

Die neuen Sterne könnten vorher von Flecken verdeckt gewesen sein oder eine gewisse, von uns noch nicht vollends durchschaute Bewegung besitzen, und es sei zumal nicht gewiß, daß alle Fixsterne in Tat und Wahrheit unbeweglich seien, einige seien auch wie dieser [...] zurückgekehrt.

Die judiziarische Astrologie sei nichts wert. Er kenne einen berühmten Königlichen Garten[baumeister] in Paris, der, entgegen den Lehren der Astrologen, Bäume gepflanzt und Samen der Erde anvertraut habe, ohne einen Unterschied der Früchte festzustellen.

Die Kometen, sagte er, können nicht nur mit [Jac.] Bernoulli als sekundäre Planeten, sondern auch als primäre, die in elliptischer und ungewöhnlich schiefer Bewegung laufen, aufgefaßt werden.

Die Bewegung des Mondes um seine eigene Achse werde vor Fontenelle[53] schon von Hobbes[54] an einer gewissen Stelle erwähnt. Doch gab er an, damit einverstanden zu sein und behauptete, daß derjenige Teil des Mondes, der zu uns schaut, schwerer und deshalb notwendigerweise der Erde zugewandt sei.» Im weiteren folgen Bemerkungen über eine Wundersalbe und über die Kunst, aus der Hand zu lesen.[55]

Goldbach besichtigte natürlich auch die Sehenswürdigkeiten Hannovers und machte Spaziergänge im herzoglichen Park. Am 18. Mai stattete er Leibniz einen Abschiedsbesuch ab, um am folgenden Tag erneut aufzubrechen, zunächst nach Amsterdam, von dort dann nach Utrecht, wo er anderthalb Monate verbrachte. In Utrecht arbeitete er in der öffentlichen Bibliothek und hörte Vorlesungen bei P. Burmann[56] über römische Literatur — über Terenz und Horaz. Einige Male besuchte er die Vorführung physikalischer Versuche bei Serrurier[57], wobei er sich einen Versuch, die Bestimmung der Schwere der Luft auf einem 460 Stufen hohen Turm, zweimal anschaute. Aus Utrecht sandte er am 24. Juni einen Brief an Leibniz, in dem die bereits vor ihrer letzten Begegnung begonnene Diskussion zu Fragen der Musiktheorie fort-

gesetzt wurde. Im weiteren kommt Goldbach auf einen Versuch
zurück, an den ihn Leibniz bei ihrem letzten Gespräch erinnert
hatte. Es handelt sich um eine mit Quecksilber gefüllte Röhre,
in der sich ein eisernes und ein goldenes Kügelchen befinden.
Wenn nun die Röhre sehr stark in Umdrehung versetzt wird,
so daß sich eines ihrer Enden im Rotationszentrum befindet,
das andere den äußeren Kreis beschreibt, so werden die Kügelchen ihre Plätze tauschen: das schwerere wird nach oben stei-
gen, das leichtere wird zum Zentrum herabsinken. Diesen Versuch verknüpft Goldbach mit dem Problem des Abstandes von
Planeten verschiedener Dichte von der Sonne infolge der Umdrehung des «Sonnenwirbels». So sei Saturn, weil er eine größere
Dichte habe, weiter von der Sonne entfernt als etwa Merkur,
der leichter sei als die anderen. Am 19. August, schon aus Amsterdam, sandte Goldbach einen weiteren Brief an Leibniz, wieder mit der Beschreibung eines physikalischen Versuchs. Diesmal war es ein Versuch, den Serrurier mehrfach in Anwesenheit
von Goldbach durchgeführt hatte: In einer Röhre mit Wasser,
die im Zustand des Gleichgewichts aufgehängt ist, hängt an einem Roßhaar ein Kügelchen, etwas schwerer als Wasser. Wird
das Haar durchgeschnitten, so muß die Last, die die Röhre im
Gleichgewicht hält, sich nach Maßgabe des Abstiegs der Kugel
senken. B. Ramazzini[58] und Leibniz selbst hatten diesen Versuch
beschrieben. Leibniz versuchte daraus zu erklären, warum bei Re-
genwetter der Luftdruck fällt, bei klarem Wetter aber steigt: die
Luft wird durch das Fallen der Regentropfen leichter, wie das
Wasser in der Röhre leichter wird durch das Fallen der Kugel.
Aber bei Serrurier ist der Versuch, wie Goldbach berichtete, nicht
ein einziges Mal gelungen, und er fragte Leibniz nach möglichen
Ursachen. Darauf antwortete Leibniz in einem Brief vom 6. Oktober 1712, daß der Versuch deshalb mißlungen sein könnte, weil die
Röhre zu kurz war oder die Gewichte zu ungenau. Goldbach hat
scheinbar nicht an Leibniz' Ideen zum Luftdruck gezweifelt. Jedenfalls hat er in den Versen, die er fünf Jahre später aus Anlaß
des Todes von Leibniz schrieb, unter dessen Verdienste für die
Menschheit auch die Erklärung der Veränderung des Luftdrucks
in Abhängigkeit von der Feuchtigkeit gezählt (s.S. 185).
    Wir haben auf der Grundlage der Aufzeichnungen Goldbachs
so ausführlich über seine Reisen, Begegnungen, Gespräche und
Betätigungen berichtet, um zu zeigen, wie er in seiner Jugend

rastlos danach strebte, seine Kenntnisse in allen Spären der Wissenschaft, der Literatur, der Kunst und der Technik auf jede erdenkliche Weise zu erweitern. Man staunt über seine ungewöhnliche Geselligkeit, über die seltene Gabe, augenblicklich Beziehungen zu Leuten unterschiedlicher Spezialgebiete herzustellen und sie dann durch Briefwechsel aufrechtzuerhalten und schließlich über seinen ständigen Drang, immer neue Stätten zu besuchen. Diese — um einen Goetheschen Ausdruck zu gebrauchen — Lehr- und Wanderjahre währten noch lange, ohne an Intensität zu verlieren.

Mittlerweile taucht der Name des so glänzend befähigten fahrenden Scholaren auch schon im Briefwechsel anderer Gelehrter auf. Hansch schreibt von Leipzig aus an Goldbach in Amsterdam am 22. Mai, daß er von bedeutenden Leuten Lob über ihn gehört habe. In diesem Brief analysiert Hansch eine philosophische Dissertation Goldbachs, die in Jena erschienen war.[59]

Am 24. Juni sendet Goldbach aus Utrecht einen Brief nach Leipzig an Prof. Schreiter; für den Bibliothekar Götze schickt er Auszüge aus juristischen Dokumenten mit. Nach einer Woche begibt er sich erneut auf Reisen: über Leiden und Amsterdam nach Groningen, wo er am 27. Juli eintrifft und zwei mit den vielfältigsten Dingen ausgefüllte Wochen verbringt. In Groningen war er zweimal zu einem Gespräch oder einem Examen bei dem Professor Pogenst[60]; diesem überreichte er auch ein Manuskript juristischen Inhalts. Am 1. August trat er als Opponent bei einem Disput auf und am 5. August verteidigte er seine eigene Dissertation zur Erlangung des Licentiats zum Thema «Über die Strafe bei Raub.» Es geht darin um die bei verschiedenen Völkern praktizierte Strafe bei Menschenraub.[61] In Groningen wurden ihm Briefe aus Leipzig von Schreiter und Hansch zugestellt. Hansch schrieb ihm über einen Brief von Leibniz, in dem die Polemik um Leibniz' *Theodizee*[62] erörtert wird. Briefe an Hansch und Leibniz hatte Goldbach schon am 19. August aus Amsterdam abgeschickt. Weiter ging die Reise dann nach Haarlem, Leiden, Haag, Delft und Rotterdam. In Leiden lernte Goldbach den berühmten Chemiker und Arzt H. Boerhave[63] sowie die Professoren Granov[64], Crenius[65] und Albinus[66] kennen. Am 3. September fuhr Goldbach mit dem Schiff nach England und am Abend jenes Tages war er in London, wo er unweit der Königlichen Börse Quartier nahm. Die Tagebuchaufzeichnungen über den dreimonatigen Aufenthalt in England sind leider, wie andere auch, sehr knapp gehalten.[67] Er besuchte das Rathaus, das Christushospital, ein chemisches Laboratorium, ein medizinisches Kollegium, die Royal Society, eine Apotheke, das Arsenal, Westminster, das Parlament. In Windsor sah er in der Kirche die Königin Anna. Am 16. September besichtigte er das Museum des Botanikers, Forschungsreisenden und Sekretärs der Royal Society, Hans Sloane.[68] Dieses Museum war das reichste Privatmuseum Englands. Es wurde nach dem Tode seines Besitzers 1754 vom Staat erworben und bildete die Grundlage für das Britische Museum. Am 17. September weilte Goldbach in der Bibliothek des Erzbischofs von Canterbury. Ferner hatte er Gelegenheit, einige bekannte Gelehrte, wenn auch meist nur flüchtig, kennenzulernen: am 19. September traf er I. Newton, J. Johnes[69], P. Alix[70], am 20. W. Whiston[71] und J. Woodward.[72] Am 23. September war er bei Woodward zu Gast, zusammen mit dem Porträtisten G. Kneller (1646–1723), dem Schöpfer der bekannten Porträts von Newton und Peter I.

Ende September verbrachte Goldbach einige Tage in Oxford, wo er das anatomische Museum und die Bodleysche Bibliothek besichtigte. Hier traf er auch zum ersten Mal mit Nikolaus I Bernoulli zusammen[73], dem Neffen und Schüler von Jakob und Johann Bernoulli. (Der Sohn Nikolaus von Johann Bernoulli wird gewöhnlich Nikolaus II genannt.) Auf der Rückfahrt nach London weilte Goldbach bei E. Halley[74], wo er erneut Nikolaus I Bernoulli traf. Dieser war mit dem klassischen Werk von Jakob Bernoulli über Wahrscheinlichkeitstheorie, der *Ars conjectandi* (Basel 1713), gut vertraut, wo erstmals das Gesetz der großen Zahlen ausgesprochen und bewiesen ist (der Ausdruck «Gesetz der großen Zahlen» stammt von Poisson[75]). Nikolaus I Bernoulli verteidigte und publizierte 1709 als Doktordissertation ein Werk, in dem er erstmals die Methode seines Onkels auf eine Reihe juristischer Fragen anwandte.[76] Überhaupt hat der junge Bernoulli die Entwicklung der Wahrscheinlichkeitstheorie wesentlich stimuliert, insbesondere durch seine Zusammenarbeit mit de Montmort[77]. Allerdings ist die oft geäußerte Behauptung, Nikolaus I Bernoulli habe die *Ars conjectandi* herausgegeben, nicht korrekt: Er hat nur dem bereits gedruckten Werk ein Vorwort vorangestellt und eine Druckfehlerliste beigefügt.[78] Anzumerken wäre noch, daß Goldbach auf N. Bernoulli einen sehr guten Eindruck machte. In einem Brief an Leibniz vom 25. Oktober 1712 charakterisiert Bernoulli ihn als einen herausragenden und höchst gelehrten Jüngling. Am 12. Oktober hatte Goldbach zusammen mit N. Bernoulli eine Unterredung mit A. de Moivre[79], auf den grundlegende Untersuchungen zur Wahrscheinlichkeitstheorie und zur Theorie der rekurrenten Reihen zurückgehen. Von Moivre stammt auch ein heute nach ihm benannter Satz in der elementaren Funktionentheorie. Am 14. Oktober traf Goldbach mit dem Astronomen J. Flamsteed[80] zusammen. Die Abende verbrachte er oft im Theater. Am 19. Oktober fuhr er nach Cambridge, wo er bei Bentley[81] weilte und sich dessen Bibliothek und Sammlung griechischer Handschriften ansah. Auf der Rückreise nach London traf er sich erneut mit Moivre und N. Bernoulli. Im Hause Moivres lauschten sie dem Flötenspiel von Moivres Sohn. In einem Brief an Leibniz berichtet Goldbach, daß Moivre ihn und Bernoulli zu dem Uhrmachermeister Williamson geführt habe, wo sie sehr genau gehende Uhren einer speziellen Konstruktionsart gesehen hätten.[82] Am 4. November war er in Greenwich und am 25. verließ er London. Er setzte mit dem Schiff von Dover aus über und erreichte über Brügge und Gent am 7. Dezember Brüssel.

Noch in London hatte Goldbach am 27. September einen Brief von Hansch[83] erhalten, der ihm seine Besprechung der Leibnizschen *Theodizee* sandte. Er teilte Goldbach ferner mit, daß er dessen Dissertation Thomasius gezeigt und dieser sich recht lobend geäußert habe. Hansch selbst bereitete gerade eine Übersicht über die Keplerschen Handschriften vor, eine Arbeit, die seiner Meinung nach auch für die Engländer von Interesse sein dürfte. In Brüssel erreichte Goldbach am 30. Dezember ein Brief von Leibniz, der am 6. Oktober in Hannover abgeschickt worden war. Zusammen damit kam auch noch ein Brief von Hansch vom 25. Oktober an[84], in dem dieser über seine Gespräche mit Leibniz in Dresden berichtete. Leibniz hatte damals Begegnungen mit dem russischen Zaren Peter I.[85] Am 5. Januar antwortete Goldbach Leibniz auf dessen Abhandlung über Planetenbewegungen. Daran schloß er Bemerkungen an, die sich aus seinem gerade erfolgten Studium der *Theodizee* ergeben hatten, insbesondere zum § 303, in dem es um das Problem von Freiheit und Notwendigkeit bei der Erschaffung der Welt geht. Es gibt einen Entwurf einer Antwort von Leibniz auf diesen Brief, der aber aller Wahrscheinlichkeit nach nicht abgeschickt worden ist. Dort kehrt Leibniz erneut zu den Überlegungen über moralische Notwendigkeit und die Freiheit der Wahl zurück, und er widerspricht denjenigen, die behaupten, daß alles einfach aus der Materie und der Bewegung oder aus der Vereinigung von Teilchen entsteht. Hiermit bricht dann die Korrespondenz Goldbachs mit Leibniz ab.

Die Frühlingsmonate des Jahres 1713 bis zum Ende des April verbrachte Goldbach hauptsächlich in Brüssel. Tagebuchaufzeichnungen aus dieser Zeit gibt es nur sehr wenige. Es scheint so, daß hier mehr das Vergnügen als die Arbeit im Vordergrund stand — Fahrten in die Oper, ins Theater, zu Bällen. Freilich nahm Goldbach auch an Gelehrtendisputen teil, z.B. Ende März in Leuven. In Brüssel erfüllte er verschiedene Bitten von Hansch, z.B. suchte er nach Materialien über Kepler und verhandelte mit Verlegern.[86] Dem Bibliothekar Götze schickte er Kataloge nach Leipzig.[87] Am 24. April begab sich Goldbach von Brüssel aus nach Frankreich. Die Reise mit Aufenthalten in Valenciennes, Cambrai, Noyon und Senlis dauerte länger als einen Monat, und erst am 1. Mai war Goldbach in Paris, wo er sich mehr als ein halbes Jahr aufhielt.

Natürlich wurden auch hier alle Sehenswürdigkeiten besucht, wurde alles aufgenommen, womit Paris einen jungen deutschen Studenten im letzten Lebensjahr des «Sonnenkönigs» , wie man damals den hochbetagten Ludwig XIV. nannte, beeindrucken konnte. Dreimal hatte Goldbach Gelegenheit, den König zu sehen: An einem Maitag in Marly und am 8. Oktober in Fontainebleau, wo er der Zeremonie des königlichen Aufzugs beiwohnte und den König bei der Abendmalzeit sah. Am 11. Juni beobachtete Goldbach ein Treffen des Königs mit dem englischen Gesandten. Er war auch im Louvre (damals noch einer der königlichen Paläste und noch nicht Museum) und im Invalidendom, ferner unternahm er eine Fahrt zu den Schlössern an der Seine und der Loire bis Orleans. Besonders interessierte er sich für die Jesuitenbibliothek in Blois. Er besuchte eine Komödie in einer Mädchenschule und sah eine Tragödie, in der die Herzogin du Maine, die Ehefrau eines unehelichen Sohnes von Ludwig XIV., selbst mitspielte. Auch eine Gobelinfabrik hat Goldbach besucht. Vor allem aber fesselte ihn naturgemäß das gelehrte Paris. Am 5. Juni war er zu Gast bei Malebranche[88], am folgenden Tag bei Varignon[89], der ihm Empfehlungsbriefe an den ständigen Sekretär der Akademie Fontenelle und an den Astronomen Maraldi[90] mitgab. Leider sind im Tagebuch keinerlei Einzelheiten über diese Besuche ver-

zeichnet. Am 30. Oktober war Goldbach im Observatorium, wo
damals auch die Modelle neu erfundener Maschinen standen, die
man der Akademie zur Prüfung eingereicht hatte. Am 7. Januar
1714 besuchte er die Sorbonne und hatte kurz vor seiner Abreise
eine Unterredung mit dem königlichen Bibliothekar Bignon.[91] Im
Tagebuch gibt es viele Notizen über den Besuch der Bibliotheken des Collège des Quatre Nations[92], von St. Geneviève und der
königlichen Bibliothek, der heutigen Nationalbibliothek.

Der Aufenthalt in England und Frankreich war zweifellos von
größter Bedeutung für den wissenschaftlichen Werdegang Goldbachs. In England herrschten die physikalischen und mechanischen Ideen Newtons ebenso unangefochten wie seine Variante
der Infinitesimalmathematik, die Methode der Fluxionen und
Fluenten. Seit 1665 wurde hier das periodische Organ der Royal
Society, die *Philosophical Transactions*, herausgegeben. In Frankreich dominierten zu jener Zeit die cartesische Naturphilosophie
und die Leibnizsche Form der Differential- und Integralrechnung.
Letztere war im Anschluß an Leibniz von Jakob und Johann Bernoulli ausgearbeitet worden. In Frankreich wurde sie von den
mit dem einflußreichen Malebranche eng verbundenen Mathematikern l'Hospital[93] und Varignon verbreitet. Im selben Jahr wie
die *Philosophical Transactions* begann in Paris das *Journal des
Sçavans* zu erscheinen, im wesentlichen ein Organ der Pariser
Akademie. Es brachte gern Arbeiten der Anhänger von Leibniz,
kam in seiner Bedeutung allerdings nicht an die Leipziger *Acta
eruditorum* heran. Außer dem *Journal des Sçavans* gab die Pariser Akademie seit 1699 noch ihre *Mémoires* heraus. Es besteht
kein Zweifel, daß Goldbach über alle grundlegenden Probleme,
die man in England und Frankreich studierte und debattierte,
vollkommen im Bilde war ebenso wie über die Prioritätsstrei-
tigkeiten und weltanschaulichen Meinungsverschiedenheiten, die
damals die Anhänger Newtons und Leibniz' trennten.

Von Paris aus setzte Goldbach seinen Briefwechsel mit Hansch
fort,[94] bemühte sich um die Herausgabe eines Werkes von
Hansch[95] und diskutierte mit ihm die Deutung von Problemen
der Ethik bei Leibniz.

Am 17. Januar verließ Goldbach Paris und reiste über die
Schweiz nach Italien. Er verweilte einige Tage in Lyon, besichtigte
die Jesuitenbibliothek und beschrieb in seinem Tagebuch die Sehenswürdigkeiten der Stadt sowie seine neuen Bekanntschaften.

In Genf war er im Arsenal, in Turin besuchte er eine Komödie im Jesuitenkolleg und in Genua studierte er alte Handschriften. Am 28. Februar kam er in Florenz an. Einige Tage besichtigte er mit Begeisterung die Stadt, die Bildergalerien, die St. Laurentius-Bibliothek. Im Kloster der Minoriten schrieb er eine würdigende Inschrift ab, die man 1674 unter einem Porträt Galileis angebracht hatte. Von Florenz begab er sich über Siena nach Rom, wo er am 10. März eintraf. Mit Beginn seiner Ankunft in Rom ging Goldbach in seinen Tagebuchaufzeichnungen vom Deutschen zum Lateinischen über. Scheinbar fiel es ihm in dieser Sprache leichter, die italienischen Eindrücke wiederzugeben. Der Beschreibung Roms, seiner Kathedralen, Triumphbögen, Päläste, Klöster und Ruinen sind in Goldbachs Tagebuch zehn Seiten eng geschriebenen Textes gewidmet. Er besuchte das Museum von Athanasius Kircher[96], arbeitete in der Vatikanischen Bibliothek, bestieg die Bronzekugel an der Kuppel von St. Peter.

Ende April und fast den gesamten Mai durchstreifte Goldbach den Süden Italiens. In Neapel besichtigte er Bibliotheken und folgte dem Wege zum Fuße des Vesuv, den einst Plinius d.Ä. gegangen war. Er schaute sich in Klosterbibliotheken, Museen, Kollegien und Apotheken um und beobachtete Versuche zum Flug von Kanonenkugeln. Am 24. Mai nach Rom zurückgekehrt, lernte er im Vatikan Persönlichkeiten kennen, die ihm Zugang zu Ausgrabungen verschafften. So konnte er antike Mosaike studieren. Von Rom aus fuhr er nach Bologna. In dieser Stadt, die eine der ältesten Universitäten der Welt beherbergt, fanden damals gerade wichtige wissenschaftliche Ereignisse statt. Der Herzog Marsiyli[97], Feldherr, Ingenieur und Gelehrter, hatte in seinem Hause ein reich ausgestattetes Museum und ein Observatorium eingerichtet und gewährte Arbeitsmöglichkeiten für die seit 1690 existierende «Akademie der Ruhelosen» (Accademia degli Inquieti). 1712 übergab er seine Sammlungen, Maschinen und Instrumente der Stadt. Der städtische Senat erwarb für diese eines der schönsten Häuser, wo das sogenannte Institut gegründet wurde. Das Institut war eine Vereinigung der Accademia degli Inquieti und der Akademie der Künste mit dem Museum, dem man noch die naturwissenschaftlichen Sammlungen von U. Aldrovandi[98] und F. Cospi[99] angegliedert hatte. Goldbach durchstreifte den Palast des Instituts, besichtigte die mathematischen Instrumente, einen großen Magneten, Pumpen und

Abb. 5   Platz in Wien «Der Hoff», Anfang des 18. Jahrhunderts. Stich aus dem Album von S. Kleiner:
Kirchen und Klöster zu Wien, 1724.

Abb. 6   Ein Winkel Wiens Anfang des 18. Jahrhunderts: Das Akademische Kollegium der Jesuiten, in dem Goldbach weilte. Stich aus dem Album von S. Kleiner: *Kirchen und Klöster zu Wien*, 1724.

seltene Stücke aus der Sammlung von Aldrovandi. Er besuchte
ferner die Bibliothek von St. Dominik. Von Bologna fuhr er über
Ferrari nach Padua. Dort machte er die Bekanntschaft mit Padua-
ner Professoren und hatte eine Unterredung mit dem berühmten
Arzt und Physiker B. Ramazzini. Goldbach besuchte auch die sogenannte Medizinische Bibliothek der Deutschen Nation. In seinem Tagebuch findet man darüber die spöttische Bemerkung,
daß dort offenbar nur ein einziger deutscher Mediziner vertreten
war. Am 23. Juni nahm er an einer Zeremonie zur Verleihung
akademischer Grade an der Universität Padua teil. Am selben
Tage besichtigte er den Heilkräutergarten und lernte den Astronomen und Mathematiker G. Poleni[100] kennen, mit dem er von
da an freundschaftliche Beziehungen pflegte und Jahrzehnte im
Briefwechsel stand. Viele Briefe Polenis sind unter den Papieren
Goldbachs erhalten. Von Padua aus fuhr Goldbach für zwei Wochen nach Venedig, kehrte am 10. Juli zurück und begab sich bald
darauf von neuem auf Reisen. Ziel dieser neuen Reise war Wien.

Goldbach fuhr über Vincenzia, Verona und Innsbruck. In
Augsburg besichtigte er eine große hydrotechnische Anlage, in In-
golstadt die Bibliothek und eine Apotheke. Weiter ging es über
Regensburg, Passau und Linz nach Wien, wo er am 6. August
eintraf. Die österreichische Hauptstadt frappierte ihn durch die
Pracht ihrer Paläste, durch ihre Gärten und Fontänen. Er besuchte die Oper, besichtigte die Kunstkammer und die Kaiserli-
che Bibliothek, insbesondere die Handschriftensammlung. Nach
fast eineinhalb Monaten Aufenthalts in Wien begab er sich am
18. September nach Prag, wo er sich in der Gastwirtschaft «Gul-
dern Einhorn» für vier Tage einquartierte. Er besichtigte die herrlichen Kathedralen und spazierte auf der im 14. Jahrhundert erbauten Karlsbrücke über die Moldau. Am 28. September war er
schon in Leipzig und am 19. Oktober in Berlin, wo er einen Monat blieb. In seinem Tagebuch beschrieb er die neuen Stücke,
die nach der Krönung Friedrich Wilhelms I. in der Kunstkammer
ausgestellt wurden; ferner besuchte er das Arsenal.

Der Staatsminister von Ilgen[101], der Goldbach kennenlernte,
hatte ihn dem König gegenüber so gerühmt, daß ihm dieser schon
kurz nach der Abreise aus Berlin den Rang eines Hofrats verlieh.[102] Am 17. Dezember 1714 kam Goldbach über Danzig und
Pillau wieder im heimatlichen Königsberg an. Mehr als drei Jahre
hatte er auf Reisen zugebracht.

2 Zu Hause und erneut auf Reisen

Für die drei Jahre, die Goldbach in Königsberg verbrachte, sind keine Tagebuchaufzeichnungen vorhanden. Es ist möglich, daß er im Entwurf Aufzeichnungen anfertigte, sie dann aber aus irgendwelchen Gründen nicht abgeschrieben hat, denn im Tagebuch sind nach dem 17. Dezember 1714 zehn Seiten freigelassen.

Die einzige Quelle für diese Jahre sind die Briefe. Leider machte Goldbach in seinen Briefen gewöhnlich keine Mitteilungen über seine alltäglichen Beschäftigungen und seine Lebensverhältnisse. Man kann aber aus seiner Korrespondenz eine recht gute Vorstellung über den Kreis seiner Freunde und Bekannten gewinnen, über deren allgemeine Interessen und über die unsichtbaren Fäden, welche die Gelehrten der verschiedenen Länder Europas verbanden. Man sieht aus dem Briefwechsel auch, wie Goldbach allmählich zu einem wichtigen Kettenglied im System der wissenschaftlichen Kommunikation wurde.

Die Nachricht von der Verleihung des Hofratstitels an Goldbach erreichte rasch seine Freunde. Der ihm von der Leipziger Universität her bekannte J.J. Maskov[1] sandte ihm am 27. Januar 1715 ein Glückwunschschreiben, in dem er betonte, daß ein solches Beispiel der Anerkennung von Bedeutung und Verdiensten andere ermutige und daß Goldbach, indem er den Musen diene, zweifellos auch dem Vaterland Dienste erweise. In diesem Brief erscheint auch eine Mitteilung über eine Sache, die damals die ganze Gelehrtenwelt in Aufregung versetzte, nämlich über das angeblich von Orfyrei erfundene perpetuum mobile.[2] I. Cotinelli[3] erörterte in Briefen aus Neapel mit Goldbach Musterbeispiele musikalischer Kompositionen, Fragen der biblischen Textkunde und verschiedene neue Bücher, darunter solcher über das Problem der Figur der Erde.[4] Die Frage nach der Erdgestalt war zu jener Zeit und auch noch viele Jahre danach einer der Hauptstreitpunkte zwischen den Anhängern Newtons und Descartes'. In seiner Antwort auf Cotinellis Glückwünsche zum Hofratstitel schreibt Goldbach am 26. Juli 1715, daß solche Äußerlichkeiten für ihn keinerlei Bedeutung hätten. Er sei mit allem zufrieden und lebe im Garten inmitten von Apfelbäumen.[5]

Goldbachs alter Freund Hansch begann in diesen Jahren die Herausgabe der Werke Keplers, die zu seiner Lebensaufgabe wurde.[6] Es gelang ihm, für dieses Projekt eine finanzielle Unterstützung vom österreichischen Kaiser zu erhalten. Im Herbst 1715 bereitete er einen Band mit Keplers Korrespondenz vor und bedankte sich bei Goldbach für Bemerkungen zu Keplers Biographie, welche in diesen Band aufgenommen werden sollte (erschienen 1717). Am 20. August 1717 schrieb er an Goldbach über seine Arbeit an den Keplerschen Manuskripten und über seine Suche nach Angaben über Personen aus Keplers Umgebung.

Das Orfyreische perpetuum mobile ist für etliche Jahre Gegenstand des Goldbachschen Briefwechsels. Er fragt z.B. Maskov, ob Leibniz diese neue Erfindung gesehen habe und was er darüber denke. Dasselbe fragt er Hansch. Am 29. Juni 1716 schickt er an Cotinelli in Neapel zwei lateinische Epigramme auf Orfyrei. Diese Epigramme wurden von J.B. Mencke, nachdem sie ihm wahrscheinlich durch Bayer in die Hände gelangt waren, 1716 gedruckt.[7] Im Anhang 4 sind sie im Original wiedergegeben.

In der Korrespondenz dieser Jahre mit Italienern nimmt das Problem der Gestalt der Erde großen Raum ein, welches damals Gegenstand zahlreicher geodätischer Messungen, geographischer Expeditionen und wissenschaftlicher Auseinandersetzungen war. Mit Cotinelli wird das Buch Eisenschmidts[8] zu diesem Thema erörtert. In einem Brief an Antonio de Monforte in Neapel vom 20. März 1716 äußerte Goldbach seine Ansichten über die Bewegung der Planeten, angeregt durch eine Hypothese Monfortes, und legte diesem folgende Fragen vor: Warum stürzt ein Planet nicht in die Sonne? Warum kreisen die Planeten ausgerechnet in der gegebenen Bahn? Warum ändert sich die Neigung der Erdachse in Bezug auf die Sonne? Was ist die Ursache für die Bewegung von Erde und Jupiter um ihre jeweiligen Achsen? Ist die Hypothese Whistons über einen von einem Kometen empfangenen Impuls absurd?[9] Monforte diskutiert diese Fragen in einem Brief vom 8. Mai 1716.[10] In seinem Antwortbrief vom 29. Juni äußert Goldbach seine Gedanken darüber, daß man keine genaue

Übereinstimmung der Bewegung der Erde mit den Keplerschen Gesetzen festgestellt hat.[11]

Mit Th.S. Bayer[12], dem späteren Petersburger Akademiemitglied, war Goldbach in Königsberg gut bekannt, wo Bayer geboren war, studiert hatte und seit 1711 als Lehrer wirkte. Als Bayer sich vermittels eines Stipendiums des Königsberger Magistrats auf Reisen begab, begann ihr Briefwechsel. Aus Danzig schrieb Bayer am 31. Mai 1716 über seine Bekanntschaft mit einem jungen Mann namens Rodde[13], aus Narva gebürtig, den Peter I. nach Danzig geschickt hatte. Von Rodde erfuhr Bayer von der Lehranstalt in Tobolsk, die man mit Hilfe schwedischer Gefangener errichtet hatte, von den Differenzen innerhalb der russischen Geistlichkeit und von den Anschuldigungen, die vom Erzbischof Stefan Javorskij gegen Dimitrij Tveritinov[14] erhoben worden waren.

1716 nahm Goldbach durch seine Leipziger Freunde die Verbindung zu J.B. Mencke auf, bei dem er in Leipzig Vorlesungen gehört hatte. Mencke veröffentlichte in seiner Zeitschrift *Acta eruditorum* die erste gedruckte Notiz Goldbachs *Temperamentum musicum universale* (1717, S. 114–115, s.S. 105–106). Im selben Jahre veröffentlichte Mencke in der VI. Ausgabe der *Supplementa* zu seinem Journal einen Auszug aus einem Brief Goldbachs ohne Angabe des Adressaten (über diese Veröffentlichung s.S. 135). Bayer schrieb Goldbach unter dem 27. Januar 1717, daß Mencke von seinen Epigrammen auf Orfyrei entzückt gewesen sei; weiter heißt es: «Andere Freunde gerieten, nachdem sie von Ihrer Entdeckung auf dem Gebiet der Arithmetik erfahren hatten, in Entzücken und lechzen danach — und das ist auch in Ihrem Interesse — daß Ihr ihnen und der gesamten Öffentlichkeit ausführlicher darüber berichtet.» Unter den in diesem Brief behandelten wissenschaftlichen Novitäten ist auch Leibniz' Rechenmaschine, von der es heißt, sie sei «schon gebaut, aber noch nicht funktionsfähig.»[15] Mit Bayer verbanden Goldbach hauptsächlich philologische Interessen und die Begeisterung für die Poesie. Goldbach schickte Bayer seine lateinischen Gedichte[16], und dieser zeigte sie Kennern in Leipzig und Berlin. Einer der gemeinsamen Freunde Bayers und Goldbachs in Berlin war das Mitglied der Sozietät der Wissenschaften, der königliche Bibliothekar M. La Crose. Er beherrschte viele Sprachen und war einer der bekanntesten Philologen seiner Zeit. Unter seinen zahlreichen Korrespondenten war

auch Leibniz. Nachdem La Crose durch Bayer die Gedichte Goldbachs kennengelernt hatte, äußerte er sich außerordentlich lobend
darüber. Er war entzückt von ihrer Eleganz und Klarheit und
schrieb, daß sie der Poeten des antiken Rom würdig wären und
daß er die Poesie Goldbachs an die zweite Stelle nach Catull setzen würde.[17] Über all dies berichtete Bayer an Goldbach in einem
Brief vom 18. September 1717.[18] Am 17. Januar 1718 schrieb La
Crose selbst an Goldbach und drückte seine Hochachtung für
dessen Talent aus.[19]

Wenn man die Briefwechsel Goldbachs und Bayers studiert,
kann man gewissermaßen miterleben, wie sich allmählich ein
«unsichtbares Kollegium» formierte — Goldbach in Königsberg,
Hansch in Leipzig, der reisende Bayer, Cotinelli und Monforte
in Neapel, La Crose in Berlin und Goldbachs Landsmann G.H.
Rast.[20] Sie alle waren miteinander verbunden, obwohl sie sich
nicht in jedem Falle persönlich kannten, sie tauschten wissenschaftliche Neuigkeiten aus, erörterten akute Fragen der Wissenschaft ihrer Zeit. Dabei zeichnet sich Goldbachs Korrespondenz besonders durch die Universalität seiner Interessen aus (vgl.
die im Vorwort zitierte Charakterisierung Goldbachs durch P.H.
Fuss, die bis zu einem gewissen Grade auch auf seine Korrespondenten zutrifft).

Mit dem Mathematiker Hansch z.B. diskutierte er Fragen
der antiken Philosophie, mit Bayer erörterte er alle möglichen
historisch-philologischen Feinheiten wie die Entstehung des Wortes «Zar» oder die Bedeutung der Begriffe «rechts — links» in
verschiedenen Sprachen. Aber er schrieb am 12. Februar 1717 an
Bayer auch über eine Entdeckung, die er in London gemacht und
dort mit Nikolaus I Bernoulli und de Moivre diskutiert hatte,
nämlich daß die Differenz einer ganzen Quadratzahl und 2 nie
ohne Rest durch 3 teilbar ist.[21] Mit Rast, der in diesen Jahren
auf Reisen war und aus Halle, Leipzig und Paris schrieb, erörterte
Goldbach die Polemik um neue Arbeiten Wolffs zur Physik, die
jüngsten Theorien der Planetenmechanik, die in den *Acta eruditorum* publizierten Aufgaben aus der Analysis und ihre Lösung
durch J. Hermann[22] sowie philosophische Probleme der Möglichkeit und der Kausalität.[23] Rast schickte Goldbach aus Paris sein
Werk über Kegelschnitte und erhielt umgehend dessen Ansicht
darüber.[24] Übrigens hat Goldbach diese Arbeit Rasts an Georgij Orlov gegeben, der — nach einigen Bemerkungen in Briefen

zu schließen — diesem Kreis nahestand und an mathematischen Diskussionen teilnahm.[25]

Bei aller Vielfalt der Gegenstände, die in Goldbachs Korrespondenz während der Jahre in Königsberg berührt werden, gibt es doch ein Thema, das viele Briefe durchzieht. Dieses Thema ist Leibniz. Für Leibniz waren das die letzten und bei weitem nicht die besten Jahre seines Lebens — er starb am 14. November 1716. Von einem schweren Leiden gepeinigt, belastet durch die Pflicht, für den Herzog von Hannover die Geschichte der Welfen zu schreiben, niedergedrückt durch den Streit mit Newton um die Priorität bei der Entdeckung der Infinitesimalrechnung, war Leibniz vor seinem Tode noch in einen schwierigen Disput mit dem englischen Theologen S. Clark[26], einem Freund Newtons, verstrickt. Auch wenn er vereinsamt war und die Gunst seiner Fürsten verloren hatte, war Leibniz dennoch nicht von den Bewunderern seines Genies in den verschiedensten Ländern vergessen.

Goldbach und seine Freunde fragen einander oft danach, was über Leibniz bekannt ist und diskutieren die Übersetzungen der *Theodizee*. Dem bekannten Theologen Bischof Philipp a Turre sandte Goldbach eine Notiz zur *Theodizee*, die mit dem Pseudonym Constantius Aletophil unterzeichnet war, aber auch so offenbar nicht publik wurde.[27]

Leibniz' Tod spiegelt sich in den Briefen durch Äußerungen der Trauer und der Hochachtung vor dem großen Gelehrten wider. Cotinelli schreibt darüber, wie man in Neapel um Leibniz trauert.[28] Bayer fragt am 23. Dezember 1716 nach Einzelheiten über die Krankheit und den Tod von Leibniz, die niemandem bekannt waren. Er berichtet ferner über die ihm zu Ohren gekommenen Gerüchte über den Ankauf der Leibnizschen Bibliothek durch den englischen König und über die Herausgabe seiner Werke.[29] Im selben Brief richtet er folgendes Lob an Goldbachs Adresse: «Nach Erwägung und Vergleichung aller Umstände glaube ich, daß Sie künftighin den Ruhm Leibnizens auf Ihren Namen und unser ganzes Vaterland übertragen werden.» Die Verse Goldbachs auf den Tod von Leibniz, am 8. Dezember 1716 an Bayer gesandt, wurden von diesem an J.B. Mencke übergeben und in Leipzig veröffentlicht.[30] In ihnen schreibt Goldbach mit dem Überschwang, der dem Genre der Grabdichtung eigen ist, Leibniz große Entdeckungen zu bis hin zur Erkenntnis, daß sich die Erde um die Sonne und um ihre eigene Achse dreht. Im März 1717 schickte Bayer Goldbach Spottgedichte auf Leibniz, die von dem Abt Buquoit[31] stammten. Ferner berichtete er über die Gerüchte, die über die Umstände des Todes von Leibniz in Umlauf waren. In die Hände Bayers war durch Zufall auch ein Brief von Leibniz an eine unbekannte Person gefallen, der eine Aufgabe zur Zahlentheorie enthält. Goldbach analysiert diese in seinem Brief an Bayer vom 8.Januar 1717.[32] Mit P. Dangicourt diskutiert er seine Bemerkungen über die *Theodizee* von Leibniz.[33]

Ab Mai 1718 werden die Tagebuchaufzeichnungen wiederaufgenommen. Sie beginnen mit Notizen von kurzen Reisen nach Danzig und nach Berlin, von wo aus Goldbach am 28.August 1718 eine neue sehr lange währende Reise antrat. Diesmal nahm er Kurs nach Norden, nach Schweden. In den Papieren Goldbachs gibt es keine Angaben, die Rückschlüsse auf die unmittelbaren Ziele dieser Reise erlauben. Dennoch kann man nach der Wahl der Orte und des kontaktierten Personenkreises annehmen, daß es keine Reise von ausgesprochen persönlichem Charakter war. Wahrscheinlich hatte Goldbach irgendwelche inoffiziellen diplomatischen Aufträge, für deren Erfüllung sich die Person eines Gelehrten mit weitreichenden Verbindungen in der wissenschaftlichen Welt, eines Kenners des öffentlichen Lebens und glänzenden Stilisten und Gesprächspartners, besonders eignete. In einem Brief aus Stockholm schrieb er einem Landsmann, einem gewissen Cupner, am 17.November 1719, daß Ilgen den Plan seiner Reise gebilligt habe. Ilgen aber, der Berliner Gönner Goldbachs, war eine der einflußreichsten Persönlichkeiten am Hofe Friedrich Wilhelms und leitete die Außenpolitik Preußens. Im selben Brief teilte Goldbach mit, daß er in Berlin sehr wertvolle Bekanntschaften gemacht habe und fügte hinzu: «Aber es wäre falsch zu meinen, daß ich mein Vaterland nicht liebe und es für immer verlassen hätte. Wahrhaftig, ich habe dort zuviel Gutes empfangen, als daß ich es vergessen könnte, und ich habe dort zuviele Freunde, um sie nicht wiedersehen zu wollen.»[34]

Goldbachs Reise nach Schweden fiel in eine Zeit, da sich das Blatt im nordischen Krieg wendete. Es gelang Rußland, eine Annäherung an Frankreich zu erreichen und ein Bündnis mit Preußen und Frankreich zu schließen. Die militärischen und diplomatischen Erfolge Rußlands zwangen Schweden im Jahre 1717, Friedensgespräche zu beginnen. Am 31.November 1718 kam König Karl XII. bei der Belagerung der Festung Frederikshald ums

Leben und Ulrika Eleonora bestieg den schwedischen Thron. Neue
schwere Niederlagen zu Wasser und zu Lande veranlaßten Schweden, im August 1721 den Frieden von Nystad zu unterzeichnen
und Rußland das Recht auf einen beträchtlichen Teil der Terri-
torien an der Ostseeküste zuzugestehen. Dieser Sieg Rußlands,
ermöglicht durch einen einzigartigen Aufschwung seines technischen, industriellen und kulturellen Niveaus, hatte eine gewaltige
Bedeutung für die historischen Geschicke des Landes wie für das
Schicksal ganz Europas. Übrigens wurde die schwedische Delega-
tion bei den Friedensverhandlungen von J. Lilienstedt[35] geleitet,
mit dem Goldbach gut bekannt war.

Von Berlin kommend, machte Goldbach in Hamburg Station,
wo er bei seinem Freund J.Ch. Wolff[36] weilte. Zusammen mit
Wolff schaute er sich Handschriften in der Bibliothek des Gymnasiums an und machte sich mit dem anatomischen Theater und
mit den sogenannten «Bibliotheken» des J.A. Fabricius[37] vertraut. Am 22. September begab er sich von Lübeck aus auf die
Reise nach Dessau, Rostock, Wismar und zurück nach Lübeck,
wo er am 12. Oktober mit dem schwedischen Vertreter Fock ein
Gespräch hatte. Drei Tage später fuhr er nach Schwerin, von dort
wiederum nach Rostock, wo er sich mit dem Mathematikprofessor
P. Becker[38] traf und Ausflüge in die Umgebung unternahm. Am
27. November reiste Goldbach per Schiff nach Lund, wo er mit
dem schwedischen Feldmarschall Gillenstierna eine Unterredung
hatte und den Bischof Linnerjum besuchte. In Lund erkrankte
Goldbach, offenbar sehr schwer, denn es verbreitete sich sogar
das Gerücht von seinem Tod, das bis Königsberg gelangte —
Bayer schrieb später an Goldbach, wie erschüttert er von dieser
Nachricht war.[39]

Seine Reise über Rostock, Lund, Göteborg nach Stockholm
beschrieb Goldbach in lateinischen Versen, die er an Cotinelli
nach Neapel schickte. Diese Verse sind in zwei Exemplaren erhalten geblieben.[40]

Die Reise von Lund nach Stockholm dauerte anderthalb Monate. Unterwegs machte Goldbach in Halmstad und Göteborg
Station, wo er sich mit dem Marschall Renskild traf und ihm ir-
gendeinen Brief übergab. In der Nähe der Hauptstadt besichtigte
er die berühmten Wasserfälle von Trollhättan. Am 25. Januar
kam er in Stockholm an und besuchte zunächst den Reichsrat Lilienstedt, dem er einen Brief überreichte. In den ersten zwei Mo-

naten, die Goldbach in Stockholm verbrachte, wurde er Zeuge vieler feierlicher und auch dramatischer Ereignisse und Schauspiele, z.B. der öffentlichen Hinrichtung des Barons von Goertz[41], der Beisetzung Karls XII., des ersten Auftritts der Königin im Reichstag, der Krönung Ulrika Eleonoras, der Krönung ihres Gemahls Frederik. Ende März machte er eine Reise nach Uppsala, wo er einige Tage beim Studium von Handschriften in der Universitätsbibliothek verbrachte.

Die Tagebuchaufzeichnungen über die anderthalb Jahre, die Goldbach in Schweden lebte, geben kein vollständiges Bild von seinen Tätigkeiten. Man findet fast nur Beschreibungen von Besuchen, von Fahrten in die Umgebung Stockholms und von besichtigten Sehenswürdigkeiten. In Malmrik besuchte er das bekannte Kabinett von Tornhelm, wo es viele Raritäten gab, z.B. interessante Bernsteinexponate. In einem solchen Stück war sogar ein versteinerter Fisch von einem Zoll Länge eingeschlossen. Im Schloß Stogklåster sah er Gemälde von Cranach, Rubens, Merian und Dürer, Porträts von Karl XI. und der Königin Christina, eine Porträtgalerie von Offizieren in Lebensgröße, viele Waffen und interessante mathematische Instrumente. Ende Juli 1720 weilte Goldbach ein zweites Mal in Uppsala, wurde mit E. Burmann[42] und anderen Gelehrten bekannt, arbeitete in der Bibliothek und hatte dort eine Unterredung mit Erik Benzelius.[43] Von Uppsala aus reiste er zu dem Bergwerk in Dannemora, fuhr in den mit 53 Klaftern tiefsten Schacht ein und besichtigte eine große Maschine zum Auspumpen des Wassers. Er besuchte Raritätensammlungen, z.B. das Kabinett von Roberg[44] mit seinen reichen Kollektionen an Schlangen und Steinen, unter denen ein Granat war, den man in der Nähe von Wyborg gefunden hatte. Vor seiner Rückkehr nach Stockholm am 30. Juli besuchte er die Bergwerke in Salberg.

Von den schwedischen Bekannten unter den hochgestellten Staatsmännern wird im Tagebuch außer Lilienstedt, mit dem er sich oft traf, mehrfach der Graf von Dohna[45] erwähnt. Goldbach war bei ihm in der Hauptstadt und in seinem Landhaus zu Gast. Am 22. August 1720 fuhr er mit von Dohna nach Karlsborg, wo er König Frederik, dem Gemahl Ulrika Eleonoras, vorgestellt wurde.[46] Als Goldbach Schweden verließ, war er Anfang September eine Woche bei von Dohna in Hjulsta zu Gast.

Vier Monate nach seiner Abreise aus Stockholm gab Goldbach in einem Brief aus Wien an einen gewissen Hartmann in Königsberg etwas spaßige Charakterisierungen dreier bekannter schwedischer Gelehrter, die er kennengelernt hatte: Hjärne[47], Bromelius[48] und Roberg. Hjärne hatte 1712 ein Buch mit Beschreibungen von Versuchen herausgegeben, die im königlichen chemischen Laboratorium in Stockholm durchgeführt worden waren; ferner hatte er einige Arbeiten über Bergwerke geschrieben. Er beabsichtigte, ein großes Werk über das Berg- und Hüttenwesen in Schweden zu veröffentlichen, besann sich aber nach dem Einmarsch der Russen in Finnland eines anderen, um «dem Feind nicht gewisse wichtige Details über das Land zu enthüllen.» Goldbach hatte einmal einen Vortrag von ihm gehört, der drei Stunden dauerte.

Auch in Stockholm vergaß Goldbach die Mathematik nicht. Er lernte hier den bekannten schwedischen Gelehrten A.G. Duhre (Durius)[49] kennen. Die Gespräche mit Duhre regten ihn an, seine ersten Entdeckungen in der Reihentheorie schriftlich auszuarbeiten. Im Ergebnis entstand ein Artikel Goldbachs über eine Methode der Reihensummation, der in der Januarausgabe der *Acta eruditorum* von 1720 veröffentlicht wurde. An die Gespräche mit Duhre erinnert sich Goldbach viel später in einem seiner letzten Briefe an Daniel Bernoulli (wir kommen darauf im 7.Kapitel, S. 130 zurück). Schon nach der Abreise aus Schweden, als sich Goldbach in Hamburg befand, sandte er am 22. November 1720 einen Brief an Duhre, in dem er einige ergänzende Überlegungen zu seiner Methode mitteilte.[50] In diesem Brief wird auch die im selben Band der *Acta eruditorum* abgedruckte Rezension des Buches von Duhre über Algebra[51] erwähnt; es war Duhres Kurs an der königlichen Hochschule, ausgearbeitet von einem seiner Zuhörer. Ferner finden wir in diesem Brief erstmals S. Kortholt[52] erwähnt, der an einer Biographie von Leibniz arbeitete und dessen Briefe sammelte. Es wird darin auch ein anderer Kieler Mathematiker, F. Koes[53], genannt, der von Leibniz hoch geschätzt wurde.

Nach seinem Aufenthalt in Schweden setzte Goldbach seine Reisetätigkeit noch einige Jahre fort und knüpfte immer wieder neue Bekanntschaften an. Zunächst begab er sich nach Dänemark. Am 16. September traf er in Kopenhagen ein, wo er drei Wochen blieb. Er hatte Gespräche mit dem schwedischen Gesandten, mit dem General Botmar und mit dem Professor A. Magnusson[54], der ihm das Observatorium zeigte. Er besuchte auch die Universität, die Bibliothek und den Gerichtshof. Von Kopenhagen fuhr Goldbach über Kiel nach Hamburg. Dort stattete er dem Pastor Wolff einen Besuch ab. Weiter führte ihn sein Weg über Braunschweig, Wolfenbüttel, Erfurt, Bamberg nach Nürnberg, wo er am 2. Dezember eintraf. Während der Woche, die er in der Freien Stadt Nürnberg verbrachte, traf Goldbach einige Male mit dem Mechaniker und Physiker J.G. Doppelmayer zusammen. Mit diesen Begegnungen begann ihre langjährige Freundschaft und ihr Briefwechsel. Goldbach besuchte auch J.B. Homann[55] in dessen kartographischem Büro, das in ganz Europa berühmt war. Von Nürnberg reiste er über Regensburg und Linz nach Wien, wo er am 15. Dezember ankam. Sein Aufenthalt in der Hauptstadt des österreichischen Kaiserreiches währte diesmal ein halbes Jahr. In dem durch vielerlei Widersprüche zerrissenen Europa war diese Zeit eine Periode relativer Ruhe.

Im Tagebuch sind nur sehr wenige Ereignisse aus Goldbachs Leben in Wien vermerkt — Treffen mit dem schwedischen Gesandten, Visiten bei dem Leibarzt Beintema[56], Anwesenheit bei Hofe anläßlich der Zeremonie der kaiserlichen Fußwaschung, einige Opernbesuche. Am 15. Mai 1721 verließ Goldbach Wien in Gesellschaft des Abtes Carolo Francesco Badia.[57] Nach zweiwöchiger Reise traf er in Venedig ein.

Da wir die direkten Ziele der Reisen Goldbachs (wenn es denn solche überhaupt gab) nicht kennen, ist es schwer, die Logik seiner komplizierten und verworrenen Reiseroute mit oft mehrmaliger Rückkehr in ein und dieselbe Stadt zu verstehen. Ein Ort, von dem viele Reisen ausgingen und wo sich Goldbach jeweils länger aufhielt, war Wien. Von hier aus unternahm er Reisen in die damals zur Habsburger Monarchie gehörigen Teile der Tschechoslowakei, Ungarns, Serbiens und in die Republik Venedig.

Der Mai des Jahres 1721 verging in Venedig mit der Besichtigung der Stadt und dem Erforschen ihrer Bibliotheken sowie mit dem Treffen von Bekannten. Unter dem 18. Mai verzeichnet das Tagebuch eine Unterredung mit Nikolaus II Bernoulli[58], dem ältesten Sohn von Johann Bernoulli, der teils in Venedig, teils in der Umgebung von Venedig lebte, wo er sich ärztlich behandeln ließ. Ende Juni fuhr Goldbach von Venedig nach Padua, wo er sich eine Woche aufhielt, Antonio Vallisneri[59] kennenlernte und

dessen Kabinett sehr ausgiebig besichtigte. Wir wissen nicht, ob
er in Padua Nikolaus I Bernoulli getroffen hat, der an der dortigen Universität von 1716 bis 1722 Professor war. Wir wissen
aber, daß er aus Padua im Juni seinen ersten Brief an Nikolaus II
Bernoulli schickte, in dem es um die Lösung der Riccatischen
Differentialgleichung ging. Darauf erhielt er Antwort, geschrieben am 16. Juli «auf dem Lande». Hier zitierte Nikolaus II einen
Brief seines Vaters an Nikolaus I in Padua, denselben Gegenstand betreffend. Goldbachs Antwort an Nikolaus II kam am 30.
Juli schon aus Wien. Danach währte ihre Korrespondenz noch
drei Jahre. Den letzten Brief schrieb Goldbach am 18.September 1725 schon aus Petersburg, wohin Nikolaus II zusammen mit
seinem jüngeren Bruder Daniel bald kommen sollte. Mit Daniel
Bernoulli hatte Goldbach am 31. Mai 1723 einen Briefwechsel begonnen. Die Anregung dazu war von Nikolaus II ausgegangen (in
einem Brief aus Bern vom 11.April 1723). Der wissenschaftliche
Kontakt Goldbachs mit den Brüdern Bernoulli war für alle drei
Korrespondenten von großer Bedeutung, aber auch, wie in Kapitel 7 und 8 gezeigt werden wird, für L. Euler. Im Vorwort wurde
schon erwähnt, daß diese beiden zum größten Teil erhalten gebliebenen Briefwechsel 1843 von P.H. Fuss publiziert worden sind.

Von Padua reiste Goldbach über Venedig, Wien und Prag
nach Leipzig, wo er am 17. August ankam. Hier verbrachte er
zwei Wochen, traf sich mit J.B. Mencke, Maskov und anderen
alten Freunden, und fuhr am 3. September über Meißen nach
Dresden. Dort hatte er eine Unterredung mit dem Hofmechaniker Hartner. Nach erneutem Aufenthalt in Leipzig und weiteren
drei Wochen in Dresden reiste Goldbach über Freiberg, Kassel,
Erfurt, Weimar, Jena, Coburg, Erlangen, Nürnberg, Passau und
Linz nach Wien, wo er am 29. Dezember ankam. Hier beging er
das Neujahrsfest 1722. Er blieb zwei Monate in Wien und traf
sich erneut mit dem Leibarzt Beintema. Am 5. März verließ er
Wien, fuhr nach Preßburg (heute Bratislava), damals Residenz
des ungarischen Königs und Erzbischofs, weiter nach Petrovaradin (bei Novi Sad) und schließlich nach Belgrad, wo er am 12.
April eintraf und vier Tage verweilte. Dann reiste er über Karlovac und Raab nach Wien zurück. Diesmal verbrachte Goldbach
in Wien den ganzen Sommer und den Herbstanfang. Am 15. Oktober fuhr er erneut nach Preßburg, wo er sich zwei Monate aufhielt und mit dem berühmten tschechischen Aufklärer M. Bel[60]

zusammentraf. Neujahr 1723 war er in Chemnitz. Am 16. Januar traf er in Kremnitz ein, dem Zentrum einer bedeutenden Erzbergbauregion. Dort studierte er in der Münze die Druckformen alter Medaillen, machte Reisen in die Umgebung und besichtigte die Schindlerschen Bergwerke. In Kremnitz blieb Goldbach neun Monate. Er verließ die Stadt am 14. September und verbrachte den Herbst bei den Heilquellen in der Umgebung von Neusol (heute Banska Bystrica), wo er sich offenbar ärztlich behandeln ließ. Im Januar 1724 war er wieder in Wien. Über seinen letzten zweimonatigen Aufenthalt in Wien ist nichts besonderes zu berichten; er machte wie immer viele Besuche und Ausfahrten. Am 24. März traf er in Prag ein, wo er sich mit seinem Bruder Heinrich traf. Er besuchte dort das Jesuitenkolleg und dessen Bibliothek, das Museum für mathematische Instrumente und den für das Observatorium vorgesehenen Turm. Am 5. April verließ er Prag, fuhr nach Chemnitz und Dresden und kam schließlich am 23. April in Berlin an.

In Berlin blieb Goldbach ein Jahr — bis zu seiner Abreise nach Rußland. Die Tagebuchaufzeichnungen aus dieser Zeit vermerken viele Treffen mit Gelehrten, z.B. mit dem Astronomen Ch. Kirch, mit dem er die Ausstattung des Observatoriums besichtigte, mit dem Rat D.E. Jablonski, dem Leibarzt G.E. Stahl[61], dem Literaten M. La Crose. Aber einen nicht geringen Teil seiner Zeit in Berlin beanspruchte auch der Verkehr mit hochgestellten Staatsmännern, Höflingen und Diplomaten. So gibt es unter dem 31. Mai folgende Notiz: «Maii 31 haben I. M^t der König mich über einige Sachen gefraget.»

Die nahezu sechs Jahre, die Goldbach auf Reisen verbrachte, werden im Tagebuch nur recht oberflächlich widergespiegelt; es werden nur die äußeren Ereignisse festgehalten. Weitaus tiefer kommt der eigentliche Inhalt seines Lebens, seiner Aktivitäten und Gedanken in seinen Briefen zum Ausdruck, die er unausgesetzt von überallher schrieb und mit denen er die Verbindungen mit den alten Freunden und Briefpartnern aufrechterhielt und neue anknüpfte. Bei aller Verworrenheit seiner Reiseroute haben die Briefe ihn doch letztlich immer erreicht, manchmal auf recht komplizierten Wegen.

Während der gesamten Reise wechselte Goldbach Briefe mit Philologen — mit Th.S. Bayer und M. La Crose in Berlin, mit Pauli[62] in Königsberg, J. Cotinelli in Neapel, J. Facciolato[63] in

Padua. Mit ihnen erörterte er Neuigkeiten in der Welt der Geisteswissenschaften, Beiträge in den *Acta eruditorum*, Neuerscheinungen in der Poesie, seltene Handschriften. Interessant ist die Mitteilung Bayers im Brief vom 19. Dezember 1720, den Goldbach in Wien erhielt, daß man in Königsberg eine Gesellschaft der Rezensenten von Büchern (*Societas recensentium libros*) zu gründen beabsichtige, unter deren Mitgliedern dann außer Bayer auch das spätere Petersburger Akademiemitglied J.S. Beckenstein war.[64]

Die sich in die Länge ziehenden Reisen Goldbachs riefen offenbar auch allerhand Gerede hervor. In einem Brief von La Crose an Bayer vom Juli 1721 finden wir folgende — übrigens vollkommen zutreffende — Bemerkung: «Goldbach ist hier nicht durchgefahren. Es ist merkwürdig, daß ein Mensch von solcher Gelehrsamkeit und Weisheit von einer derartigen Reiselust besessen ist. Bei seinen Talenten und Kenntnissen könnte er zu Hause auf eine Stellung rechnen, die man bei solch häufigem Ortswechsel wohl kaum erreichen kann.»[65]

Die Haltung Goldbachs selbst zu dieser heiklen Frage kommt in einem seiner Briefe an Bayer, geschrieben am 24.9. 1721 in Dresden, zum Ausdruck.[66] Auf die Anfrage Bayers, ob er bald nach Hause zurückkehren werde, antwortet Goldbach dort: «Es ist überflüssig, über meine Rückkehr in die Heimat besorgt zu sein. Ich werde zurückkehren, wenn es Gott gefällt. Denken Sie daran, daß ich mich jetzt in der Tat in dem Vaterland aufhalte, das so viele weise Männer als das ihre betrachtet haben. Hören Sie Seneca, der sagt: Ich bin nicht für einen Winkel geboren, mein Vaterland ist diese ganze Welt, oder Sokrates, der auf die Frage, was er für ein Landsmann sei, antwortete: Ein Weltbürger (mundanus).» Zwei Tage später brachte er seine kosmopolitischen Stimmungen in einem Brief an seinen früheren Königsberger Freund Pauli in Form einer scherzhaften literarischen Reminiszenz zum Ausdruck: nach Preußen werde er eines Tages zurückkehren, aber nicht früher als nach zwei oder drei Jahren. Gewiß hätte auch Ovid Rom vergessen, wenn er nicht in so ungünstige Umstände geraten wäre. «Übrigens, wenn er auch seine Heimat so stark liebte, von unserer hatte er gewiß keine sehr hohe Meinung, zumindest, wenn man jenen Glauben schenkt, die meinen, er habe ausgerechnet Preußen im Blick gehabt, wenn er klagte *Vita procul patria peragenda sub axe Borusso*.[67] Ich aber würde ihm gern widersprechen, denn ich bin überzeugt, daß, wie sich die Zeiten und die Länder geändert haben, auch Ovid, kehrte er von dort zurück, woher niemand wiederkommt, sich nicht nur mit Vergnügen nach Preußen begeben würde, sondern auch glücklich wäre, dort zu sein, und all das nur, um die Ehre Eurer Bekanntschaft zu haben.»[68]

Unter den neuen Bekannten Goldbachs, die er auf seinen Reisen kennengelernt hatte, war auch P.G. Pasqualino[69], gebürtig aus Tirol. Sie sahen sich eine Zeitlang in Wien, danach reiste Pasqualino nach Mailand. Im Briefwechsel mit ihm, wie auch mit Facciolato in Padua, erörterte Goldbach literarische Novitäten und Fragen der Sprache. In einem der Briefe aus Wien an Pasqualino vom September 1722 erzählt er von seinen häufigen Begegnungen mit dem Astronomen G.J. Marinoni[70] (es sei angemerkt, daß diese Begegnungen im Tagebuch aus irgendwelchen Gründen gar nicht erwähnt werden). In einem anderen Brief, aus Ungarn, schreibt Goldbach über Mathias Bel, er sei «der gelehrteste Mensch in Ungarn und in Deutschland».[71] Unter den Briefen von 1722 befindet sich die Kopie eines Schreibens vom 25. November ohne Angabe des Adressaten, in der eine Hypothese Bels über die Schriftzeichen an den Toren einer Wiener Kirche diskutiert wird. Bel war der Meinung, sie seien in der Sprache der Hunnen geschrieben.[72] Von den Briefen Bels an Goldbach sind nur zwei kurze Notizen aus Pisa nach Preßburg von Ende 1723 erhalten mit freundschaftlichen Grüßen und guten Wünschen.[73]

Zum Kreis der italienischen Bekannten Goldbachs gehörte auch der schon erwähnte Abt C.F. Badia aus Parma, sein Begleiter auf der Reise von Wien nach Venedig. Es gefiel Goldbach, daß Badia ihm italienisch schrieb, so konnte er sich in dieser Sprache üben, die ihm «ein wenig fern lag».[74] Sie informierten einander über die letzten Neuigkeiten des literarischen und musikalischen Lebens. Es ist bezeichnend, daß die in den verschiedensten Ländern und Städten wohnenden Korrespondenten Goldbachs, wenn sie vorher nicht miteinander bekannt waren, durch Goldbach oft Beziehungen anknüpften und miteinander in Briefwechsel traten. Wir zitieren diesbezüglich die Worte Goldbachs aus einem in Wien geschriebenen Brief vom 1. Januar 1721 an J.S. Asseman[75] (Goldbach hatte ihn durch Cotinelli kennengelernt und empfahl ihm seinerseits Bayer): «Ich halte es für meine angenehme Pflicht, Menschen gleicher wissenschaftlicher Interessen und ähnlicher Geisteshaltung durch Briefwechsel zusammenzuführen. Ich bitte Sie mir mitzuteilen, wenn Sie irgendetwas in den Bibliotheken oder aus dem wissenschaftlichen Leben in Wien, Leipzig, Berlin und überhaupt in Preußen, Schweden und Dänemark interessiert. Ich habe dort allerorts Freunde, die sich bemühen werden, die Wünsche solcher Interessenten zu erfüllen.»[76]

Wenn man den Briefwechsel Goldbachs in seinen Reisejahren verfolgt, kann man eine ständige Erweiterung seiner Interessen beobachten. Das gilt sowohl für seine literarischen und linguistischen Neigungen, in nicht geringerem Maße aber auch für seinen Verkehr mit Mathematikern und Physikern.

Mit den alten Freunden Hansch und Rast hatte Goldbach aus irgendwelchen Gründen einige Jahre keine Verbindung. Als ihr Briefwechsel 1722 wiederaufgenommen wurde, informierte Hansch, der damals in Frankfurt/Main lebte, Goldbach in Wien über den Stand seiner Arbeiten an den Kepler-Handschriften, die er übrigens nicht zu Ende führen konnte. Goldbach bekundete großes Interesse für diese Sache. In einem Brief an Hansch vom 19. August 1722 teilte er mit, daß unlängst der Kaiser den Astronomen Marinoni nach den Kepler-Handschriften gefragt habe.[77] Goldbach und Hansch diskutierten einige neue Bücher, insbesondere solche zur Verteidigung des Kopernikus[78] und *De harmonia animi et corporis...* von G.B. Bülfinger[79], in dem die kosmogonischen Ansichten von Leibniz, Newton und Clark auseinandergesetzt werden.

Am 19. März 1722 schickte Rast aus Königsberg an Goldbach in Wien eine Arbeit, in der er eine Begründung der von Goldbach in den *Acta eruditorum* vorgelegten Summationsmethode für Reihen gab.[80] Goldbach antwortete am 3. Juni und teilte Rast einen von ihm entdeckten anderen Zugang zu dem Problem mit.[81]

1721 begann Goldbach einen Briefwechsel mit den Gelehrten S. Kortholt und F. Koes in Kiel. Die Verbindung mit Kortholt währte viele Jahre. Goldbach übersandte Kortholt seine Korrespondenz mit Leibniz und forschte für ihn bei verschiedenen Personen nach Leibniz-Briefen. In einem Brief vom 30. März 1723 erinnert Kortholt daran, daß Goldbach ihn seinerzeit mit einigen Werken von Leibniz bekanntgemacht habe, die damals gerade erst erschienen waren.[82] Offenbar war das Mitte November 1720 erfolgt, als Goldbach auf dem Wege von Kopenhagen nach Hamburg in Kiel Station machte. Im Juli 1721 wechselten Kortholt und Goldbach Briefe, in denen sie das Problem der Reihensummation erörterten. Goldbach teilte Kortholt mit, daß Nikolaus II Bernoulli Briefe mathematischen Inhalts von Leibniz an seinen Vater Johann besitze und stellt in diesem Zusammenhang die Frage, ob man alles publizieren solle oder nur das, was noch Neuigkeitswert hat.[83] Um Probleme der Reihensummierung, z.B. um die Leibnizsche Reihe und um Leibniz' Arbeit in den *Acta eruditorum* von 1702 (s.S. 102) geht es in einem Brief Goldbachs an Kortholts Kollegen Koes vom 28. Januar 1721 und in Koes' Antwortbrief vom 30. Januar des folgenden Jahres.[84]

Einer der aktivsten Korrespondenten Goldbachs während seiner Reisejahre war J.G. Doppelmayer. Dieser beschäftigte sich in den zwanziger Jahren viel mit Magnetismus; er übermittelte Goldbach magnetische Beobachtungsdaten, die sich auf Nürnberg bezogen, diskutierte mit ihm die neuesten Theorien des Magnetismus und versuchte, über die Beziehungen und den Briefwechsel Goldbachs mit verschiedenen Gelehrten magnetische Beobachtungsdaten aus anderen Orten zu erhalten.[85] Von Doppelmayer mitgeteilte Neuigkeiten und von ihm berührte Fragestellungen, z.B. über die Ursache des Steigens des Quecksilbers im Barometer — geschieht es wegen der Elastizität der Luft oder wegen ihrer Schwere — verbreiteten sich von Goldbach aus über das weite Netz seiner Korrespondenz. In einem Brief aus Venedig an Doppelmayer vom Juni 1721 äußert Goldbach seine Meinung zu neuen Theorien über das Polarlicht und teilt seine eigenen Überlegungen zu dieser merkwürdigen Naturerscheinung mit.[86] Im Briefwechsel mit Doppelmayer zeigt sich das lebhafte Interesse Goldbachs an den verschiedensten Problemen der Naturwissenschaft seiner Zeit. Hierher gehören auch die schon erwähnte Frage nach der Möglichkeit eines perpetuum mobile im Zusammenhang mit Orfyreis spektakulärer Erfindung[87] (Goldbach selbst hielt ein perpetuum mobile wegen des Luftwiderstandes für unmöglich), die Frage nach der Möglichkeit der Längenbestimmung mittels magnetischer Beobachtungen[88], Probleme der Vervollkommnung von Fernrohren und von Verbesserungen bei Experimenten mit Brenngläsern.[89] Ende 1720 schreibt Goldbach aus Wien an Doppelmayer über seine Gedanken, die ihm während einer kurz zuvor erfolgten Reise auf der Donau gekommen waren: «Ich wunderte

mich, daß es nach so vielen Beobachtungen des Zustandes der
Luft und der Gezeiten des Meeres niemandem in den Sinn gekommen ist, die Geschwindigkeit der Strömung des Wassers in
einem Fluß über die einzelnen Tage zu beobachten, obwohl das
nicht schwer ist und nützlich sein kann, da der stete Lauf des
Wassers auf der Erde und sein Kreislauf, wie es scheint, ebenso
zum Leben der Erde gehören wie der sogenannte Blutkreislauf
zum Leben der Organismen.»[90] Von der Strömung der Flüsse
geht er sogleich zur Urzeugung von Organismen über, von der
er von einem seiner Freunde aus Schweden gehört hatte, und zu
den in der Literatur erscheinenden Nachrichten über Versuche
zur künstlichen Zeugung von Mäusen.

Im folgenden Brief vom 5. März 1721 kommt er erneut auf
dieses Thema zurück und erwähnt unter anderem (offenbar erfundene) Gerüchte, daß Peter I. die Pariser Akademie über Fälle
der Geburt von Katern und Mäusen bei Frauen in Kenntnis gesetzt habe.[91] In den Briefen Goldbachs an Doppelmayer findet
man viele Urteile und Ansichten über Bücher auf dem Gebiet
der Naturwissenschaften, z.B. über die *Aeromantia* des Wiener
Leibarztes Beintema[92], die *Acta Vratislavensia*[93], den Traktat
von Eberhard zum Magnetismus[94] und das Mechanikbuch von J.
Hermann, Professor in Frankfurt/Oder und später Akademiemitglied in Petersburg.[95]

In einem Brief vom 5. März 1721 werden zwei nach Goldbachs Ausdruck «paradoxe» Aufgaben aus der Geodäsie behandelt. Eine davon beschäftigt sich mit der Bestimmung der Tiefe
eines Flusses von einer Brücke aus. Im selben Brief gibt es interessante Bemerkungen Goldbachs über das «musikalische Kistchen»
(*Cistula Musurgica*) Kirchers, welches sich einst im Goldbachschen Familienbesitz befunden hatte. Es war nämlich von Italien
nach Königsberg gebracht worden und gehörte dem Großvater
Goldbachs mütterlicherseits, G. Bartsch. Nach dessen Tode ging
das Kistchen zusammen mit anderen mathematischen Instrumen-
ten an Goldbachs Vater, der es dem Kantor Ridelius schenkte.
«Dieser Ridelius hat sich früher die kirchlichen Kantaten für vier
Stimmen angehört, welche mein Vater, mein Bruder und ich, als
ich ein dreizehnjähriger Junge war, mit diesem Kistchen kom-
poniert haben, und er hat sie gutgeheißen.»[96] Das Kistchen ist
von Kircher in seiner *Musurgia universalis*[97] beschrieben worden.
Diese Geschichte ist insofern besonders interessant, als wir über

die Familie Goldbachs und seine frühe Jugend nur äußerst dürftige Kenntnisse besitzen.

Mit dem Briefwechsel Goldbachs mit Doppelmayer begannen auch seine Beziehungen zu Petersburg und seine Beteiligung an der Auswahl von Gelehrten für die zukünftige Akademie. Aber davon wird im folgenden Kapitel die Rede sein.

In den Jahren 1721–1724 korrespondierte Goldbach mit dem schon genannten Jakob Hermann. Von Beginn an werden die gemeinsamen mathematischen Interessen deutlich. Sie diskutieren die damals von Goldbach gerade entdeckte Methode der Umordnung einer beliebigen Reihe in eine unendliche Zahl anderer Reihen mit derselben Summe (s.S. 165–166), Probleme der Analysis, Aufgaben aus der Wahrscheinlichkeitsrechnung, die Frage der quadrierbaren Möndchen usw.[98] Später erscheint in der Korrespondenz ein neues Thema — die in Petersburg gegründete Akademie der Wissenschaften. (Der Briefwechsel mit Hermann ist im Anhang 1 wiedergegeben.)

Das größte Interesse verdient jedoch Goldbachs Korrespondenz mit Daniel Bernoulli, die, wie schon erwähnt, am 31. Mai 1723 begann und in Rußland fortgesetzt wurde (als Goldbach sich mit dem Kaiserlichen Hof in Moskau befand und Bernoulli in Petersburg an der Akademie blieb), und zwar bis zum 29. November 1731. Über den wesentlichen mathematischen Inhalt dieses umfangreichen Briefwechsels (erhalten und von Fuss publiziert sind 71 Briefe) wird im 6. und 7.Kapitel die Rede sein.

Am Schluß der Schilderung von Goldbachs Leben bis zu seiner Übersiedlung nach Petersburg erwähnen wir noch, gewissermaßen als Kuriosum, daß irgenwer ihm am 14. Dezember 1714 ein Horoskop gestellt hat, das im Fonds G.F. Müller im Archiv erhalten geblieben ist.[99] Dort wird eine ziemlich genaue Beschreibung der Eigenschaften seines Geistes und seines Gemüts gegeben; was die Zukunft betrifft, so prophezeit das Horoskop, daß Goldbach Geheimrat oder Kanzler werden wird, daß er glücklich heiraten wird, obendrein zweimal — eine junges Mädchen und eine reiche Witwe. Geheimrat ist Goldbach tatsächlich geworden, eine Familie aber hat er bis ans Ende seines Lebens nicht gegründet.

3 An der Petersburger Akademie der Wissenschaften

Im Frühjahr 1724 taucht im Briefwechsel Goldbachs mit seinen Freunden ein neues Thema auf, anfangs beiläufig als ein Thema unter vielen, bald aber immer umfangreicher und mit immer stärkerer Dominanz — Rußland, Petersburg, die neue Akademie der Wissenschaften. Und das ist kein Zufall. Nachrichten über die Absicht des Zaren Peter I., in seiner Hauptstadt eine Akademie der Wissenschaften zu gründen, hatten sich damals unter den europäischen Gelehrten schon geraume Zeit verbreitet, insbesondere nach der Reise des kaiserlichen Bibliothekars J.D. Schumacher.[1] Dieser hatte in den Jahren 1721–1722 Frankreich, Deutschland, Holland und England bereist, hatte dort wissenschaftliche Einrichtungen besichtigt und die Bekanntschaft von Gelehrten gesucht. Einige Zeit danach begann er die Möglichkeiten zu sondieren, ausländische Gelehrte für den Dienst in der zukünftigen Akademie oder für eine Zusammenarbeit mit der Akademie zu gewinnen. Die Verhandlungen nahmen offiziellen Charakter an, nachdem man aus Petersburg einen «Auszug» aus dem Plan zur Einrichtung einer Akademie, den der Senat am 22. Januar (2. Februar) 1724 diskutiert hatte, versandte, und zwar noch im Februar an die russischen Gesandten in Paris, Berlin und Leiden, ferner an viele weitere Diplomaten und an Gelehrte. Unter diesen waren der alte Bekannte und Briefpartner Goldbachs J.G. Doppelmayer und sein Leipziger Lehrer J.B. Mencke. Am 17. April wurde der «Auszug» in gekürzter Form in den *Acta eruditorum* abgedruckt. Als sich Goldbach in Wien befand, erhielt er von Doppelmayer einen Brief, datiert vom 22. April 1724, in dem außer verschiedenen Mitteilungen über Methoden der Vervollkommnung astronomischer Fernrohre und über Versuche mit Magneten folgendes zu lesen steht: «Der Herr Leibarzt Blumentrost[2] drückt in einem Brief an mich den Wunsch aus, daß ich bei der Bildung der Akademie der Wissenschaften helfen solle, die vor kurzem auf Befehl des russischen Zaren[3] gegründet wurde, und daß ich dorthin übersiedeln solle. Aber zahlreiche Hindernisse erlauben es mir nicht, diese Einladung anzunehmen.»[4] Die Antwort Goldbachs ist in seinem Nachlaß nicht vorhanden, aber aus dem folgenden Brief Doppelmayers kann man schließen, daß Goldbach ihn auf die Idee gebracht hat, Blumentrost zu empfehlen, sich an Nikolaus Bernoulli zu wenden, wobei er an Johann Bernoullis Sohn Nikolaus II dachte. Doppelmayer schrieb nämlich am 22. Juli an Goldbach: «Er [Goldbachs Brief] veranlaßte mich, vor einigen Tagen einen Brief nach Petersburg an Blumentrost zu schreiben und auf Euren Rat hin Nikolaus Bernoulli zu empfehlen.»[5] Die Empfehlung, die Doppelmayer Blumentrost gab, enthält folgende Einschätzung: «Es ist derselbe Herr Nicolaus Bernoullius des vortrefflichen Mathematicis Herrn Johannis Bernoullii Sohn, welcher seine in Mathematicis besitzende Erudition durch verschiedene Proben in denen Actis Eruditorum Lipsiensibus dargethan.»[6] Der Briefwechsel der russischen Seite mit der Familie Bernoulli dauerte mehr als ein Jahr. Zur Vermittlung wurden außer Goldbach und Doppelmayer auch Johann Bernoulli und Christian Wolff herangezogen. Im Ergebnis trafen die Brüder Nikolaus II und Daniel Bernoulli am 27. Oktober (7. November) 1725 in Petersburg ein. Mit beiden hatte Goldbach schon viele Jahre korrespondiert. Nikolaus erkrankte nach einem halben Jahr schwer und starb. Daniel wirkte acht Jahre in Petersburg. Danach unterhielt er fast sein ganzes Leben lang sehr enge Beziehungen zur Petersburger Akademie und veröffentlichte in ihren Mémoires über 30 Arbeiten. Er wurde wie sein Vater auswärtiges Mitglied der Akademie. Die Mitwirkung der Familie Bernoulli an der Tätigkeit und den Angelegenheiten der Petersburger Akademie trug viel zur Aufrechterhaltung ihres Ansehens bei. Es sei deshalb nochmals hervorgehoben, daß es Goldbach gewesen ist, der die Einladung der Brüder Bernoulli nach Petersburg initiierte. Er selbst beabsichtigte damals offenbar noch nicht, ihr Kollege in der fernen russischen Hauptstadt zu werden.

Am 28. Oktober 1724 schrieb Jakob Hermann aus Frankfurt/Oder an Goldbach, daß man ihn nach Rußland an die neue Akademie eingeladen habe, er sich aber noch nicht entschieden habe, ob er diese Einladung annehmen soll.[7] Goldbach antwortete ihm am 7. November: «In den Ländern, die zum Russischen Imperium gehören, bin ich niemals gewesen, und über die neue Akademie, die in Petersburg ins Leben gerufen wird, kann ich nicht urteilen. Als der berühmte Doppelmayer mir schrieb, daß er die ihm an dieser Akademie angebotene Stelle abgelehnt habe, antwortete ich ihm, daß Nikolaus Bernoulli, der Sohn von Johann Bernoulli, vielleicht dorthin gehen könnte, wenn man ihn bei angemessenem Gehalt einlädt. Ich bat Doppelmayer, dementsprechend nach Petersburg zu schreiben, ohne schon Bernoulli in Kenntnis zu setzen. Jetzt, da ich höre, daß eben jene Stelle Euch angeboten wird, bin ich darüber höchst erfreut, aber ich zögere, in dieser Angelegenheit, in der so viel Unbekanntes ist, einen Rat zu geben, umso mehr, da ich, wie ich schon sagte, die Petersburger Angelegenheiten nicht genügend kenne.»[8]

Die Befürchtungen Goldbachs waren gegenstandslos. Es gab keine Konkurrenz zwischen Hermann und den Brüdern Bernoulli. Hermann erhielt den Lehrstuhl für Mathematik. Da aus der Korrespondenz zu entnehmen war, daß Daniel und Nikolaus Bernoulli sich nicht trennen wollten und bereit waren, zusammen nach Rußland zu gehen, bot man Nikolaus den Lehrstuhl für Mechanik und Daniel den Lehrstuhl für Physiologie an, womit sich dieser zum damaligen Zeitpunkt tatsächlich beschäftigte, genauer, ihn interessierten die Anwendungen der Mechanik in der Medizin. Am 25. Januar 1725 schrieb Daniel Bernoulli aus Padua an Goldbach und bat ihn, sofern er mit Blumentrost im Briefwechsel stehe, diesem die notwendigen Angaben über die Familie Bernoulli mitzuteilen. «Was mich betrifft, werde ich mit dem größten Vergnügen S.M. dienen, falls man mich für würdig hält.»[9] Am 17. Februar, als schon bekannt war, daß man die beiden Brüder nach Petersburg einladen würde, schrieb Daniel an Goldbach: «Wir beide werden Rußland als unsere zweite Heimat ansehen und sie wahrscheinlich niemals verlassen.»[10] Ferner erörterte er im Briefwechsel mit Goldbach eingehend die Arbeitsbedingungen in Petersburg. Somit war Goldbach, durch die besonderen Umstände bedingt, in den Prozeß der Auswahl auswärtiger Gelehrter für die Petersburger Akademie wesentlich mit einbezogen.

Im Juni trafen J. Hermann und G.B. Bülfinger, ein Physiker aus Tübingen, in Berlin ein. Beide hatten schon Verträge mit der Petersburger Akademie der Wissenschaften abgeschlossen und beabsichtigten, sich von Berlin aus nach Rußland zu begeben. In Berlin weilten Sie im Hause des russischen Gesandten A.G. Golovkin[11], der mit den ausländischen Gelehrten Gespräche führte. An diesen Treffen nahm auch Goldbach teil. In der Person Golovkins begegneten sie alle vermutlich zum ersten Mal einem Russen. Er verstand es, durch seine hohe Bildung ihre Sympathie zu gewinnen und in ihnen Achtung und Vertrauen gegenüber dem Land zu wecken, in das sie sich begeben wollten. Das wurde später von Bülfinger in seiner Rede in der ersten öffentlichen Sitzung der Akademie gewürdigt.[12] Leider sind im Briefwechsel keine Einzelheiten über die Besuche im Hause Golovkins erhalten, aber es ist klar, daß gerade in der Atmosphäre dieser Begegnungen und der Gespräche über das neu erstandene Rußland der damals schon nicht mehr ganz junge Goldbach (er war 35 Jahre alt), der fast alle Länder Europas bereist hatte und mit deren wissenschaftlichem und politischem Leben bekannt war, plötzlich den Entschluß faßte, sein Glück in jenem ihm unbekannten Land zu machen. Ohne irgendwelche Vorverhandlungen aufzunehmen, begab er sich auf die Reise. Am 4. Juli 1725, schon aus Riga, schrieb er einen Brief an Blumentrost, der damals faktisch Präsident der Akademie war. In diesem Brief sind interessante biographische Angaben enthalten, die sich in anderen Dokumenten nicht finden; deshalb soll er hier vollständig wiedergegeben werden:

«Der Entschluß der Herren Hermann und Bülfinger, über den Sie mich in Kenntnis setzten, ihren Dienst in Petersburg anzutreten, gefiel mir so sehr, daß ich die Absicht habe, sofern das möglich ist, mich diesen gelehrten Männern anzuschließen, und ich wage zu sagen, daß ich auch nach deren Meinung nicht nutzlos für die Akademie der Wissenschaften sein werde. Herr Doppelmayer, dem ich vor einigen Tagen über die von mir geplante Reise Mitteilung machte, wird Ihnen bald einige Worte zu meinen Gunsten[13] schreiben, und wenn es nötig ist, wird es nicht schwer für mich sein, dasselbe von Herrn Wolff zu erhalten. Aber da ich noch nicht weiß, ob Sie meine Absicht gutheißen werden, wünschte ich, daß Herr Swickard[14], der, wie ich neulich erfuhr, die Ehre hat, mit Ihnen im Briefwechsel zu stehen, von Ihnen Instruktionen erhielte für Gespräche mit mir über die Bedingungen, die man mir für den Fall unterbreiten würde, daß Sie meiner Etablierung in Petersburg positiv gegenüberstehen.

Vielleicht erinnert sich seine Excellenz, Herr Bruce[15], General Seiner Kaiserlichen Majestät[16], noch an mich; vor mehr als sieben Jahren teilte ihm einer meiner Freunde[17] einige meiner Überlegungen zu einem merkwürdigen Versuch mit, der von Pater Mersenne in einem Brief an Descartes beschrieben worden ist, und zwar, daß Kugeln, die aus einem senkrecht aufgestellten Kanonenrohr abgeschossen wurden und die natürlich auf einer senkrechten Linie wieder herunterfallen müßten, gänzlich verschwunden sind. Herr Bruce ehrte mich damals mit einem Brief, geschrieben aus Abo, mit Bemerkungen zu meinen unbedeutenden Überlegungen, die ich mit Achtung und Bewunderung las.[18]

Er fügte hinzu, daß er nach seiner Rückkehr nach Petersburg selbst mit Interesse diesen Versuch mit aller möglichen Sorgfalt durchführen werde, aber ich bezweifle, daß er hernach Muße für solcherlei Dinge hatte.

Vor mehr als zehn Jahren verlieh mir der preußische König, dessen Untergebener ich war, den Titel eines Rates, aber seit dieser Zeit wurde der Ratstitel so allgemein üblich, daß ich ihn nur quasi point benutze und an etwas Solideres denke. In den *Acta eruditorum* (1717 und folgende Jahre) sind einige meiner Artikel über Arithmetik und Algebra veröffentlicht, gezeichnet mit den Initialen C.G., die von Kennern wohlwollend aufgenommen wurden[19], und es wäre mir peinlich, hier das wiederzugeben, was man in jenem Journal im Jahre 1719, S.274, die Freundlichkeit hatte zu sagen.[20] Man hat in den *Nouvelles Litteraires de la Haye* vom September 1717 oder 1718 (wo viele Einzelheiten über das Leben des verstorbenen Herrn Leibniz berichtet werden)[21] und an mehreren Stellen der *Nouvelles Litteraires de Leipzig* sowie 1723, als sich die Gelegenheit ergab, in einem deutschen Journal (*Historie der Gelehrsamkeit*, Teil VI, Nr.6) eine Vermutung angeführt, die ich betreffs der Heilung von Geschwülsten mit glühender Asche gemacht hatte.[22] Es ist wahr, daß ich nicht das Glück hatte, Medizin zu studieren, aber ich rühme mich dessen, sehr viel von den Unterhaltungen profitiert zu haben, die ich mit einigen der berühmtesten Mediziner Europas führte, z.B. mit Vallisneri, Ramazzini, Morgagni, Woodward, Sloane, Boerhave, Wedel, Bohn, Stahl, Hjärne und anderen.[23] Um alle diese Bekanntschaften, die ich unendlich schätze, zu vervollständigen, scheint mir nur zu bleiben, die Ehre zu haben, Sie kennenzulernen und Ihnen persönlich zu versichern, daß ich mit tiefer Hochachtung verbleibe Ihr ergebenster und gehorsamster Diener...»[24]

Zu dem Zeitpunkt, als man in Petersburg Goldbachs Briefe erhielt, waren dort die Vorbereitungen auf die Eröffnung der Akademie in vollem Gange. Zwei Professoren, der Physiker Martini[25] und der Professor für Beredsamkeit J.Ch. Kohl[26], waren schon angekommen und hatten sich in dem teilweise für die Akademie geräumten Haus auf der Petersburger Seite niedergelassen, welches seinerzeit dem Vizekanzler P.P. Šafirov[27] gehört hatte. Hermann und Bülfinger waren mit drei Studenten (darunter war F.Ch. Mayer[28]) unterwegs. Aus der Schweiz erwartete man die Brüder Bernoulli. Auf den Brief des ihm unbekannten Goldbach antwortete Blumentrost unverzüglich am 2. (13.) Juli dahingehend, daß er es sehr bedaure, aber alle Stellen in der Akademie seien schon besetzt.[29] Dennoch setzte Goldbach seine Reise fort, und am 28. Juli (8. August) war er in Petersburg. Offenbar beseelte ihn der unbedingte Wunsch, die neue Stadt und die neue Akademie mit eigenen Augen zu sehen. Nach drei Tagen trafen auch Hermann und Bülfinger ein. Nachdem sie sich Blumentrost vorgestellt hatten, machten sie ihn auch mit Goldbach bekannt. Mit dieser Bekanntschaft war alles entschieden.

Wie bei vielen früheren Begegnungen mit neuen Bekannten bezauberte Goldbach Blumentrost sofort durch seine vielseitige Bildung und seine gepflegte Sprache. Offenbar besaß Goldbach jene Ungezwungenheit und Eleganz der Manieren, die man so hoch schätzte und die einen unabhängigen und an den Umgang mit berühmten und angesehenen Leuten gewöhnten Menschen verrieten. An jenem Tag, dem 31. Juli (11. August), schrieb Blumentrost an Doppelmayer nach Nürnberg, daß man, obwohl alle Lehrstühle an der Akademie besetzt seien, dennoch für Goldbach eine seinem Ansehen entsprechende Stelle finden werde.[30] Übrigens stellte sich heraus, daß Goldbach gar nicht den Wunsch hatte, Vorlesungen zu halten und folglich auch nicht die Stelle eines Professors hätte einnehmen können. Als für ihn geeignet betrachtete man das Amt des Sekretärs (ein solches Amt war in dem Plan Peters I. vorgesehen.) mit der Verpflichtung, die Sitzungsprotokolle zu schreiben, die Herausgabe von Arbeiten vorzubereiten und zusammen mit dem Bibliothekar den Briefwechsel mit Gelehrten zu führen. In dem am 4. (15.) September 1725 mit Goldbach abgeschlossenen Vertrag heißt es: «Es engagirt sich gedachter Herr Hofrath Goldbach bey der Kais. Academie der Wissenschaften als Membrum in der Classi Mathematica

auf fünf Jahre, und verspricht alles das jenige, was zu der Academie Aufnehmen und Gloire dienen mag, mit allem Fleiß zu
thun, absonderl. aber die Mathesin zu excoliren und auf begeh-
ren der Academie Histoire aus denen dabey gesamleten Memoires
zu schreiben. Wobey man sich aber ausdrücklich asserviert, daß
Wan Ihro Königl. May. von Preussen dieses engagement nicht ap-
probiren solten, gegenwärtiger Contract von beyden Theilen vor
ungultig zu halten seyn solle.

Dahingegen verspricht im Nahmen undt auf Befehl Ihro Kayserl. May^t der Herr Laurentius Blumentrost als Ihro erster Leib-
medicus, Ihme Hrn Goldbach neben freyer Wohnung, Holtz und
Licht, eine jährliche pension von sechs Hundert Rubl., welche
Ihme aus der Academie Cassa tertialweise jederzeit vor aus, von
dem dato dieses unterzeichneten Contracts an, solle bezahlet werden. Solte er nach verfloßenen 5 Jahren ferner zu dienen nicht lust
haben, so solle Ihme seine Dimission wann er ein halbes Jahr zuvor disfalls wird schriftlich eingekommen seyn, nicht vorenthalten
werden.»[31] (die 600 Rubel entsprachen dem niedrigsten Professo-
rengehalt, manche Professoren, insbesondere die älteren, erhielten mehr: Hermann 1500, der Astronom J.N. De l'Isle[32] 1800,
N. II Bernoulli 1000, D. Bernoulli, Bülfinger und Duvernois[33]
um die 800.) G.F. Müller, der in seiner *Geschichte der Akademie
der Wissenschaften*[34] über Goldbachs Vertrag berichtet, spricht
davon, daß die Akademie in dessen Person einen Fontenelle gewonnen habe, obendrein einen lateinischen Fontenelle. B. de Fontenelle, der berühmte Schriftsteller und Popularisator der Wissenschaft, war zu jener Zeit schon etwa 30 Jahre lang ständiger Sekretär der Pariser Akademie der Wissenschaften und ihr
Historiograph. Während also alle anderen Akademie-Professoren
sich mit Forschungen in ihrer Wissenschaft zu beschäftigen und
Vorlesungen zu halten hatten, standen auch vor Goldbach zwei
Verpflichtungen: sich mit Mathematik zu beschäftigen und der
Fontenelle Petersburgs zu sein.

Die eingetroffenen Akademiker brachte man im Šafirovschen
Hause unter. Dort speisten sie alle an einem Tisch. Dafür hatte
Blumentrost gesorgt, da er den schlechten Einfluß befürchtete,
den der Gang in Wirtshäuser und der Umgang mit Nichtstuern
und Trinkern hätte auf die Gelehrten ausüben können. In der Tat
waren die meisten der Professoren der neuen Akademie jung und
ledig. Goldbach mit seinen 35 Jahren war fast der älteste. Nur J.

Hermann und die später angekommenen J.N. De l'Isle und J.G. Leutmann[35] waren älter als er. Die anderen waren z.T. erheblich jünger.

Am 15. (26.) August wurden fünf Akademiker, darunter auch Goldbach (obwohl der offizielle Vertrag mit ihm noch nicht abgeschlossen war) der Zarin Katharina vorgestellt. Die Zeremonie fand im Sommerpalast statt, neben dem heutigen Marsfeld. Blumentrost führte die Gelehrten durch den Garten, wo sie sich an den Fontänen und Marmorstatuen erfreuen konnten. Unterwegs begrüßten sie den Hofmarschall V.D. Olsuf'ev und den Fürsten A.D. Menšikov. Im Palast hörte die Zarin, umgeben von ihren beiden Töchtern Anna Petrovna und Elizaveta Petrovna (der zukünftigen Zarin) und in Anwesenheit der Höflinge die Reden von Hermann und Bülfinger an und versicherte die Gelehrten ihres allerhöchsten Schutzes. Im Nachbarzimmer war ein Essen vorbereitet.[36] Dieser Empfang, über den sogar eine Leipziger Zeitung berichtete[37], wurde allerorts als Zeichen der hohen Wertschätzung verstanden, die den Wissenschaften in Rußland entgegengebracht wurde, und als Beweis dafür, daß die Vorhaben Peters I. nicht mit seinem unerwarteten Tode verkümmerten.

Die offiziellen Protokolle der wissenschaftlichen Sitzungen (Konferenz-Sitzungen), die Goldbach in lateinischer Sprache leitete, beginnen mit dem 2. November 1725.[38] Indessen begannen die wissenschaftlichen Sitzungen etwas früher. Das folgt schon daraus, daß im Band I der akademischen *Commentarii* für 1726 (erschienen 1728)[39], wo in den Artikeln die Zeit ihrer Vorlage in den Konferenz-Sitzungen angegeben wird, sich Arbeiten finden, die im Oktober vorgelegt worden waren. In den ersten Briefen der Gelehrten aus Petersburg werden auch September-Sitzungen erwähnt. Aber bisher war es nicht gelungen, dokumentarische Spuren dieser Sitzungen aufzufinden. Nun fand sich unerwartet bei Goldbach in seinen mit *Chaos observationum* überschriebenen Notizheften eine derartige Aufzeichnung: «1725. October. In der Zusammenkunft der Akademie 28 Sept. sind (1) die Kräfte eines raren Magneten untersuchet, (2) unterschiedene Globi die ein gewisser Mechanicus propria Marte verfertiget und auff hohen Befehl der Akademie zur Beurtheilung übergeben betrachtet worden wovon H. Prof. Bülfinger unterschiedene Fehler bemercket und wie dieselbe zu verbessern vorgestellet, (3) wurde eine ziemliche Qualität von einem gewissen Goldsande produciret welcher an denen Gräntzen von China in großer Menge und mit geringen unkosten gesammelt wird, wie davon die beyliegende inscription mit mehreren Nachricht gibt.»[40]

Die Sitzungen fanden in einem Eckzimmer des Šafirovschen Hauses dienstags und freitags statt. Sie begannen um 4 Uhr nachmittags und dauerten 2–3 Stunden. Man saß an einem runden, mit einem grünen Tuch bedeckten Tisch. Wie G.F. Müller bemerkte, machte Goldbach während der Sitzungen keine Aufzeichnungen, «damit, wie es scheint, er nicht das Ansehn eines Secretairs, oder Protocollisten hätte.»[41] Er verfaßte das Protokoll danach, wobei er nur die Themen der Vorträge aufschrieb. Aus heutiger Sicht sind die Kürze und Zurückhaltung Goldbachs zu bedauern; die Protokolle aus der Zeit seines Sekretariats geben die Arbeit der Akademiesitzungen nur sehr unvollständig wieder. Übrigens wurde die Akademie in den ersten Jahren wahrscheinlich noch nicht von einer solchen Masse administrativer und ihrem Anliegen fremder Angelegenheiten der verschiedensten Art überschwemmt, wie das später geschah.

Obwohl der Vertrag Goldbachs am 4. (15.) September abgeschlossen worden war, gibt es in seinem Briefwechsel eine Stelle, der man entnehmen kann, daß er sich damals noch nicht endgültig entschieden hatte, in Petersburg zu bleiben. Am 7. (18.) September schrieb er Briefe an Daniel Bernoulli in Basel und an Nikolaus II Bernoulli in Bern. In beiden Briefen ist derselbe Satz enthalten, nämlich, daß er hoffe, sie in Petersburg wiederzusehen, weil er in jedem Falle noch zwei Monate hierbleiben werde.[42] Aber offenbar festigten die weiteren Ereignisse und der erfolgreiche Arbeitsbeginn der Akademie Goldbachs Wunsch, sein weiteres Schicksal mit Rußland zu verbinden. Über Golovkin suchte Blumentrost beim preußischen König um die Erlaubnis für Goldbach nach, die Heimat verlassen zu dürfen.[43]

An der Akademie waren zu dieser Zeit die humanistischen Lehrstühle noch unbesetzt. Von den vorhandenen Kandidaten wurden einige abgelehnt, andere zogen selbst die Verhandlungen in die Länge. Da schaltete sich Goldbach in dieser Angelegenheit ein. Er empfahl für den Lehrstuhl Geschichte und Altertum den ihm von Königsberg her und durch langjährigen Briefwechsel gut bekannten Th.S. Bayer. Dieser Vorschlag fand umso mehr Anklang, als Bayer ein Kenner orientalischer Sprachen war und die Akademie es von Anfang an für nützlich hielt, auch dieses Ge-

Abb. 7 Akademie der Wissenschaften und Kunstkammer. Stich von M.I. Makhaev, 1753.

biet zu entwickeln (obwohl das im Plan Peters I. nicht vorgesehen war). Die Briefe Goldbachs an Bayer vom Herbst 1725, als Bayer Verhandlungen mit Petersburg führte und sich auf die Reise nach Rußland vorbereitete, sind voller lebhafter Schilderungen der Lebensumstände in Petersburg, der Bedingungen an der Akademie, des Zustandes der Bibliothek und ähnlichem mehr.[44] Aus alledem ist ersichtlich, daß die Petersburger Verhältnisse auch Goldbach selbst immer mehr zusagten. In den Briefen, die Goldbach Anfang 1726 erhielt, finden sich Anfragen verschiedener Persönlichkeiten mit der Bitte, ihnen bei der Beschaffung einer Stelle an der neuen Akademie behilflich zu sein.[45]

Wie andere Akademiker auch hat Goldbach in den akademischen Sitzungen der Jahre 1725–1727 und auch später Vorträge gehalten. In den *Protokollen* sind seine Auftritte verzeichnet: «Er stellte ein Theorem über die Transformation von Reihen vor», «er sprach über eine Differentialgleichung, die früher von Riccati vorgelegt worden ist» usw.[46]

Auch in einem Bericht über den Zustand und das Wirken der Akademie, der 1727 dem Zaren Peter II. vorgelegt wurde, sind Passagen über Goldbachs Arbeit enthalten. Es wird erwähnt, daß er neben der Geschichte der Akademie[47] auch eine Reihe von Aufsätzen, meist zur Algebra, Reihenlehre sowie Differential- und Integralrechnung vorgelegt habe und daß sich mit diesen Dingen bedeutende Gelehrte schon jahrelang abgemüht hätten. So habe er das Theorem des berühmten Moivre sehr viel allgemeiner bewiesen.

Auf die mathematischen Arbeiten Goldbachs werden wir in den Kapiteln 5–8 zurückkommen. Der erwähnte Beweis Goldbachs für das Theorem von Moivre über das Ausziehen der n-ten Wurzel[48] ist uns nicht erhalten geblieben. Er hatte ihn auf der Sitzung der Akademie vom 4. Oktober 1726 vorgestellt.[49] Nach dem Protokoll der Sitzung vom 16. (27.) Januar 1728 war beabsichtigt, diesen Beweis im ersten Band der *Commentarii* zu publizieren[50]; das ist aber nicht erfolgt. Möglicherweise war Goldbach Ende Januar schon so mit seiner bevorstehenden Reise nach Moskau beschäftigt, daß er den Aufsatz nicht in der vorgeschriebenen Form fertigstellte, oder aber das Thema interessierte ihn nicht mehr so sehr.

Wie man sieht, nahm die mathematische Aktivität Goldbachs unter den neuen Bedingungen spürbar zu. Das war das natürliche

Resultat der Gegebenheiten an der Akademie, daß er sich dort nämlich von Anfang an in enger Verbindung mit einer großen Gruppe schöpferischer Mathematiker, Astronomen und Physiker befand, die alle über außerordentlich umfangreiche Kenntnisse verfügten. Über diese Mathematiker (mit einigen von ihnen war Goldbach auch schon früher verbunden) ist besonders zu sprechen.

Der älteste unter ihnen war Jakob Hermann (1678–1733), ein Schüler Jakob I Bernoullis (1654–1705). Die Brüder Jakob I und Johann I Bernoulli (1667–1748) waren auf dem Gebiet der Mathematik die unmittelbaren Nachfolger von Leibniz. Ihnen kommt nach Leibniz das Verdienst zu, die Differential- und Integralrechnung zu einer neuen mathematischen Wissenschaft ausgebaut zu haben. Sie legten den Grundstein zur Variationsrechnung und lösten mit den Mitteln der Infinitesimalanalysis viele Aufgaben der Mechanik. Außerdem leistete Jakob Bernoulli einen bedeutenden Beitrag zur Wahrscheinlichkeitstheorie. Hermann war ein begabter Nachfolger der Begründer der Infinitesimalanalysis. Sein erstes Auftreten auf diesem Gebiet hing mit der öffentlichen Kritik zusammen, die B. Nieuwentijt[51] in den Jahren 1694–1695 an den grundlegenden Begriffen und Verfahren der Leibnizschen Differentialrechnung geübt hatte. In der Tat waren der Begriff der unendlich kleinen Größe und die Begründung der Regeln der Differentiation und ihrer geometrischen Anwendungen bei Leibniz und seinen ersten Nachfolgern, ja selbst noch lange Zeit danach, weit entfernt davon, logisch einwandfrei zu sein (dasselbe trifft auch auf Newtons Theorie zu). Die Auseinandersetzungen um das System der Begriffe und Operationen, auf denen die Analysis beruht, wurden das ganze 18. Jahrhundert hindurch fortgeführt. Es schien so, als seien sie durch die klassische Analysis des 19. Jahrhunderts beendet, aber im 20. Jahrhundert traten sie auf dem Boden der Mengenlehre und der Theorie der reellen Funktionen erneut auf, allerdings auf einem weit höheren logischen Niveau. Es ist hier nicht der Ort, die gesamte Geschichte dieses Fragenkreises zu betrachten. Wir beschränken uns lediglich auf einige Bemerkungen zur Frühgeschichte des Problems. Leibniz selbst reagierte 1695 unverzüglich auf Nieuwentijt, indem er den entsprechenden Problemkreis im Briefwechsel mit seinen Anhängern, z.B. mit Varignon[52], erörterte. Jakob Hermann, der damals nur wenig älter als 20 Jahre war, hatte sich mit der Broschüre *Responsio ad Clar. Viri Bernh. Nieuwentijt considerationes secundas circa calculi differentialis principia editas*[53] (Basel 1700) in die Gruppe der Verteidiger der neuen Analysis eingereiht. Diese Publikation trug Hermann die Stelle eines Mitgliedes der Berliner wissenschaftlichen Sozietät, der späteren Akademie der Wissenschaften, ein. 1707 erhielt er mit Unterstützung von Leibniz den Lehrstuhl für Mathematik in Padua, den nach ihm Nikolaus I Bernoulli innehatte (über Nikolaus I s. Kap.5). 1713 wurde Hermann, wiederum mit Leibniz' Protektion, auf den Lehrstuhl für Mathematik an der Universität Frankfurt/Oder berufen. Diesen hatte er bis zu seiner Übersiedlung nach Petersburg inne. Noch in Italien bereitete er sein Hauptwerk *Phoronomia, oder zwei Bücher über die Kräfte und Bewegungen fester und flüssiger Körper* vor, welches 1716 erschien.[54] In den Bänden 1–6 der *Commentarii* publizierte Hermann 15 Arbeiten über verschiedene Fragen der Analysis, der analytischen Geometrie und der Mechanik. Wir erinnern nur an seinen Aufsatz im 2.Band der *Commentarii* von 1727 (1729), wo er die Differentialgleichung

$$y = P(y')x + Q(x)$$

löst, die heute unter der Bezeichnung d'Alembert-Lagrangesche Differentialgleichung bekannt ist. D'Alembert, der die Arbeit Hermanns nicht kannte, löste sie 1748 mit einer anderen Methode. Den Spezialfall $P(y') = y'$ betrachtete 1734 Clairaut. Die Gleichung von Clairaut erscheint bis heute in den Lehrbüchern als einfachstes Beispiel einer Gleichung erster Ordnung, welche neben der allgemeinen auch eine singuläre Lösung hat. 1731 kehrte Hermann in seine Heimat, nach Basel, zurück. Der ältere der beiden Bernoulli der zweiten Generation, Nikolaus II (1695–1726), konnte wegen seiner Krankheit in der Jugend und wegen seines frühen Todes seine ohne Zweifel vorhandene mathematische Begabung nicht entfalten. Hinzu kam noch, daß er einige Jahre die Professur der Jurisprudenz in Basel und Bern wahrzunehmen hatte. In seinem handschriftlichen Nachlaß, der bis heute kaum erforscht ist, gibt es zahlreiche Notizen und Lösungen von Aufgaben. Die veröffentlichte wissenschaftliche Produktion von Nikolaus ist mengenmäßig nicht umfangreich gewesen. Bis zu seiner Übersiedlung nach Petersburg publizierte er, abgesehen von seiner juristischen Dissertation (1715), fünf kleinere Arbeiten über damals aktuelle Probleme der Analysis in den *Acta eruditorum* von 1716–1720. Wie bereits erwähnt, lernten sich Nikolaus II Bernoulli und Goldbach im Frühjahr 1721 in Italien kennen und begannen einen Briefwechsel über verschiedene Fragen der Mathematik, insbesondere über die Lösung der Riccatischen Differentialgleichung. Ein wesentlicher Teil dieser Korrespondenz, insgesamt 27 Briefe, blieb erhalten und wurde von Fuss publiziert[55]; davon wird im 7. Kapitel die Rede sein. Im letzten Brief vom 18. September 1725, schon aus Petersburg abgesandt, informierte Goldbach Nikolaus II und in einem separaten Brief auch Daniel Bernoulli von ihrer Berufung an die Petersburger Akademie. Nikolaus II konnte in Petersburg nicht lange wirken: er starb am 29. Juli 1726, acht Monate nach seiner Ankunft, an einem Darmgeschwür. Die Vorbereitung von zwei Aufsätzen für Band 1 der *Commentarii* für 1726 (1728) war bei seinem Tode weit gediehen: einer über Mechanik und der andere über die Lösung gewöhnlicher Differentialgleichungen. Es verdient angemerkt zu werden, daß die allgemeine lineare Gleichunge erster Ordnung (welche Leibniz 1695 mittels der Substitution $dy = ax^m dx + bydx$ gelöst hatte) von Nikolaus II mittels eines anderen Verfahrens gelöst wurde, nämlich durch die Substitution $y = e^{bx} z$. In der Folgezeit hat Euler den Exponentialansatz in breitem Umfang verwendet. Der Nekrolog auf Nikolaus II im zweiten Band der *Commentarii* stammt aus der Feder Goldbachs, der ihn während eines Aufenthaltes in Moskau unter Verwendung eines Textes schrieb, den ihm Daniel Bernoulli aus Petersburg geschickt hatte. Dieser Text, den Goldbach am 14. April 1729 erhielt, ist bei Fuss abgedruckt.[56]

Ganz anders und weitaus glücklicher gestaltete sich das Leben von Daniel Bernoulli (1700–1782). Auch ihm gelang es nicht sofort, sich entsprechend seiner Neigungen und Begabungen zu etablieren; einige Jahre studierte er Medizin in Basel, Deutschland und Italien. In Italien publizierte er 1724 eine Arbeit über Mathematik, die allgemeine Aufmerksamkeit hervorrief (mehr darüber im Kapitel 7); immerhin wurde er eingeladen, an der Petersburger Akademie den Lehrstuhl für Physiologie zu übernehmen mit dem Ziel, in dieser Wissenschaft mathematische Methoden anzuwenden. Er wurde aber dann zum Professor der Mathematik ernannt. Übrigens hatte seine Beschäftigung mit Physiologie Bedeutung für seine herausragenden Forschungen zur Mechanik der Flüssigkeiten. 1730 begann D. Bernoulli mit der Arbeit an seinem klassischen Werk *Hydrodynamik, oder Bemerkungen über die*

Kräfte und Bewegungen der Flüssigkeiten[57], welches in überarbeiteter Form 1738 herausgegeben wurde. Auf D. Bernoulli gehen auch bedeutende Ergebnisse auf dem Gebiet der mathematischen Physik (Schwingungslehre), der trigonometrischen Reihen, der numerischen Verfahren sowie der Wahrscheinlichkeitstheorie und ihrer Anwendungen zurück. 1733 kam er wieder nach Basel, wo er viele Jahre seiner Studienzeit verbracht hatte (geboren wurde er in Groningen). Er erhielt in Basel zunächst den Lehrstuhl für Physiologie und Anatomie und erst 1750 die Professur für Physik. Nach seinem Weggang aus Petersburg hielt er die Verbindung zur Petersburger Akademie aufrecht (mit einer gewissen Unterbrechung um die Mitte des Jahrhunderts). 50 seiner 76 Arbeiten sind in den *Commentarii* bzw. den *Novi Commentarii* erschienen. Für die Arbeiten D. Bernoullis, speziell in seinen späteren Jahren, ist die besondere Hinwendung zu angewandten Problemen der Mathematik charakteristisch. Der höchst interessante und inhaltsreiche Briefwechsel Goldbachs mit D. Bernoulli[58] kam auf Anraten von Nikolaus II Bernoulli (in einem Brief vom 2. April 1723) zustande. Er begann am 31. Mai 1723 und währte bis zum 29. November 1731. Diese Korrespondenz hat das mathematische Denken Goldbachs wesentlich stimuliert. Es sind 71 Briefe erhalten. Ohne eine vollständige Analyse aller Briefe zu beabsichtigen, werden wir einige besonders wichtige in den Kapiteln 5–7 besprechen.

Wir kommen jetzt zu einem Mathematiker, mit dem das Schicksal Goldbach im Jahre 1727 zusammenführte, zum bedeutendsten Mathematiker des 18. Jahrhunderts, Leonhard Euler (1707–1783). In Basel geboren, wurde er 1727 unter Mithilfe seiner Freunde Nikolaus II und Daniel Bernoulli an die Petersburger Akademie berufen (anfangs auch auf den Lehrstuhl für Physiologie). Von 1741 bis 1766 arbeitete er an der Berliner Akademie, von 1766 bis zu seinem Tode wirkte er erneut in Petersburg. Es ist kaum möglich, Eulers Rolle für die Entwicklung der Wissenschaft mit wenigen Worten zu umreißen. Er leistete Beiträge von unschätzbarem Wert auf fast allen Gebieten der Mathematik, Mechanik, Astronomie und Physik. Einige mathematische Wissenszweige wurden erst durch seine Arbeiten zu eigenständigen Disziplinen, wie die Zahlentheorie, die Variationsrechnung, die Theorie der speziellen Funktionen, die Differentialgeometrie, die Theorie der Differentialgleichungen, die Mechanik fester Körper und die theoretische Hydromechanik. Auch die Anfänge der Theorie der analytischen Funktionen gehen auf Euler zurück. Er leistete bedeutende Beiträge zur Technikwissenschaft (Schiffbau, optische Technik, Maschinenbau, Theorie der Wasserturbinen, Artilleriewesen). Hervorragend begabt, Wissen zu systematisieren, schrieb er grundlegende Handbücher, aus denen die Gelehrten viele Jahrzehnte lang ihr Wissen auf den Gebieten Algebra, Analysis, Geometrie und Mechanik schöpften und vertieften. Euler übte einen nachhaltigen Einfluß auf den Mathematikunterricht in den mittleren und höheren Schulen aus. Schließlich war er auch ein glänzender Popularisator der Wissenschaft, der fesselnd und allgemeinverständlich zu schreiben verstand. Euler verband mit unübertroffener Meisterschaft Grundlagenforschung mit angewandter Forschung und entwickelte in seinen Arbeiten, insbesondere durch die gebührende Beachtung der Anwendungen, die Mathematik zu einem einheitlichen Ganzen. Zu Lebzeiten veröffentlichte er ungefähr 550 Arbeiten, darunter 20 umfangreiche Bücher. Das Verzeichnis seiner Schriften enthält mehr als 850 Titel. Die Gesamtausgabe seiner Werke, die 1911 von der Schweizer Naturforschenden Gesellschaft begonnen wurde, wird bis heute fortgesetzt. Die Herausgabe der ersten drei Serien (Mathematik, Mechanik, Physik und verwandte Gebiete) in 72 Bänden nähert sich jetzt dem Ende; das Erscheinen der vierten Serie — des wissenschaftlichen Briefwechsels — ist in vollem Gange: Von den vorgesehenen acht Bänden sind drei erschienen (Bd.I: allgemeine Beschreibung der gesamten Korrespondenz, Literatur-, biographische und andere Verzeichnisse; Bd.V: Briefwechsel mit A. Clairaut, J. d'Alembert und J.L. Lagrange; Bd.VI: Briefwechsel mit P.L. Maupertuis und Friedrich II.).

Schließlich gibt es im Archiv der russischen Akademie der Wissenschaften noch eine große Zahl von Manuskripten, die unveröffentlicht sind und noch der Erforschung harren. Übrigens ist ein gewisser Teil der Manuskripte zur Zahlentheorie von G.P. Matievskaja und E.P. Ožigova herausgegeben worden. Die geometrischen Manuskripte hat — wiederum nur teilweise — J.A. Belij publiziert.

Bei der ersten Begegnung 1727 gelang es Goldbach noch nicht, mit Euler näher bekannt zu werden. 1729 kam zwischen beiden ein wissenschaftlicher Briefwechsel in Gang, der 35 Jahre währte, und es bildeten sich freundschaftliche Beziehungen heraus. Diesem Briefwechsel widmen wir wegen seiner großen Bedeutung das gesamte achte Kapitel.[59]

Es ist nicht verwunderlich, daß sich in einem solchen Umfeld die mathematischen Interessen Goldbachs weiter verstärkten und seine Kompetenz auf diesem Gebiet wesentlich zunahm.

Wir kommen nun auf Goldbachs Tätigkeit in der Akademie zurück. Während er seinen Pflichten als Protokollant offenbar nur ziemlich formal genügte, war seine Rolle für den Briefwechsel der Akademie mit ausländischen Gelehrten von weitaus größerer Bedeutung, zumal dies in jener Zeit die wohl wichtigste Form der internationalen Verbindungen war. Hier konnte er seine glänzenden stilistischen Fähigkeiten ebenso einbringen wie die fließende Beherrschung vieler Sprachen und die Kenntnis aller Einzelheiten des wissenschaftlichen Lebens in Europa, welche er in den Jahren seiner Reisen und durch seinen umfangreichen persönlichen Briefwechsel erworben hatte. Von Goldbach stammt der Text der ersten offiziellen Briefe, welche die Petersburger Akademie im September 1726 an die Pariser Akademie, die Londoner Royal Society, die Berliner Sozietät der Wissenschaften und die Wissenschaftliche Gesellschaft zu Uppsala gesandt hat.[60] Obwohl die Briefe alle aus demselben Anlaß geschrieben sind — sie lagen der ersten Publikation der Akademie, den auf der ersten öffentlichen Sitzung gehaltenen Reden, bei — kommen in jedem Brief Sätze vor, die auf die Besonderheiten der Beziehung gerade mit dem entsprechenden Land, mit der entsprechenden Körperschaft, eingehen.

Mit einer öffentlichen Rede trat Goldbach erstmals in der Festsitzung der Akademie am 1. (12.) August 1726 auf. Es war dies die zweite öffentliche Sitzung, die manchmal als die «Inauguration» der Akademie bezeichnet wird, da sie in Anwesenheit der Zarin stattfand (in der ersten öffentlichen Sitzung am 27. Dezember 1725 (7. Januar 1726) war die Zarin nicht anwesend). J. Hermann hielt einen Vortrag zum Thema «Über den Ursprung und die Erfolge der Mathematik». Darin gab er einen Abriß der Entwicklung der mathematischen Kenntnisse vom alten Ägypten bis zu seiner Zeit. Insbesondere beschäftigte er sich mit den Entdeckungen Newtons und Leibniz' auf dem Gebiet der Infinitesimalrechnung und berichtete über die Leistungen der Petersburger Mathematiker, darunter auch Goldbachs. So heißt es in der Passage über die Summation endlicher Reihen: «In der Tat ha-

ben unsere Zeitgenossen Jac. Bernoulli, Raimondus de Montmort
und Brook Taylor und aus unserer Kaiserlichen Akademie Christian Goldbach und Friedr. Chr. Mayerus Methoden angegeben,
wie jede Reihe figurierter Zahlen summiert werden kann.» Goldbach selbst trat im Auftrag der Akademie bei diesem Vortrag als
«Opponent» auf. Er berührte einen Abschnitt der Rede, in dem
es um die Erfolge der zeitgenössischen Optik ging. Hermann hatte
eine Frage aufgeworfen, die seine Zeitgenossen sehr interessierte:
Haben sich die Hoffnungen Descartes auf eine solche Entwicklung
der astronomischen Optik erfüllt, die es erlauben würde, im Te-
leskop Bewohner anderer Planeten zu sehen? Goldbach unterzog
die neuesten Errungenschaften der Optik einer eingehenden Analyse und stimmte der Folgerung Hermanns zu, daß dies unmöglich
sei.[61]

Die Begrüßungsansprache Goldbachs, die er am 1. (12.) Januar 1727 im Zarenpalast aus Anlaß de Neujahrsfestes hielt, ist in
den *Sankt Peterburgskie Vedomosti*[62] abgedruckt. Auf die allgemeinen Glückwünsche folgen die Worte: «Er [Gott] befestige Eurer Kaiserlichen Majestät gerechteste Bündnisse und lasse Dero
Kriegsmacht zu Wasser und Lande allezeit glücklich, allezeit sieg-
reich seyn. Er lasse Russland auch in Künsten und Wissenschaften zunehmen, und in allen Stücken zu derjenigen Vollkommen-
heit gelangen, welche jedermann von der allerweisesten Regierung
unserer großmächtigen Kaiserin erwartet.»

Das neue Jahr war für das Leben der Akademie von besonderer Bedeutung. Der Umzug in die neuen Gebäude auf der
Vasil'evskij-Insel stand bevor, in das für die Akademie an der
Uferstraße der Newa ausgebaute Haus und in die neu erbaute
Kunstkammer. Das erstere Gebäude war früher für die Zarin
Praskova Fedorovna (die Gattin des Zaren Iwan, des Stiefbruders von Peter I.) bestimmt gewesen. In der Kunstkammer fanden
ein Museum, die Bibliothek, das anatomische Theater und das
physikalische Kabinett Platz. Die akademische Druckerei begann
mit ihrer Arbeit. Man mußte die ersten Ausgaben der Akade-
mieschriften vorbereiten, und das war die Aufgabe Goldbachs als
Konferenz-Sekretär. Man beschloß, sie *Commentarii Academiae
Scientiarum Imperialis Petropolitanae* zu nennen, und Goldbach
oblag es, das Vorwort und den historischen Teil zu schreiben.
Auf ihn geht auch der Entwurf für die Gestaltung des Titelblatts
zurück — ein Stich, der Minerva, die Göttin der Weisheit, auf

einem Schild darstellt, welcher auf einem Doppeladler ruht. Auf
dem Schild befand sich die Inschrift *Hic tuta quiescit* (hier ruht
sie sicher); gemeint war, daß die Wissenschaft in Rußland unter
sicherem Schutz stand. Man nahm zwar schließlich für das Titelblatt der *Commentarii* eine andere Vignette, aber Goldbachs Entwurf wurde für das akademische Siegel verwendet, das 1735 mit
einer geringfügigen Veränderung der Inschrift geschaffen wurde.
Es hieß jetzt *Hic tuta perennat* (hier ist sie dauerhaft gesichert).
Eine andere Vignette, die auch auf Goldbach zurückgeht, wurde
über das Vorwort der *Commentarii* gesetzt und stellt Resultate
der Gelehrten zur Vermessung der Ostsee und des Kaspischen
Meeres dar (s.S. 107).

In diese Zeit fällt ein Ereignis, welches das Leben Goldbachs
grundlegend veränderte. Die Zarin, die selbst keine Söhne hatte,
ernannte den Enkel Peters I, Petr Alekseevič, der im Jahre 1726
erst 11 Jahre alt war, zum Thronfolger. Er hatte im Unterricht
recht gute Fähigkeiten bewiesen, und der mächtige Fürst Menšikov, der seine Erziehung leitete und der mit dem jungen Großfürsten weitgehende und ehrgeizige Pläne hatte (er wollte ihn zur
endgültigen Festigung seines eigenen Einflußes mit seiner Tochter Maria verheiraten), beschloß, seine Ausbildung auf eine solide Grundlage zu stellen. Die Wahl der Zarin und Menšikovs
fiel auf Goldbach. Um ihn näher kennenzulernen, lud Menšikov
ihn in seinen Landsitz nach Oranienbaum ein, wo sie bei Gesprächen und Schachspiel den Abend verbrachten. Bereits zwei
Wochen später wurde Goldbach durch Blumentrost der Vorschlag
unterbreitet, Erzieher des Großfürsten zu werden. Anfangs lehnte
er ab, aber die Verhandlungen wurden fortgesetzt. Zweimal, im
Oktober und im Dezember, lud ihn der Vizekanzler, Graf A.I.
Osterman[63] zu sich ein. Am 11. (22.) Januar 1727 wiederholte die
Zarin durch Blumentrost ihren Vorschlag, aber Goldbach lehnte
erneut ab. Erst am 26. April (7. Mai), als Katharina I. schon
schwer krank war, gab er nach neuen beharrlichen Vorstößen
sein Einverständnis. Seinem Wunsch entsprechend wurde ihm in
dem am 1. (12.) Mai abgeschlossenen Vertrag nicht der Unterricht selbst zur Pflicht gemacht, sondern nur die Aufsicht über
die Erziehung. Er erhielt den Rang eines Justizrates und ein Gehalt von 2000 Rubeln im Jahr bei freier Wohnung und Heizung.
Darüber erfolgte ein Personal-Erlaß der Zarin.[64] Nach einigen
Tagen stellte man Goldbach dem Großfürsten und seiner um ein

Jahr älteren Schwester Natal'ja Alekseevna vor. Von diesem Zeitpunkt an mußte er ständig bei Hofe anwesend sein, so daß er sich in einem Haus neben dem Winterpalais niederließ.

Nach dem Tode Katharinas I. siedelte der Jüngling, jetzt schon Zar Peter II., auf Drängen Menšikovs in dessen Palast auf der Vasil'evskij-Insel über, und Goldbach zog dorthin um (heute das Haus Nr.15 auf der Universitäts-Uferstraße). Er begann den regelmäßigen Unterricht, obwohl er dazu laut Vertrag nicht verpflichtet war. Das währte jedoch nicht lange. Die am 25. Mai (5. Juni) 1727 erfolgte Verlobung Peters II. mit Menšikovs Tochter — Goldbach hielt aus diesem Anlaß eine Rede in Latein — rief seitens der Vertreter des alten Adels, insbesondere der Familie Dolgoruki, einen Ausbruch von Haß gegen Menšikov hervor. Eine der Methoden, seinen Einfluß auf Peter II. zu untergraben, bestand darin, den jungen Zaren für verschiedene Vergnügungen und für die Jagd zu gewinnen. Der Unterricht wurde seltener, und nach dem Sturz und der Verbannung Menšikovs im September 1727 hörte er ganz auf. Aber der Zar und seine Schwester ließen Goldbach nicht gehen. Er mußte Peter II. manchmal zu Pferde bei der Jagd begleiten. Im Januar 1728 siedelte der Hof nach Moskau über. Man bereitete sich auf die Krönung vor. Auch Goldbach mußte dem Hofe folgen. Er betreute nun nicht mehr den Zaren, sondern dessen Schwester, die sich lebhaft für die Wissenschaft interessierte. Er leitete ihre Lektüre an und unterrichtete sie in Mathematik. Aber auch dieser Unterricht wurde jäh unterbrochen: die Großfürstin Natal'ja starb am 22. Oktober (2. November) 1728.

Am 18. (29.) Januar 1730 starb der junge Zar an den Pocken. Den Thron bestieg Anna Ioannovna, die Tochter des Stiefbruders Peters I., des Zaren Iwan. Goldbach blieb mit dem Zarenhof noch zwei Jahre in Moskau. Wir haben keine Angaben darüber, ob sein Aufenthalt dort erzwungen war oder ob er seinen Wünschen entsprach. Auch der Präsident der Akademie Blumentrost befand sich die ganze Zeit in seiner Eigenschaft als Leibarzt der Zarenfamilie beim Hof in Moskau. Die vier turbulenten Jahre, während der die Akademie ohne Präsidenten arbeiten mußte, sind als schwierige Jahre in ihre Geschichte eingegangen. Die politische Instabilität, der Kampf der höfischen Gruppierungen gegeneinander, die Verworrenheit in der Arbeit der staatlichen Institutionen, die finanziellen Schwierigkeiten — all das gefährdete sogar die Existenz der Akademie. Die Akademiemitglieder und die Angestellten erhielten längere Zeit kein Gehalt. Im Auftrag von Blumentrost verwaltete J.D. Schumacher die akademischen Angelegenheiten. Er schuf in dieser Zeit die akademische Kanzlei und verwandelte sie in ein bürokratisches Organ, welches große Macht an der Akademie erlangte. Die Akademiemitglieder, insbesondere die alten wie De l'Isle und Hermann, lehnten es ab, sich Schumacher unterzuordnen und schrieben Beschwerden über seine Willkür. Bülfinger und Hermann verließen 1730 bzw. 1731 die Akademie und kehrten nach Tübingen bzw. Basel zurück. Auch D. Bernoulli bemühte sich um seinen Weggang. Offenbar haben alle diese Umstände auch Goldbach veranlaßt, sich mit seiner Rückkehr nach Petersburg Zeit zu lassen. Das Leben in Moskau sicherte ihm wenigstens die Möglichkeit, sich in Ruhe seiner Lieblingsbeschäftigung hinzugeben, den mathematischen Studien und Forschungen. Andererseits zeugt der erhalten gebliebene Briefwechsel dieser Jahre zwischen Petersburg und Moskau davon, daß die Leitung der Akademie den Aufenthalt Goldbachs in Moskau für verschiedene Bemühungen in akademischen Angelegenheiten nutzte, welche persönliche Beziehungen zu Kreisen bei Hofe, insbesondere die Hilfe des Vizekanzlers Osterman, erforderten.

Von den Persönlichkeiten, mit denen sich Goldbach in Moskau traf, wird im Tagebuch der Novgoroder Erzbischof Feofan Prokopovič erwähnt. Mit ihm fuhr Goldbach in dessen Dorf Vladykino und in die bei Moskau gelegenen Klöster.[65] Er traf sich auch mit J.W. Bruce.[66]

Während seines Moskauer Aufenthaltes schrieb Goldbach eine Einleitung zum ersten Band der *Commentarii*.[67] Dort sind Gedanken enthalten, die ihre Aktualität bis in unsere Tage nicht verloren haben. Es heißt dort:

«Ungeachtet dessen es schwer zu sagen ist, ob Kaiser Peter der Große, Ihro Majestät Großvater, durch die friedlichen oder durch die kriegerischen Künste größeren Ruhm errungen hat, ist es doch wahrlich sicher, daß er sich in beiden ausgezeichnet und nicht nur viel Bedeutendes, ja schier Unglaubliches geleistet hat, sondern gar etliches mehr im Geiste getragen, das einer künftigen Zeit zur Ausführung bestimmt war, wäre er nicht von einem unerwarteten Tod überfallen worden. Da dies der ganzen Welt bekannt ist, wäre es überflüßig, hier solches zu wiederholen, wenn wir uns denn in der Erinnerung so großer Tugenden in irgendeiner Weise mäßigen könnten — Tugenden, welche wir in Dero Majestät schon im Wiedererstehen, ja vielmehr, um es richtiger zu sagen, in Dero Jugend schon herangereift und geeignet sehen, alles zu einem guten Ende zu führen, was nach Aufnahme Peters in den Himmel die göttliche Vorsehung Ihro Majestät zu tun überlassen hat.

Unter den letzten Geschäften jenes großen Kaisers ist es erwiesenermaßen nicht das geringste gewesen, welches er in Ansehung der Petersburger Akademie aufgenommen hatte; es ist — meiner Meinung nach — nicht möglich, ein für diese Akademie ehrenderes oder für ihre Nützlichkeit verläßlicheres Zeugnis vorzulegen als die Tatsache, daß man auf Anstoß des göttergleichen Peter mit so ansehnlichen in Aussicht gestellten Belohnungen so sorgfältig und beharrlich — teils in Deutschland, teils in Frankreich und Italien — Männer angeworben hat, die man dieser Aufgabe gewachsen glaubte. Da deren Studien, Mühen und nächtliches Wachen vor allem, Durchlaucht, Ihro Majestät Untertanen betreffen, zögern die Akademiker desto weniger, Dero Majestät und Vaterlandes Vater diesen ersten Band ihrer Kommentare zu Überreichen, der vor Zeiten schon unter den Auspizien Dero Großvaters selig begonnen, jetzt endlich durch Dero Befehl und Freigiebigkeit ans Licht der Öffentlichkeit tritt.

Die Akademiker glauben, mit ihren Probestücken das Wirken der Pariser Sozietät und anderer Akademien nicht unglücklich nachgeahmt zu haben, nach deren Ratschluß und Vorbild sie sich gegen den Tadel derer erwehren, die für die geistreichsten Fragen in Physik und Mathematik nur Verachtung übrig haben, es sei denn, daß daselbst irgendeine Anwendung auf die Mechanik oder auf eine ähnliche Kunst vorgestellt wird: als ob die Erkenntnis der Wahrheit, die in jeder Wissenschaft — allein durch sich selbst — den Weisen erfreut, nur nach der Größe des daraus gezogenen Profits zu bemessen wäre, da doch der Nutzen jener schwierigeren und tiefliegenden Geometrie sich sogar für die alltäglichsten Dinge als unermeßlich erweist, wie aus dem hervorgeht, was über die Navigationskunst, über die Teilung der Tageszeit in gleiche Abschnitte, über den Wurf von Geschossen, über die Ausbreitung des Schalles und des Lichts und so viele andere Probleme dargelegt worden ist. Außerdem pflegen die Astronomen die Wissenschaft der Gestirne nicht nur in Petersburg, sondern haben diese auch an die äußersten Küsten des Nordens, die Ihrem Reiche angehören, gebracht, um ihre Beobachtungen an so verschiedenen Orten zur Vermehrung der Astronomie und der Geographie in vereinter Anstrengung zusammenzutragen.»

Goldbach kümmerte sich auch um die Unterbringung eines Nekrologs für Nikolaus II Bernoulli in diesem Band. Es war an der Pariser Akademie üblich, beim Tode ihrer Mitglieder Nekrologe in ihren *Mémoires* zu veröffentlichen. In Petersburg hat sich diese Gepflogenheit allerdings nicht eingebürgert. Goldbach schickte aus Moskau auch einige mathematische Arbeiten für die *Commentarii*. In der Sitzung vom 23. September (4. Oktober) 1729 trug Daniel Bernoulli Goldbachs Aufsatz *Über die allgemeinen Glieder von Reihen*[68] vor (s. Kapitel 6). Als Goldbach am 11. März 1729 drei Arbeiten nach Petersburg schickte, rechtfertigte er in einem Begleitbrief in scherzendem Ton die Kürze von zweien dieser Aufsätze: «Mir scheint, daß sie der Soße nicht bedürfen.» Seiner Meinung nach sind manche kurzen Bemerkungen in den *Philosophical Transactions* der Londoner Royal Society wesentlich mehr wert als gewisse lange Elaborate in den *Mémoires* der Pariser Akademie. «Jeder Ochse mag so schreiben, wie es ihm gefällt, aber persönlich möchte ich mir nicht den Vorwurf einhandeln, daß ich die Armut des Inhalts durch einen Wortschwall verdecke.» Oder in einem anderen Brief über dieselben Artikel: «Besser wäre es, wenn meine Kleinigkeiten gar nicht gedruckt würden.»[69]

Die erhalten gebliebenen Briefe Goldbachs aus Moskau an Schumacher (24 Briefe)[70] rufen insofern Verwunderung hervor, als in ihnen jene Stürme und Erschütterungen, die die Akademie heimsuchten, gar nicht berührt werden. Die Akademiemitglieder spalteten sich in zwei Lager, und Schumacher schürte die Feindseligkeiten zwischen ihnen und beklagte sich ständig beim Präsidenten in Moskau über die Nachlässigkeit und Widerspenstigkeit der Gelehrten. Diejenigen Akademiemitglieder, die Schumacher feindlich gesinnt waren, schrieben ihrerseits Beschwerden über ihn, und zwar nicht nur an den Präsidenten, sondern auch an staatliche Stellen. Goldbach aber tauschte mit Schumacher belanglose Neuigkeiten aus; die akademischen Wechselfälle werden mit keinem Wort erwähnt.

Das Wesentliche, was uns von den Moskauer Mußestunden Goldbachs geblieben ist, ist sein mathematischer Briefwechsel. Offensichtlich war der Gedankenaustausch mit Menschen, die ihm an Talent und Denkungsart nahe kamen, für Goldbach eine bevorzugte Form der Forschungsarbeit. Mit D. Bernoulli wurde der Austausch von Briefen zwischen Petersburg und Moskau[71] etwa mit derselben Intensität gepflegt wie in den Jahren, als Bernoulli in Venedig lebte und Goldbach in Ungarn Österreich und Berlin (s. Kapitel 2). Mit Euler traf sich Goldbach bis zu seiner Abreise nach Moskau sicherlich nur einige Male. Als aber Euler im Oktober 1729 auf Anraten von D. Bernoulli Goldbach über einige seiner Entdeckungen schrieb, antwortete dieser unverzüglich, und damit begann ihre langjährige Korrespondenz.

Außer mit D. Bernoulli und Euler korrespondierte Goldbach aus Moskau mit G.B. Bülfinger. Ein Teil seiner Briefe ist mathematischen Fragen gewidmet — Differentialgleichungen, divergenten Reihen, imaginären Zahlen. Aber Hauptthema ihrer Korrespondenz war die physikalische Theorie der Wirbel. Bülfinger war unter den Petersburger Akademikern der einzige Anhänger der kartesischen Wirbeltheorie. 1728 erhielt er einen Preis der Pariser Akademie für die Arbeit *Experimentelle Untersuchung über die allgemeine physikalische Ursache der Schwere.*[72] Mit Goldbach diskutierte Bülfinger seinen im ersten Band der *Commentarii* abgedruckten Aufsatz, in dem es um Versuche zur Rotation einer teilweise mit Wasser gefüllten Kugel ging.[73] Aus den Briefen Goldbachs zu diesem Gegenstand kann man schließen, daß er mit Bülfinger die Wirbel-Interpretation der physikalischen Erscheinungen teilte.[74] In dem freundschaftlichen Briefwechsel mit Bülfinger zeigt sich die Gelassenheit und Unvoreingenommenheit Goldbachs. Wenn er auch in Moskau saß, so konnten ihm unmöglich die heftigen Streitigkeiten entgangen sein, die 1729 in der Akademie zwischen seinem Freund D. Bernoulli und Bülfinger ausgebrochen waren.

Einige Briefe erhielt Goldbach in Moskau von Jakob Hermann, anfangs aus Petersburg, später aus Basel (insgesamt sind fünf Briefe Hermanns an Goldbach und vier Briefe Goldbachs an Hermann erhalten geblieben). Nach Hermanns Abreise nach Basel dankt er Goldbach für die Freundschaft in Petersburg, berichtet über seine Gespräche mit Doppelmayer in Nürnberg und über die lobenden Äußerungen, die er überall über die Petersburger Akademie hörte.[75]

Mit seinem alten Freund Th.S. Bayer debattiert Goldbach auch aus Moskau wie in den früheren Jahren seiner Reisen verschiedene philologische Einzelheiten, z.B. die Entstehung des Wortes «Zar» oder die lateinische Wiedergabe der Endungen griechischer Namen.[76]

Von seinen ausländischen Korrespondenten erhielt Goldbach in den Moskauer Jahren wenig Briefe. Kortholt, der in diesen Jahren seine Edition des Leibnizschen Briefwechsels vorbereitete, schrieb am 9. Juli 1731 über seine Begegnung mit dem Petersburger Akademiemitglied, dem Historiker G.F. Müller, der in den Jahren 1730–1731 die wissenschaftlichen Einrichtungen Europas bereiste. Doppelmayer berichtete unter dem Eindruck der Begegnung mit J. Hermann über seine Forschungen und Vorlesungen zur Physik.[77]

Schließlich hatte das «Ausharren» in Moskau ein Ende. Der Hof Anna Ioannovnas siedelte nach Petersburg über; mit ihm kehrten Blumentrost und Goldbach Anfang 1732 an die Akademie zurück. Aber während in den ersten Jahren der Tätigkeit der Akademie Blumentrost selbst die Konferenzen leitete und sich viel mit den akademischen Angelegenheiten beschäftigte, forderte Anna Ioannovna jetzt seine ständige Anwesenheit bei Hofe, damit er seinen Pflichten als Leibarzt stets genügen konnte. Seine Präsidentschaft in der Akademie wurde rein nominell. Für die Angelegenheiten der Kanzlei und die Hilfseinrichtungen — die Werkstätten, die Druckerei, die Kunstkammern — war nach wie vor Schumacher zuständig. Mit der Leitung des wissenschaftlichen Teils der Akademie, d.h. mit der Leitung der Sitzungen bei Abwesenheit des Präsidenten, wurde Goldbach beauftragt. Der entsprechende Erlaß des Präsidenten wurde in der Sitzung vom 14. (25.) Januar verlesen.[78] Von der Führung der Protokolle wurde Goldbach befreit; dieses Amt wurde dem Physikprofessor G.W. Krafft übertragen.[79] Die Akademiemitglieder waren mit einer solchen Lage der Dinge schon deshalb zufrieden, weil sich Schumacher nicht mehr in die Sitzungsangelegenheiten einmischen konnte. Als Goldbach wie andere Akademiemitglieder auch am 12. (23.) November 1732 auf Veranlassung des Senats über sich und seine Tätigkeit an der Akademie berichtete, schrieb er, daß er nach seiner Rückkehr nach Moskau den Präsidenten in den Sitzungen vertreten habe. Weiter heißt es dann: «Ich bin aber genugsam überzeugt, daß die von mir bishero geleistete geringe Dienste mit den vielen von Ihro Mai^t und Dero Kaiserl. Hause mir erwisenen Wohltaten in keine Vergleichung zu stellen sind und ich

in dieser Absicht ein großer Schuldener verbleibe, dahero ich mich
bemühen werde alles was mir künfftig auf Ihro Kaiserl Mai^t all-
ergnädigsten Befehl aufgetragen werden möchte nach äussersten
Vermögen in unverbrüchlicher Treue zu follbringen, indem ich
nichts mehr wünsche als die noch übrige Zeit meines Lebens in
Ihro Kais. Mai^t Dienste unter Dero Glohrwürdigster Regierung
zu beschliessen.»[80]

Der Vorsitz Goldbachs in der Konferenz dauerte anderthalb
Jahre. Er leitete die Sitzungen und verlas die Verordnungen und
die verschiedenen offiziellen Dokumente. Am 22. September (3.
Oktober) hielt er einen Vortrag «Über einige Kriterien dafür,
daß algebraische Gleichungen rationale Wurzeln haben.»[81] In der
Akademie trat relativer Frieden ein. Auf Anfrage des Senats über
den Zustand der Akademie und ihrer Finanzen erarbeiteten die
Mitglieder gemeinsam ein Papier mit einer Kritik der bestehenden Zustände, aber schon nicht mehr in forderndem, sondern vielmehr in bittendem Ton. Goldbach beteiligte sich an der Nieder-
schrift dieses Papiers nicht. Dafür versah er die Festbeleuchtung,
die die Akademie an der Newa für die Feiertage anbrachte, mit
seinen formvollendeten lateinischen Gedichten.[82]

Die Lage änderte sich jäh durch eine Laune der Zarin. Ihre
Schwester Katharina Ioannovna starb, Blumentrost fiel als Leibarzt in Ungnade, wurde von diesem Posten entbunden und verlor gleichzeitig das Amt des Präsidenten der Akademie. Am 18.
(29.) Juli 1733 erfolgte ein Erlaß über die Ernennung des neuen
Präsidenten Karl von Keyserling[83], eines kurländischen Adligen.
Obwohl Goldbach Keyserling, der in Königsberg studiert hatte,
gekannt haben mag und obwohl er seine Ernennung mit lateinischen und deutschen Versen begrüßte, sind in den Dokumenten
keine Zeugnisse für ein näheres persönliches Verhältnis zu finden. Allerdings ist unter Keyserlings Präsidentschaft eine Anord-
nung ausgefertigt worden, die Goldbachs Gehalt auf 1000 Rubel
erhöhte.[84] Keyserling verdrängte Goldbach keineswegs aus dem
Kreis der Akademiker, aber Goldbach besuchte fast keine der Sitzungen mehr. Die Präsidentschaft Keyserlings endete sehr bald,
noch 1733. Schon im Dezember wurde er zum Gesandten in Polen ernannt. Es war geplant, daß diese Ernennung nur zeitweilig
sein sollte, und Keyserling setzte für den Zeitraum seiner Abwesenheit eine Art Selbstverwaltung ein: Fünf Akademiemitglieder,
und zwar die mit dem höchsten Dienstalter, sollten der Reihe

nach die Sitzungen leiten, jeden Monat ein anderer. Aber bei dem damaligen Zustand der Akademie, bei Fehlen einer klaren Dienstordnung, die die Kompetenzen ihrer Abteilungen festgelegt hätte, führte eine solche Selbstverwaltung nur zu weiterer Desorganisation. Die Sitzungen wurden von allen möglichen kleinlichen Angelegenheiten und gerichtlichen Streitigkeiten überschwemmt. Die Akademiemitglieder, darunter auch Goldbach, lehnten es ab, zu präsidieren. Goldbach war noch von Keyserling in eine Kommission berufen worden, die die Finanzen und den Etat verwaltete. Dem konnte man sich nicht entziehen. Es war erforderlich, öfter die Kanzlei aufzusuchen und die verschiedensten Schriftstücke zu unterschreiben.

Über das häusliche Leben Goldbachs ist nur sehr wenig bekannt. Nach dem Umzug der Akademie auf die Vasil'evskij-Insel wurden für ihre Mitglieder spezielle Häuser gemietet, größtenteils auf der Insel. Goldbach zog in ein Haus in der dritten Reihe, welches dem Assesor Stepan Tikhmenev gehörte. Nach seiner Rückkehr aus Moskau übersiedelte er in das Haus des Generalleutnants Gokhmut.[85] Dort verbrachte er einen großen Teil seiner Zeit völlig zurückgezogen bei seinen Studien. Der Briefwechsel Goldbachs in den Jahren 1733–1734 ist nicht umfangreich. J. Hermann in Basel starb schon 1733. D. Bernoulli kehrte im selben Jahre nach Basel zurück, aber sein Briefwechsel mit Goldbach wurde nicht wieder aufgenommen (s. darüber S. 149). Nur Goldbachs alter Briefpartner Doppelmayer erinnerte sich an ihn; er berichtete ihm am 6. Mai 1734 über die neue ausgezeichnete Universität, die der Kurfürst von Hannover und spätere englische König Georg II. in Göttingen gegründet hatte.[86] Und auch der Pariser Physiker und Astronom Dortous de Mairan, ständiger Sekretär der Pariser Akademie, sandte ihm ein Exemplar seines neuen Buches über Polarlichter.[87] Er wendet sich an Goldbach als den Historiographen und Sekretär der Akademie, «...dont vous tenez la plume» (der Sie die Feder führen).[88]

Mit der Ernennung von J.A. von Korff[89] zum Präsidenten der Akademie (oder zum «Kommandeur», wie ihn einige Dokumente bezeichnen) wandte sich Goldbach wieder den akademischen Angelegenheiten zu. Korff, aus baltischem Adel stammend, gehörte zu den Vertrauten Anna Ioannovnas. Wissenschaftliche Interessen lagen ihm nicht fern; er hatte an der Universität Jena studiert und war ein leidenschaftlicher Bücherfreund. Anfang der dreißiger

Jahre befand er sich mit dem Zarenhof in Moskau, wo er mit Sicherheit auch Goldbach kennenlernte. Die Nachricht von der Ernennung des neuen Präsidenten wurde von den Akademiemitgliedern mit Begeisterung aufgenommen. Am 11. (22) November 1734 erschien Korff zum ersten Mal in einer Sitzung der Akademie und hielt eine Rede. Im Namen der Akademiemitglieder antwortete Goldbach; seine kurze Ansprache hat folgenden Wortlaut: «Gleichwie die gegenwärtige Academie der Wissenschaften die grösseste Ursache hat, mit allerunterthänigstem Danke zu erkennen, dass Ihro Kaiserl. Maj., unsere allergnädigste Souveraine, die Direction derselben aus eigener höchster Bewegniss Euerer Hochwohlgeboren anvertrauet, und unsere Societät durch diese merkwürdige Gnadenbezeugung eine neue Versicherung Dero allermildester unermüdeter Vorsorge für das Aufnehmen und die Fortpflanzung guter Künste und Wissenschaften in dem Russischen Reiche geben wollen, so wird vermuthlich niemand unter uns seyn, welcher nicht von Euerer Hochwohlgeboren personellen ruhmwürdigen Qualitäten und genugsam bekannten Meriten ihm selbst und unserm ganzen collegio viel gutes versprechen sollte. Wir können dahero Euerer Hochwohlgeboren zu dieser neuen Charge um so viel mehr aus freudigem Herzen gratuliren, weil uns Dero Gemüthsbilligkeit in Ansehung des jetzigen Zustandes der Academie keineswegs zweifeln lässet, sie werde derselben gegründete Bedürfnisse durch Dero vielvermögende Vorstellung bei Ihro Kaiserl Maj. kräftigst unterstützen, und bei allen andern Gelegenheiten nach Dero angebornen Generosität das Interesse unserer Versamlung zu befördern willig und geneigt seyn, wodurch Ew. Hochwohlgeboren nicht allein die sämmtlichen Mitglieder diser Academie zu allem ersinnlichen Eifer und Fleisse in ihren Bedienungen aufmuntern, sondern sich auch die Russische Nation insgemein, als welche den Nutzen der Gelehrsamkeit je länger, je mehr erkennet, und bereits die Früchte der eingeführten Wissenschaften an ihren Kindern und Kindeskindern wahrnimmt, zum ewigen Dank verbinden werden.»[90] Am folgenden Tag wurden beide Reden in den *Sankt Peterburgskie vedomosti* veröffentlicht.

Anfangs führte Korff keine großen Neuerungen ein. Er stellte jene Ordnung wieder her, die Anfang 1732 eingeführt worden war. Die Leitung der Kanzlei und alle Hilfsämter verblieben bei Schumacher. Laut Protokoll der Sitzung vom 11. (22.) Novem-

ber wurde der Beschluß gefaßt, «die Akademie des Sciences von
der Canzley und anderen Departements zu separiren und wollten Sie dem Herrn Justiz-Rath Goldbach das Secretariat bey jener übertragen haben.»[91] Wie 1732 war auch jetzt das Sekreta-
riat für Goldbach nicht mit der Verpflichtung verbunden, Protokolle zu führen. Zu diesem Zweck wurde bald ein spezieller
«Notarius» (Schreiber) eingestellt. Goldbach war im Grunde genommen der Stellvertreter des Präsidenten für die Plenarsitzungen. Und obwohl Korff an diesen Sitzungen in der Regel teilnahm,
hat Goldbach sie gewöhnlich geleitet: Er machte die Versammlung mit den eingegangenen Briefen, Manuskripten und Dokumenten verschiedenster Art bekannt.

Mit den Jahren der Korffschen Präsidentschaft setzte sich immer mehr das Prinzip der Unabhängigkeit beider Teile der Akademie durch, des wissenschaftlichen einerseits und des künstleri-
schen verbunden mit den für den Betrieb notwendigen Hilfseinrichtungen andererseits. Diesem zweiten Teil maß Korff große Bedeutung bei und stellte ihn auf eine Stufe mit dem ersten. Er
beschloß, diese Einteilung der Akademie auch offiziell zu fixieren
und seine beiden Mitstreiter Goldbach und Schumacher in ihrer
Stellung zu sichern. Rückhalt dafür fand er in dem ursprünglichen
Plan Peters I. von 1724, wo der Präsident und die Kuratoren[92]
erwähnt werden und dann noch gesagt wird (eigenhändiger Zu-
satz Peters I.): «Es soll ein Directeur und zwei Assistenten...
gesetzt werden.»[93] Solche Ämter gab es in einigen ausländischen
Akademien. Nun also, da sich Korff 13 Jahre nach Gründung
der Akademie an diesen Punkt erinnerte, schrieb er in einer Eingabe an das Kabinett der Zarin vom 23. September (4. Oktober)
1737: «E.K.Maj. Cabinet wollen die zwei ältesten Glieder von der
Academie membr. den Justitz Rat Goldbach welcher sowohl in
den Sciencen als litteris humanioribus ungemein wohl erfahren
und seithero den Secretariat bey den Conferentzen rühmlich ver-
waltet und I.K.Mt. Bibliothecar Schumacher in Ansehung daß
derselbe bey denen Affairen von Aufrichtung der Academie an
gewesen ... mir zu dem Ende zuzugeben ... denjenigen Rang
welchen die Räthe bey denen Kayserl. Collegii würklich haben,
allergnädigst beyzulegen.» Die Zarin schrieb am 29. Oktober 1737
auf diesen Antrag: «Es soll so verfahren werden, aber ohne Ge-
haltserhöhung. Anna.»[94] Auf diese Weise stellte Korff die Leitung
der Akademie mit den staatlichen Kollegien auf die gleiche Stufe

und machte seine beiden Leitungsmitglieder zu Kollegienräten. Am 21. November (2. Dezember) erfolgte ein Erlaß des Senats, daß Goldbach und Schumacher dem Direktor als Assistenten bei- zuordnen seien «bei Verleihung des Ranges 'Kollegienrat'.»[95] Es war dies in Rußland der erste Fall, daß ein Beamtenrang an einen Gelehrten verliehen wurde, allerdings nicht für wissenschaftliche, sondern für administrative Tätigkeit.

In Durchführung des Erlasses bestimmte Korff die Pflich- ten jedes seiner «Assistenten». Für Goldbach hieß es, «in der Konferenz an der Versammlung der Professoren teilzunehmen und alle ihm durch sein Amt aufgetragenen Angelegenheiten zu erledigen.» Dieser Aufgabenkreis hat Goldbach offenbar völlig in Anspruch genommen. Aber Korff ging noch weiter. Auf seine Bitte hin gab der Senat am 5. (16.) Oktober 1738 einen wei- teren Erlaß heraus, kraft dessen es «...den Räten Goldbach und Schumacher obliegt, in der Akademie anwesend zu sein und die Angelegenheiten zu erledigen und gemeinsam mit dem Herrn Ba- ron von Korff zu unterschreiben.»[96] Auf diese Weise wurde die Kollegialität in der Leitung der Akademie gesetzlich verankert. Für Goldbach brachte das die Notwendigkeit mit sich, zusammen mit Schumacher eine Menge Etat-, Wirtschafts- und Geldange- legenheiten zu entscheiden und entsprechende Papiere zu unter- zeichnen. Wie wir später sehen werden, waren ihm diese Pflichten ziemlich lästig. Es kam aber aufgrund der Autorität Korffs und wahrscheinlich auch wegen der besonderen Nachgiebigkeit Gold- bachs zu keinen Zusammenstößen mit Schumacher.

Mit wissenschaftlichen Vorträgen in den Sitzungen trat Gold- bach in diesen Jahren fast nicht hervor. Die Protokolle vermer- ken nur seine Teilnahme an den Diskussionen. Fast einzige Aus- nahme waren die Vorträge vom 29. Januar (9. Februar) und 4. (15.) Februar 1737 zum Thema «Versuch, ausfindig zu machen, ob die Erdachse zwischen den Polen länger oder kürzer als der Durchmesser des Äquators ist.»[97] Um sich vorzustellen, wie ak- tuell damals diese Frage war, sei daran erinnert, daß von ihrer Beantwortung die Gültigkeit des auf Newtons Gravitationsgesetz basierenden Weltbildes abhing. Nach Newtons Theorie muß die Erde, die annähernd die Form eines Rotationsellipsoids hat, an den Polen ein wenig abgeplattet sein. Doch eine Reihe von Grad- messungen, die im 17. und Anfang des 18. Jahrhunderts durch- geführt worden waren, schienen vom Gegenteil zu zeugen. So neigten in den zwanziger und dreißiger Jahren des 18. Jahrhunderts viele Gelehrte der cartesischen, d.h. der antinewtonschen Richtung zu, der Meinung nämlich, die polare Achse sei länger als der Durchmesser des Äquators. Für die endgültige Entscheidung dieser Frage waren jedoch die Daten der früheren geodätischen Messungen nicht ausreichend. Die Pariser Akademie rüstete deshalb zwei umfangreiche Expeditionen für neue Gradmessungen aus (1735 nach Südamerika und 1736 nach Lappland), welche die Newtonsche Theorie bestätigten (die zweite Expedition kehrte früher zurück als die erste, jedoch auch erst im September 1737, d.h. nach der Diskussion des Goldbachschen Vortrags in der Sitzung vom 4. (15.) Februar, an der auch J.N. De l'Isle teilnahm). Ein Buch mit den Ergebnissen der Lappland-Expedition erschien 1738; es ging im November 1738 bei der Petersburger Akademie ein. De l'Isle, ein überzeugter Newtonianer, hatte schon am 21. Januar 1738 vorgeschlagen, eine Gradmessung auf einem Meridian in Rußland durchzuführen, und in der Tat organisierte er im Februar 1738 eine Messung auf dem Eis des Finnischen Meerbusens zwischen Peterhof und Dubkami. Etwas später erschienen die Untersuchungen von Clairaut zur Form der Erde[98], die den Beginn einer ganzen Serie von Arbeiten markieren bis hin zu den berühmten Untersuchungen von H. Poincaré[99] und A.M. Ljapunov[100] über Gleichgewichtsfiguren rotierender Flüssigkeiten und deren Stabilität. Goldbachs Vortrag blieb allerdings unveröffentlicht. Das Manuskript war nicht mehr aufzufinden. Übrigens war es Goldbach in der Regel ziemlich gleichgültig, ob seine Arbeiten veröffentlicht wurden oder nicht.

In den Sitzungsprotokollen findet sich ein Eintrag vom 29. Juli (9. August) 1735 darüber, daß Goldbach einen Aufsatz für die Beilage zu den *Sankt Peterburgskie vedomosti*[101] vorgestellt habe und daß beschlossen worden sei, diesen dem Novgoroder Erzbischof, d.h. Feofan Prokopovič, zu zeigen.[102] Üblicherweise verfuhr man so mit populären Artikeln, die irgendeine Beziehung zu Glaubensfragen hatten. G.F. Müller nahm an[103], daß es hier um den Artikel *Von den Einflüssen der Sterne* geht, der in der 33. Nummer der Beilagen abgedruckt ist. Müller brachte den Inhalt dieses Artikels mit lateinischen Versen Goldbachs in Zusammenhang, die im März 1735 geschrieben wurden und mit denen man die Innenfläche jenes großen Globus auszuschmücken beabsichtigte, den seinerzeit der Herzog von Holstein-Gottorp Peter I. geschenkt hatte.[104] Müller kannte diese Dinge nicht aus persönlichem Erleben, weil er sich zu jener Zeit gerade auf einer Kamtschatka-Expedition befand. Wenn ihm als einzige Quelle seiner Behauptung die Notiz in den *Protokollen* gedient hat, so schlich sich bei ihm ein Fehler ein: er weist für das Datum der Notiz nicht den 29. Juli aus, sondern den 29. März (9. April). Da aber die Publikation in den Beilagen am 24. April und 15. Mai (5. und 26. Mai) erfolgte, bricht die von Müller konstruierte Version zusammen. Bisher konnte nicht festgestellt werden, welchen Aufsatz Goldbach am 29. Juli präsentierte. Möglicherweise ist sein Artikel von der Zensur nicht zur Veröffentlichung zugelassen worden.

Von den Fällen, in denen Goldbach an der Diskussion physikalischer und mathematischer Fragen teilnahm, seien hier nur einige angeführt: am 6. (17.) Dezember 1736 machte er einige Bemerkungen zu Daten astronomischer Beobachtungen, die De l'Isle vorgestellt hatte, am 10. (21.) März 1738 äußerte er seine Meinung über eine von G.W. Krafft vorgestellte Vorrichtung zur Bestimmung der Windkraft, am 2. (13.) Oktober 1738 arbeitete er in einer Kommission mit, die eine von dem Akademiemechaniker I. Bruckner vorgestellte Maschine zum Heben von Ankern erprobte.[105] Einige Male betätigte sich Goldbach in diesen Jahren als Historiograph der Akademie. Insbesondere schrieb er die Vorworte zu den ersten acht Bänden der *Commentarii*. Das letzte ist allerdings nicht erschienen, weil während des Druckes Anna Ioannovna starb und es deshalb durch ein anderes Vorwort ersetzt werden mußte. Korff begann bald nach seinem Dienstantritt in der Akademie Besorgnis über die Art der akademischen Geschichtsschreibung zu äußern. Goldbach präsentierte in der Sitzung vom 17. (28.) Februar 1735 ein Memorandum darüber, wie man sich seiner Meinung nach auf eine solche Arbeit vorbereiten muß.[106] Er betonte die Notwendigkeit, Archive zu sichten und dort Dokumente ausfindig zu machen, die sich auf die Periode der Gründung der Akademie beziehen.[107] Am 28. August (8. September) 1741, kurz vor seinem Weggang von der Akademie, trug Goldbach in der Konferenz ein Manuskript über die Akademiegeschichte vor[108]; es konnte bisher jedoch nicht festgestellt werden, was das für ein Manuskript war.

Obwohl es in der Akademie erfahrene Übersetzer gab und fast alle Akademiemitglieder Latein, Deutsch und Französisch

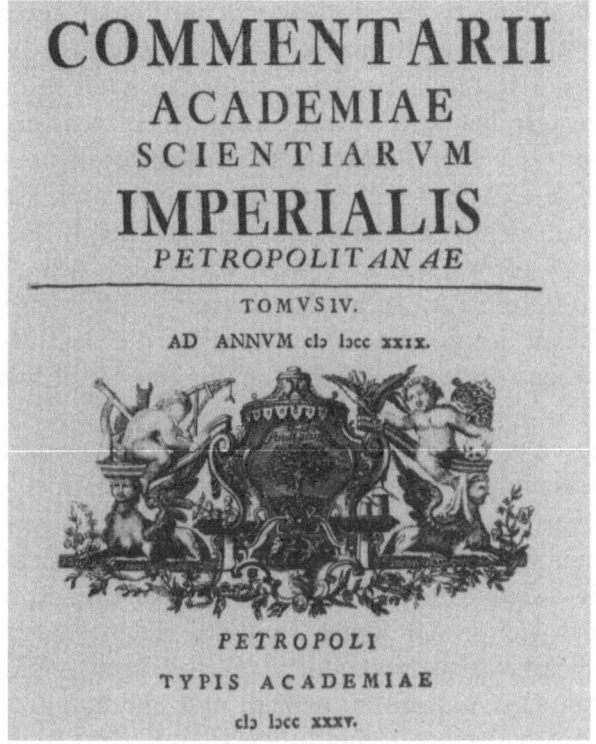

Abb. 8   Titelblatt des 4. Bandes der *Commentarii*.

beherrschten, wandte man sich in besonders wichtigen Fällen an Goldbach als einen exzellenten Stilisten und besonderen Kenner von Sprachen. So überprüfte er 1735 die Übersetzung eines Gutachtens vom Lateinischen ins Französische, welches Euler zu einem Werk des Generalkommissars der französischen Flotte De la Croix angefertigt hatte.[109] Im Auftrag des Kabinetts der Zarin prüfte er die Übersetzung eines Briefes an den türkischen Großwesir.[110] Als 1736 Biron, der Favorit der Zarin, zum Herzog von Kurland gewählt wurde, gab die Akademie ein anonymes Werk in deutscher und lateinischer Sprache heraus, das diese Wahl historisch rechtfertigte.[111] Die lateinische Übersetzung geht auf Goldbach zurück.[112] 1741 überprüfte er die zur Neuausgabe vorbereitete deutsche Grammatik.[113] 1737 forderte man sein Gutachten zur Übersetzung des Buches von L.F. Marsiyli über das Ottomanische Reich.[114] Nach dem Zeugnis von Müller entwarf Goldbach auch den Text der Rede, die der Ka-

binettsminister Čerkasskij am 14.(25.) Februar 1740 auf einer
Feierlichkeit anläßlich des Friedens mit der Türkei gehalten hat.
Diese Rede erschien in Russisch, Deutsch, Französisch und Latein. Außer der russischen Version stammen alle Fassungen von
Goldbach.[115] Er hat auch wie in früheren Jahren zu den ver-
schiedensten festlichen Gelegenheiten lateinische Verse verfaßt.
Ein Distichon Goldbachs bildete die Aufschrift am Kamin des
Saales, in dem der bereits erwähnte riesige Globus des Herzogs
von Holstein-Gottorp stand.[116] Man verwendete seine Gedichte
auch für die Illuminationen an der Newa.[117] 1740 verfaßte Goldbach auf Bitten des Grafen M.G. Golovkin, der dem Münz- und
Medaillenwesen vorstand, Aufschriften für eine Reihe historischer
Medaillen.[118]

Um sich eine Vorstellung davon zu machen, wodurch Goldbachs Dienstzeit, abgesehen von den Sitzungen der Akademie, be-
ansprucht wurde, wäre noch seine Berufung in eine Kommission
zur Abnahme von Prüfungen im Kadettencorps zu erwähnen.
Dort wurde zweimal im Jahr eine öffentliche Inspektion veranstaltet, wohin sich in der Regel Goldbach Euler, Krafft und (als
Übersetzer) Adodurov begaben.[119] Ferner hatte Goldbach im
akademischen Gymnasium zu prüfen, und überhaupt oblag ihm
die Prüfung von Personen, die in den Dienst der Akademie oder
in andere Behörden eintreten wollten. Auch verschiedene andere
Aufträge des Präsidenten waren zu erledigen. Zum Beispiel über-
nahm es Goldbach im Januar 1735, Materialien zur Geschichte
Livlands zusammenzutragen und trat deshalb mit verschiedenen
Persönlichkeiten in Briefwechsel.[120]

Die Hauptbeschäftigung Goldbachs als Sekretär der Akademie und Leiter der Plenarsitzungen war jedoch die Korrespondenz mit Gelehrten. Überhaupt waren die Jahre der Präsidentschaft Korffs durch eine erstaunliche Belebung der auswärtigen
Beziehungen der Akademie gekennzeichnet.[121] Man nahm den
Briefwechsel mit vielen Gelehrten wieder auf, mit denen man
schon in der Gründungsperiode der Akademie die Korrespondenz begonnen hatte, sie dann aber für viele Jahre hatte ruhen
lassen. Auch neue Verbindungen zu ausländischen wissenschaftlichen Einrichtungen, Journalen und Einzelpersönlichkeiten wurden angeknüpft. Goldbach schrieb die Briefe teils von sich aus,
teils im Namen Korffs. Zum Beispiel gingen viele Briefe Goldbachs, geschrieben in seinem wundervollen Latein, nach Irkutsk

an die Akademiemitglieder, die an der Kamtschatka-Expedition (1733–1743) teilnahmen. Auszüge aus den Kamtschatka-Briefen fertigte Goldbach für den Senat an.[122] Im Mai 1739 schrieb er an Antiokh Kantemir, der damals russischer Gesandter in England war und gerade eine Berufung nach Frankreich erhalten hatte.[123]

Als sich 1735 die Notwendigkeit ergab, in Deutschland einen Astronomen ausfindig zu machen, den man der akademischen Abteilung der Kamtschatka-Expedition zur Verstärkung hätte schicken können, führte Goldbach in dieser Angelegenheit einen umfangreichen Breifwechsel mit dem Direktor des Observatoriums der Berliner Sozietät der Wissenschaften, Ch. Kirch.[124] Mit Kirchs Hilfe versuchte die Akademie auch einen Chemiker zu finden, da wegen der Teilnahme von Gmelin[125] an der Kamtschatka-Expedition dieser Lehrstuhl frei war. Gebraucht wurde auch ein Chemiker für die Expedition selbst, insbesondere ein Kenner des Montanwesens, da sich Gmelin in Sibirien mehr mit Botanik beschäftigte. Fast der gesamte Briefwechsel mit Kirch dreht sich um die Angelegenheiten der Expedition und die damit verbundenen Sorgen. Über diese Dinge und über einen Chemiker für die Expedition korrespondierte Goldbach auch mit dem Freiberger Bergrat Henckel[126], dem späteren Lehrer M.V. Lomonosovs.[127] In all diesen Briefen finden sich interessante Charakterisierungen verschiedener europäischer Gelehrter und allerlei wissenschaftliche Neuigkeiten.

Die Briefe Goldbachs nach Sibirien an Gmelin, Müller und L. De l'Isle de la Croyère zeugen von seiner Hochachtung für die schwere Arbeit der Expeditionsteilnehmer. Er stellt sich hinter ihre Bemühungen, den örtlichen Behörden, insbesondere der sibirischen Bergbehörde, klarzumachen, daß diese mit den Gelehrten nicht in der Sprache von Erlassen und Befehlen reden sollten. Er bittet die Expeditionsteilnehmer darum, einen schriftkundigen Japaner für den Dienst in der Akademie ausfindig zu machen und japanische Handschriften und Bücher zu kaufen. Goldbach diskutierte auch die Perspektiven der Expedition und versuchte, Konflikte beizulegen, die innerhalb der Expedition entstanden waren.[128]

Im Briefwechsel Goldbachs mit ausländischen Gelehrten ist es schwierig, seine Korrespondenz als Konferenz-Sekretär von seiner persönlichen Korrespondenz abzugrenzen. Ein äußeres Unterscheidungsmerkmal ist der Aufbewahrungsort der Briefe: die

einen blieben in der Akademie und befinden sich jetzt im Be-
stand der wissenschaftlichen Korrespondenz, die anderen behielt
Goldbach bei sich zu Hause und nahm sie dann mit nach Mos-
kau. Sie befinden sich heute im Bestand Goldbach des Zentralen
Staatlichen Archivs für alte Akten (CGADA). Aber diese äußere
Unterscheidung trifft bei weitem nicht immer den Unterschied im
Inhalt. Die meisten Briefe könnten sich mit derselben Berechti-
gung in Goldbachs persönlichem Bestand wie auch im Bestand
der Akademie befinden, und sie sind heute aus rein zufälligen
Gründen an dem einen oder dem anderen Ort. Von dem Brief an
Kantemir z.B. befindet sich eine Kopie im Archiv der Akademie,
der Antwortbrief vom 14. Juni 1739 aber liegt im Bestand Goldbach in Moskau. Ebenso getrennt sind die Briefwechsel mit Ch.
Kirch, J.G. Doppelmayer, G.J. Marinoni, mit seinem alten Pa-
duaner Bekannten G. Poleni, mit dem Pariser Gelehrten J.J. Dortous de Mairan, mit P.-L.M. de Maupertuis[129] und anderen. Deshalb kann man sich über den Briefwechsel Goldbachs mit irgendeiner dieser Personen nur eine Vorstellung machen, wenn man die
Materialien beider Bestände vereinigt. Mit Doppelmayer werden,
wie schon früher, wissenschaftliche Neuigkeiten ausgetauscht, insbesondere über die Erforschung des Magnetismus und über den
Entwurf von Karten und Atlanten. Doppelmayer schreibt viel
über seine physikalischen Versuche und über die von ihm gesam-
melten Beschreibungen der Versuche anderer Experimentatoren.
Im Briefwechsel mit Poleni, Marinoni, Dortous de Mairan und
Maupertuis geht es um den Austausch von Büchern und astronomischen Beobachtungen. Alle diese Briefpartner Goldbachs wurden auswärtige Ehrenmitglieder der Petersburger Akademie. Offenbar auf Anraten Goldbachs nahm Leonhard Euler den mathematischen Briefwechsel mit Poleni und Marinoni auf.[130]

Eine besondere Episode in der Korrespondenz, die Goldbach
im Namen der Akademie führte, war der Briefwechsel mit der
Portugiesischen Königlichen Akademie für Geschichte in Lissabon
in den Jahren 1735–1740. Diese Akademie war 1720 gegründet
worden und beschäftigte sich hauptsächlich mit der Sammlung
und Publikation von Dokumenten zur Geschichte Portugals und
seiner Kolonien. Erste Kontakte wurden 1730 hergestellt, als der
portugiesische Infant Emmanuel nach Petersburg kam und die
Akademie besuchte. 1735 begann der Austausch von Briefen und
Büchern. Die Briefe wurden im Namen der Akademie und ihres

jeweiligen Präsidenten, anfangs Korff, danach Brewern[131], versandt, stammen jedoch alle von Goldbach. Es sind nämlich Goldbachs handschriftliche Entwürfe der Briefe erhalten geblieben.[132]

Als die Akademie 1741 ohne Präsidenten war (der im April 1740 berufene K. von Brewern wurde nach einem Jahr in Verbindung mit dem Sturz seines Gönners Biron entlassen) und Goldbach nach Moskau ging, rissen die Verbindungen zu Portugal ab. Sie blieben jedoch nicht ergebnislos. Die Bücher, die aus Petersburg nach Lissabon gesandt worden waren, wurden dort sorgfältig studiert. Die darüber unter Leitung des Grafen Ericeyra, eines der Gründer der Akademie für Geschichte, angefertigten Referate wurden als gesondertes Buch herausgegeben.[133] Es enthält in portugiesischer Sprache eine gekürzte Wiedergabe aller Artikel der ersten drei Bände der *Commentarii*, von publizierten Reden aus öffentlichen Sitzungen der Jahre 1725, 1726 und 1731, des Mathematiklehrbuches, das J. Hermann und J.N. De l'Isle für Peter II. zusammengestellt hatten[134], des ersten Bandes der *Hunderte seltene Pflanzen* von Buxbaum[135] sowie einiger historischer Bücher Bayers und des medizinischen Leitfadens von Dem'jan Sinopeus.[136] Das war, abgesehen von Zeitschriftenrezensionen, die erste Übersicht über Publikationen der Petersburger Akademie in einer lebenden Sprache. Goldbach seinerseits gab nach Erhalt dieses Buches im Band 9 der *Commentarii* eine Übersicht über die Beziehungen zur Akademie für Geschichte mit Texten einiger Briefe und einer Liste der aus Portugal erhaltenen Bücher.[137]

Goldbach hielt in der zweiten Hälfte der dreißiger Jahre auch einige alte Verbindungen aufrecht, deren Anfänge in die Zeit seiner Reisen zurückgehen — mit dem Philologen J.J. Beitel in Kremnitz, mit S. Kortholt und dessen Sohn Ch. Kortholt, den Herausgebern des Leibnizschen Briefwechsels, mit F.J. Hahn in Wien (dieser wandte sich nach dem Tode Bayers, mit dem er korrespondiert hatte, wegen neuer Nachrichten aus Petersburg an Goldbach), mit Cotinelli in Neapel und anderen. Die Korrespondenz dieser Jahre offenbart aber auch neue Bekanntschaften, die erst in Rußland gemacht wurden, vor allem mit Staatsmännern und Militärs. In Goldbachs Nachlaß finden sich freundschaftliche Briefe, die der Generalfeldmarschall Ch.A. Münnich 1739 aus Chotin geschrieben hat[138], einen Brief aus dem Jahre 1738 von dem Senator B.G. Jussupov[139], Briefe Goldbachs von 1739 an I.I. Nepljuev[140] und an A.P. Bestužev-Rjumin in Kopenhagen.[141]

Nicht uninteressant sind Bemerkungen in Goldbachs Briefen über seine Lebensbedingungen in Rußland. Wenn er in einem Brief an G.K. von Keyserling in Dresden vom 9. März 1738 seine Freude über Keyserlings erfolgreiche diplomatische Tätigkeit «im Interesse unseres teuren Vaterlandes»[142] ausdrückt, so kann man das noch als eine offizielle Reverenz an eine hochgestellte Persönlichkeit betrachten. Es gibt aber keinen Grund, an der Aufrichtigkeit dessen zu zweifeln, was Goldbach seinen Briefpartnern schreibt, die keinerlei Beziehung zu Rußland haben. So lesen wir in einem Brief an Johann Christoph Wolff in Hamburg vom 30. Dezember 1738: «Sie wundern sich vielleicht, daß ich so lange in diesen Landen bleibe. Ich sage Ihnen in aller Aufrichtigkeit, daß ich seit der Zeit, da ich vor 13 Jahren in Rußland eintraf, hier derart von Männern in höchster Stellung akzeptiert wurde und dermaßen den erfolgreichen Gang der Dinge genieße, daß ich für mich keinen geeigneteren Platz finden könnte.»[143] Am 26. April 1742 schreibt er seinem alten Bekannten Pauli, Gerichtsrat in Königsberg: «Die Zeit ist lange vorbei, da ich gedacht habe, daß eine fortdauernde Einförmigkeit des Lebens mir mißfallen würde. Ich habe meinen Platz und meine Bestimmung gefunden. Aus vielen Gründen bin ich zufrieden, daß ich mich in diesem Lande niederließ und gedenke gar nicht der Vorteile, die mir meine Freunde an anderen Orten verschafft haben würden. Mir scheint, die Zukunft wird wie die Vergangenheit sein und ich werde Tag für Tag mit großer Befriedigung fortfahren, meine Pflichten zu erfüllen, mich dabei stets auf mein reines Gewissen und meinen guten Stern verlassend.»[144]

Das Frühjahr 1740 brachte das Ende der relativen Stabilität in der Leitung der Akademie, die auf der persönlichen Autorität Korffs und seinem tiefen Interesse an den akademischen Angelegenheiten beruhte. Durch Intrigen Birons, der seit langem eine Gelegenheit suchte, den ihm nicht genehmen Korff aus Petersburg zu verdrängen, wurde dieser als Gesandter nach Dänemark geschickt. Weil Goldbach möglicherweise schwere Zeiten für die Akademie voraussah und weil er nicht neben Schumacher in der Leitung bleiben wollte, reichte er am 29. Februar (11. März) 1740 ein Gesuch ein mit der Bitte, ihn von den Pflichten in der Kanzlei zu entbinden.[145] Korff veranlaßte daraufhin noch vor seinem

Weggang von der Akademie, Goldbach von den Kanzleiangele-
genheiten zu befreien und ihm nur die Leitung der wissenschaftlichen Angelegenheiten zu belassen.[146] Im April bekam die Akademie einen neuen Präsidenten, Karl von Brewern. Er stammte
ebenfalls aus dem baltischen Adel und war hoher Beamter im Kabinett der Zarin. Aber im Gegensatz zu Korff nahm Brewern fast
nie an den Sitzungen teil und hielt sich in der Regel kaum in der
Akademie auf, so daß Goldbach faktisch die Leitung des gesamten
wissenschaftlichen Teils übernehmen mußte. Die Plenarsitzungen
fanden regelmäßig statt und hatten ein reichhaltiges Programm:
Es wurden Vorträge gehalten, man verlas Briefe von Korrespondenten der Akademie, es wurden Materialien gesichtet, die von
der Kamtschatka-Expedition übersandt worden waren, Professoren und Adjunkten legten Berichte über ihre Forschungen und
über die Examina der Studenten vor. Die Bände 7 und 8 der
Commentarii wurden zum Druck vorbereitet. Man begutachtete
auch das Modell einer von J. Bruckner erfundenen Maschine zum
Ausreißen von Baumstämmen aus der Erde.

Die Präsidentschaft Brewerns begann mit neuen Bemühungen um die Bestätigung des akademischen Etats. Dies war selbst
Korff nicht gelungen, der seine Vorschläge 1735 eingereicht hatte.
Korffs Vorlage wurde an die Akademie zurückgegeben, und Brewern bat die Akademiemitglieder um ihre Meinung. Goldbach
legte aus diesem Anlaß seine Ansichten zur Organisation der Akademie in Form eines Briefes an Brewern ausführlich dar. In der
Anlage 2 ist der Text dieses für die Organisation der Wissenschaften in Rußland interessanten Dokuments vollständig wiedergegeben. Hier sei nur erwähnt, daß sich Goldbach entschieden
gegen das im Plan des Etats von 1735 vorgesehene System einer
gleichmacherischen und obendrein ziemlich niedrigen Besoldung
der Akademiker (600 Rubel im Jahr) wandte. Nach seiner Meinung kann man für ein solches und sogar schon für ein niedrigeres
Gehalt durchschnittliche Dozenten für das Abhalten von Vorlesungen gewinnen. Gelehrte aber, die dem Rang einer Akademie
entsprechen, die in der Lage sind, für den Staat unentbehrliche
wissenschaftliche Arbeiten zu erledigen und die das hohe Ansehen
der Akademie, welches sie in den Anfangsjahren hatte, aufrecht-
erhalten können, muß man wesentlich besser bezahlen.

Dies waren Goldbachs Ansichten, wie sie sich im Ergebnis
seines fünfzehnjährigen Wirkens an der Akademie herausgebildet

hatten. Wir bemerken noch, daß er im Punkt 7 seiner Denkschrift fast wörtlich den Abschnitt über die Pflichten der Akademiemitglieder aus dem 1724 unter Peter I. erstellten Plan übernimmt. Alles in seiner Denkschrift läuft darauf hinaus, ein hohes Niveau der Akademie zu erreichen — wie es sich Peter I. einst erträumt hatte — und dieses Niveau durch ein stimulierendes Gehaltssystem aufrechtzuerhalten. In der Folgezeit dominierte bei weiterer Bürokratisierung der Arbeit der Akademie eine eher nivellierende Bezahlung, aber Goldbachs Idee blieb nicht völlig unberücksichtigt. Jedenfalls wurde für Euler 1766 bei seiner Rückkehr von Berlin nach Rußland ein Gehalt festgesetzt, das die mittleren Gehälter um vieles übertraf. Die Äußerung Goldbachs gegen die Aufblähung des Hilfspersonals ist, obgleich vorsichtig vorgetragen, eindeutig gegen Schumacher gerichtet. Später ist Lomonosov wiederholt in diesem Sinne aufgetreten. In Bezug auf die Akademie der Künste läßt sich eine gewisse Entwicklung in Goldbachs Ansichten feststellen. Bei einer Umfrage unter den Akademikern über diesen Gegenstand während der Präsidentschaft Keyserlings äußerte sich Goldbach ausweichend: Die Akademie der Künste sei zwar für die Akademie der Wissenschaften notwendig, sie könne aber nicht nur auf Kosten des Etats letzterer unterhalten werden.[147] Jetzt bevorzugt er offenbar entschieden die Abspaltung dieser von Schumacher so geliebten Einrichtung, die ihrem Wesen nach bereits weit über die Grenzen des für wissenschaftliche Arbeiten und Publikationen Notwendigen hinausging, von der Akademie.

Die Bemühungen Brewerns um das Statut führten, wie schon bei seinen Vorgängern, zu keinen weiteren Erwägungen höheren Orts. Es war überdies seit seiner Berufung noch kein halbes Jahr vergangen, als Anna Ioannovna starb. Nachfolger wurde der minderjährige Ivan Antonovič (der Sohn ihrer Nichte Anna Leopoldovna); die Herrschaft übte Biron aus. Hofintrigen und Machtkämpfe verstärkten in Petersburg und besonders an der Akademie eine Atmosphäre von Labilität und Unruhe.

Im Sommer 1741 verließ Euler Rußland und begab sich nach Preussen; einige andere Akademiemitglieder erwogen ebenfalls ihre Abreise. An der Akademie nahm der Unwillen über Schumacher immer mehr zu. All dies brachte Goldbach in eine schwierige Lage, zumal der Präsident faktisch abwesend war. Es ist deshalb nicht verwunderlich, daß Goldbach auf Brewerns Vorschlag ein-

ging, in den Dienst des Kollegiums für auswärtige Angelegen-
heiten zu treten. Brewern gehörte seit der Thronbesteigung von
Elizaveta Petrovna am 25. November (6. Dezember) 1741 zur
Leitung dieser Behörde. Der Akademie wurde mitgeteilt, daß die
Zarin Goldbach am 18. (29.) März 1742 zum Staatsrat mit einem
Jahresgehalt von 1500 Rubeln ernannt habe, daß er sich zum Kol-
legium für auswärtige Angelegenheiten zu verfügen habe und von
der Akademie zu verabschieden sei. Anfang Mai war er schon in
Moskau; es begann eine neue Etappe in seinem Leben. In einem
Brief an Euler vom 7. Juni 1742 kommentierte Goldbach seine
Entscheidung mit dem lateinischen Spruch *Nil temere, nil timide*
(Tu nichts unbesonnen, aber fürchte auch nichts).[148]

4 Im Kollegium für auswärtige Angelegenheiten

Obwohl der Eintritt in das Kollegium für auswärtige Angelegenheiten zunächst mit der Übersiedlung nach Moskau verbunden war, verbrachte Goldbach in den letzten 22 Jahren seines Lebens, in denen er im Dienst des Kollegiums stand, einen großen Teil seiner Zeit in Petersburg. Im Tagebuch finden sich die genauen Daten der jeweiligen Abreisen und Ankünfte, aber es gibt keine Hinweise auf die Gründe der Versetzungen. Offenbar waren sie durch die Umstände des Dienstes bedingt. So unternahm Goldbach, der am 26. März 1742 in Moskau eingetroffen war, schon am 4. Januar des folgenden Jahres eine Reise nach Petersburg. Die Reise dauerte gewöhnlich etwa 10 Tage. In der Hauptstadt lebte Goldbach ein Jahr; am 12. Februar 1744 reiste er wieder nach Moskau ab. Nach einem weiteren Jahr verließ er am 6. Januar 1745 Moskau erneut, diesmal für länger. Sein Aufenthalt in Petersburg währte bis zum 8. Januar 1748, d.h. vier Jahre. Danach verbrachte er wieder ein Jahr in Moskau, um am 7. Januar 1750 nach Petersburg überzusiedeln, wo er bis zum 6. Januar 1753 blieb. Hierauf lebte er erneut etwas über ein Jahr in Moskau. Am 6. März 1754 reiste er in die Hauptstadt und kehrte bis zu seinem Tod am 1. Dezember 1764 nicht mehr nach Moskau zurück. Somit entfallen auf Moskau nur vier Jahre; verbunden damit waren aber acht beschwerliche Reisen, die alle in der kalten Winterszeit stattfanden. Über eine von ihnen, die Übersiedlung von Petersburg nach Moskau im Januar 1749, schrieb Goldbach in einem Brief an Euler, daß zu dieser Zeit gerade so starker Frost herrschte, daß man sogar in den Zeitungen darüber schrieb, er aber trotzdem alle Nächte auf Bauernhöfen im Schlitten geschlafen habe.[1]

Im Kollegium für auswärtige Angelegenheiten leitete Goldbach den Chiffrierdienst. Die Schaffung eines solchen Dienstes auf staatlicher Ebene geht in Rußland auf die Zeiten Peters I. zurück, als sich die Notwendigkeit ergab, auf dem Postwege geheime Korrespondenz mit den zahlreichen diplomatischen Vertretungen zu führen. Aber die primitiv chiffrierten Nachrichten der Anfangszeit konnten von den entsprechenden ausländischen Diensten ohne Schwierigkeiten gelesen werden. Nach der Thronbesteigung von Elizaveta Petrovna und insbesondere nach der Ernennung des erfahrenen Diplomaten A.P. Bestužev-Rjumin zum Kanzler wurden Maßnahmen dahingehend getroffen, das Chiffrierwesen unter Nutzung der neuesten Errungenschaften der Mathematik auf das Niveau zu heben, welches es in den großen europäischen Staaten hatte. Offenbar erwies sich Goldbach als ein sehr geeigneter Mann für diese Aufgabe, nicht nur als erstklassiger Mathematiker, sondern auch als ein Mensch, der im politischen Leben Europas gut bewandert und zudem vom Charakter her sehr zurückhaltend und umsichtig war. Obwohl wir keine direkten Angaben über Goldbachs Erfolge auf dem für ihn neuen Arbeitsgebiet haben, kann man die Tatsache, daß der russische Chiffrierdienst bald nach Goldbachs Eintritt ins Kollegium des Auswärtigen das übrige Europa mit einem unerwarteten Erfolg überraschte, wohl kaum als zufälliges Zusammentreffen werten. Im Juni 1744 wurde eine chiffrierte Depesche des französischen Gesandten in Petersburg entziffert, in der wenig schmeichelhafte Bemerkungen über die russische Zarin enthalten waren. Diese Episode ist in die Geschichte der Kryptographie eingegangen.[2] In der Folgezeit wurde das russische Chiffrierwesen breit ausgebaut, und die in Rußland geschaffenen Codes zählten zu den besten in Europa.

Bezüglich Goldbach kann man definitives nur über die äußeren Anzeichen für seinen Aufstieg im Staatsdienst und damit auch auf der gesellschaftlichen Stufenleiter sagen. Am 22. Februar 1744 wurde mit ihm ein Vertrag über die Anstellung im Kollegium für auswärtige Angelegenheiten mit Genehmigung des Königs von Preußen, «dessen Untertan er ist» abgeschlossen.[3] Das Gehalt wurde auf 1500 Rubel pro Jahr festgesetzt. Im Jahr seiner Anstellung wurde Goldbach buchstäblich mit Gunstbezeigungen überschüttet: am 30. Mai erhielt er eine goldene Tabaksdose von der Zarin, am 26. Juli wurde er zum Wirklichen Staatsrat befördert (den Eid leistete er am 10. September in der neuen Kirche). Am 17. Oktober erhielt er noch eine goldene Tabaksdose, diesmal vom polnischen König August III.[4] August III., der offiziel die Pflichten eines «staatlichen Vikars» erfüllte (wie Müller berich-

tet), verlieh Goldbach im Dezember 1745 ein Diplom zur Bestätigung seines Adelsstandes. Im Juli 1746 vermachte ihm die Zarin
das Landgut Wolmarsdorf im Derpter Landkreis zur lebenslan-
gen Nutzung.[5] Goldbach verpachtete es aber an einen gewissen
Hagemeister und hat sich offenbar niemals dort aufgehalten. Wie
er an Euler schrieb brachte ihm die Verpachtung 1400 Rubel im
Jahr ein.[6] 1751 beglückwünschte Euler Goldbach zum kürzlich erfolgten Kauf eines «prachtvollen Hauses».[7]. Es scheint sich dabei
um ein Haus in Petersburg gehandelt zu haben. Im August 1760
erhielt Goldbach den Rang eines Geheimrats mit einem Jahresgehalt von 3000 Rubeln.[8] Er hatte damit eine der höchsten Stufen
in der dienstlichen Hierarchie erreicht; höher waren in der Abfolge der bürgerlichen Ränge nur der Wirkliche Geheimrat und
der Kanzler.

Goldbachs veränderte gesellschaftliche Stellung spiegelte sich
natürlich in seinem Umgang wieder. In seinem Tagebuch vermerkte er sorgfältig jeden Tag, mit wem er sich traf, bei wem er
zu Gast war und in welcher Gesellschaft er sich dort befand, wen
er bei sich empfing. Die Notizen (erhalten sind sie bis Oktober
1761) sind allerdings sehr knapp gehalten. Es gibt außerdem für
die Jahre 1753–1757 eine Art Registrierbüchlein von 86 Seiten[9],
in dem ebenfalls täglich die erhaltenen und abgeschickten Briefe
sowie Besuche und Begegnungen vermerkt sind. Diese Angaben
erlauben es trotz ihrer Kürze, sich ein Bild davon zu machen, in
welchem Kreis Goldbach lebte und welchen Persönlichkeiten er
in den letzten zwei Jahrzehnten seines Lebens begegnete.

An erster Stelle muß man Michail Illarionovič Voroncov nennen, den bedeutendsten Staatsmann und Diplomaten der Ära
Elisabeths, Vizekanzler und von 1758 bis 1762 Kanzler. Mit Voroncov pflegte Goldbach offenbar nicht nur dienstliche Kontakte,
sondern auch enge freundschaftliche Beziehungen. In seinen Tagebuchaufzeichnungen, sowohl aus Moskau als auch aus Petersburg, wird sehr oft — manchmal drei- bis viermal im Monat —
ein Besuch Voroncovs erwähnt. Gelegentlich gab es auch gemeinsame Fahrten mit Voroncov, so am 6. Juli 1751 in das Landhaus
des Residenten von Wolff[10], am 6. (17.) September 1751 und
am 18. September 1752 in die Akademie der Wissenschaften. An
diesen Tagen wurden in der Akademie öffentliche Festsitzungen
veranstaltet. In der ersten hielt Lomonosov den Vortrag «Eine
Rede über den Nutzen der Chemie» und Ch.G. Kratzenstein

sprach über seine neuen Erfindungen in der Nautik. In der zweiten referierte N.I. Popov zum Thema «Über neue Erfindungen in der Mondtheorie, die heute auf Veranlassung der Kaiserlichen Akademie öffentlich gemacht werden.» Es handelte sich um einen Bericht über die Resultate des Preisausschreibens der Akademie zur Theorie der Mondbewegung und insbesondere über die Entdeckungen A.C. Clairauts und L. Eulers auf diesem Gebiet.[11] Viele Male weilte Goldbach mit Voroncov im Landhaus des Kanzlers Bestužev-Rjumin auf Kameny Ostrov bzw., wenn er in Moskau war, auf dem Gut der Voroncovs in Konkov. Als Voroncov, der den Staatsstreich von 1762 nicht unterstützt hatte, seines Amtes enthoben wurde und mit seiner Frau ins Ausland ging, traf er in Berlin oft mit Euler zusammen. Sie sprachen auch über Goldbach, überbrachten einander Nachrichten über ihn und insbesondere über sein gesundheitliches Befinden. Goldbach war zu jener Zeit schon schwer krank.

Zusammen mit Voroncov, gelegentlich aber auch ohne ihn, weilte Goldbach einige Male am Hof von Elizaveta Petrovna; am 18. November 1754 war er in Carskoje Selo auf einem geschlossenen Empfang (table de confidence) für die ausländischen Gesandten, am 26. April 1755 nahm er an der Audienz des deutschen Gesandten beim Vizekanzler teil, am 6. Mai 1755 war er bei der Audienz des türkischen Gesandten bei der Zarin zugegen. Unter den Persönlichkeiten, mit denen sich Goldbach oft auf den hochrangigen Empfängen und auch im engen häuslichen Kreise traf, waren der ehemalige Präsident der Akademie L. Blumentrost, der Wirkliche Kammerherr Baron Nikolaj Andreevič Korff, der Präsident des Handelskollegiums Fürst Boris Grigor'evič Jussupov, der Oberstallmeister Petr Spiridonovič Sumarokov, der Kammerjunker Baron Aleksandr Sergeevič Stroganov (später Graf, Oberkammerherr, Senator, erbaute den bekannten Palast auf dem Nevski Prospekt), der Kammerherr Graf Martin Karlovič Skavronskij, der schon erwähnte Diplomat und Kanzler Aleksej Petrovič Bestužev-Rjumin, der preußische Gesandte Baron Mardenfeld, der Senator Fürst Aleksandr Borisovič Kurakin, der Konteradmiral Ivan Luk'janovič Talysin.[12] Nach der Berufung des jungen Kirill Grigor'evič Razumovskij, des jüngeren Bruders des Favoriten der Zarin Aleksej Razumovskij, zum Präsidenten der Akademie der Wissenschaften besuchte Goldbach ihn mehrmals oder begegnete ihm bei Voroncov. Am 28. August 1748 besuchten sie die Kunstkammer, die nach dem schrecklichen Brand des Turmes vom 5. (16.) Dezember 1747 wieder recht und schlecht in Ordnung gebracht worden war. Im Dezember 1750 wechselten sie Briefe, offenbar anläßlich des bereits erwähnten Preisausschreibens der Akademie über die Unregelmäßigkeiten der Mondbewegung. Von 1754 an sind im Tagebuch des öfteren Treffen mit einem weiteren Favoriten der Zarin vermerkt, mit dem Grafen I.I. Šuvalov, einem Gönner der Wissenschaften und Mäzen.[13] Aber nicht nur die Mächtigen dieser Welt umgaben Goldbach in jenen Jahren. Im Tagebuch werden erwähnt: der Lehrer am Kadettencorps Theodor Gretsch, der Konrektor des Gymnasiums und spätere Pastor Johann Philipp Litke, die aus Sibirien zurückgekehrte Witwe des in Beresov gestorbenen ersten Kabinettsministers zur Zeit Anna Ioannovnas, A. Osterman, der Pastor Ewards. Doch nicht alles wurde ins Tagebuch geschrieben. So ist z.B. bekannt, daß in den letzten Lebensjahren Goldbachs ihn oft ein kleiner Beamter besuchte, der aus Preußen gebürtige Gottfried Bock. Er war Bibliothekar in Oranienbaum (nach Angaben Büschings beim Großfürsten Pavel Petrovič). Goldbach machte ihn später zum Haupterben seines Vermögens; im Tagebuch aber wird er nicht erwähnt.

Obwohl sich nach dem Übergang Goldbachs von der Akademie ins Kollegium für auswärtige Angelegenheiten sein ganzes Leben grundlegend geändert hatte, gab es doch ein Gebiet, auf dem er der alte Goldbach blieb — seine Korrespondenz. Freilich schieden seine alten Königsberger Freunde, seine Wiener- und italienischen Bekannten, die Schüler und Verehrer von Leibniz, nach und nach aus dem Leben. Aber es stellten sich neue Korrespondenten ein. Unter den Briefpartnern dieser Zeit nimmt Leonhard Euler, sein naher Freund und Kollege aus der Akademie, den ersten Platz ein.

Der Briefwechsel zwischen Goldbach und Euler begann mit einem Brief Eulers vom 13. Oktober 1729. Euler befand sich damals in Petersburg und lebte mit D. Bernoulli, der zu dieser Zeit schon mit Goldbach korrespondierte, in einer gemeinsamen Wohnung. Goldbach hielt sich mit dem Zarenhof in Moskau auf. D. Bernoulli spielte dabei die Rolle des Vermittlers zwischen den Gelehrten; alle drei hatten sie gemeinsame mathematische Interessen. Goldbach antwortete am 1. Dezember 1729, und von da ab währte der Briefwechsel mit einigen Unterbrechungen fast 35 Jahre. Der letzte Brief Goldbachs trägt das Datum des 10. Januar 1764. Er ist sehr kurz, besteht aus Neujahrsglückwünschen, drei Zeilen mathematischen Inhalts und beginnt mit dem Eingeständnis «Je weiter es geht, desto weniger lese und schreibe ich».[14] Zu dieser Zeit verfiel Goldbach schon langsam aber unablässig. Der letzte Brief Eulers, datiert vom 17. März 1764 ist die Antwort auf den eben genannten. Euler entschuldigt sich zunächst dafür, daß er trotz Goldbachs schwerer Krankheit den Briefwechsel von Zeit zu Zeit fortsetzen wolle und bringt die Hoffnung zum Ausdruck, daß Goldbach völlig genesen wird. Der Hauptteil des Briefes ist der Erörterung von beide interessierenden Fragen gewidmet; ferner den Forschungen J.H. Lamberts[15] über die Entwicklung der Wurzeln dreigliedriger Gleichungen in unendliche Reihen und den Verallgemeinerungen dieser Resultate durch Euler selbst. [16] Wenn Goldbach diesen Brief auch gelesen haben sollte, so war er doch schon zu schwach, um zu antworten. Der letzte Brief Eulers ist auch nicht unter den Papieren Goldbachs aufbewahrt, sondern im Briefwechsel Eulers mit G.F. Müller, der Euler vom Tode seines alten Freundes durch einen Brief vom 7.(18.) Dezember 1764[17] benachrichtigte.

Während des ersten Aufenthaltes von Goldbach in Moskau wechselten Euler und er 19 Briefe. Erhalten sind auch 18 mehr oder weniger umfangreiche Schriftstücke beider Korrespondenten aus den Jahren 1732–1741, als beide in Petersburg waren (Euler verließ Petersburg am 19. Juni 1741). Der Hauptteil des erhalten gebliebenen Briefwechsels jedoch, nämlich 159 Briefe, fällt auf die Jahre 1741–1764, d.h. in die Berliner Zeit Eulers. Dem Umfang nach sind das ungefähr 85% des gesamten erhaltenen Briefwechsels, der 196 Briefe enthält.

In den Briefen Goldbachs ist, wie das für ihn charakteristisch war, sehr wenig Persönliches enthalten, insbesondere kaum Angaben über sich selbst, über sein tägliches Leben. Nichtsdestoweniger schimmert in ihnen oft sein lebhaftes Interesse für Eulers Familie durch, insbesondere für dessen ältesten Sohn Johann Albrecht, der sein Patenkind war. Goldbach erkundigte sich oft nach dessen Erfolgen beim Studium und nach seiner Gesundheit. Er brachte die Hoffnung zum Ausdruck, daß Johann Albrecht mit der Zeit den Platz seines Vaters an der Petersburger Akademie einnehmen werde. Den Hauptinhalt des Briefwechsel bildeten jedoch mathematische Untersuchungen.

Es ist nicht übertrieben zu sagen, daß Goldbach sich gerade
von 1742 an besonders für Mathematik begeisterte, vor allem
für Zahlentheorie. Ihr widmete er einen großen Teil seiner Mußestunden. In der Tat forderte der Briefwechsel mit Euler ein
ständiges Nachdenken über die erörterten Fragen. Man muß auch
hinzufügen, daß Goldbach in dieser Zeit, nach den Jahren, die er
im Dienste der Petersburger Akademie verbracht hatte, ein weitaus besserer Mathematiker war als vor seiner Übersiedlung nach
Rußland. Mit der Zeit wurden die Briefe an Euler die einzige
Möglichkeit für Goldbach, seine bis zum Tode nie unterbrochenen
mathematischen Betrachtungen mitzuteilen; von ihnen wird im
8. Kapitel die Rede sein. Auf Bitten Eulers las Goldbach manchmal auch dessen an die Petersburger Akademie gesandten mathematischen Arbeiten noch vor ihrer Veröffentlichung.[18]

Von den alten Freunden aus der Gilde der Naturforscher war
es Doppelmayer, der bis zu seiner schweren Krankheit fortfuhr,
an Goldbach zu schreiben. Er erhielt 1747 bei einem Versuch mit
einer Leidener Flasche einen Schlag, der Lähmungen verursachte,
erholte sich davon nicht mehr und starb 1750. In seinen Briefen an
Goldbach ging es weiterhin um ihre früheren gemeinsamen Interessen: Himmelsatlanten und magnetische Beobachtungen. Aber
auch ein neues Thema tauchte auf, das in jenen Jahren beinahe
alle Physiker fesselte — die Elektrizität. In den vierziger Jahren setzte auch Goldbachs alter Briefpartner Sebastian Kortholt
die Korrespondenz mit ihm fort. Er wurde aus irgendwelchen
Gründen gegen Ende seines Lebens ein glühender Verehrer Petersburgs, bezeigte Goldbach seine Bewunderung für die Sitten
und die Kultur der russischen Hauptstadt und schickte ihm seine
lateinischen Gedichte über Petersburg.[19] Der Astronom und Mathematiker G. Poleni begeisterte sich in einem Brief an Goldbach
für dessen geniale Entdeckungen in der Zahlentheorie.[20] J.J. Marinoni hielt Goldbach in jenen Jahren weiter über die Arbeit
seines Privatobservatoriums in Wien auf dem Laufenden. Von
Marinoni erfuhr Goldbach auch vom Tode seines alten Freundes
Hansch im Jahre 1749. Hansch hatte die Arbeit an den Handschriften Keplers nicht vollenden können. Er war sogar gezwun-
gen gewesen, diese Handschriften (s.S. 26) zu verpfänden und war
in Armut gestorben.[21] 1746 hatte Hansch einige seiner Schriften
zur Beurteilung durch Goldbach und die Akademie nach Petersburg gesandt. Er war damals offenbar kaum noch mit den Peters-

burger Angelegenheiten vertraut und wußte nicht, daß Goldbach nur noch wenig mit der Akademie verbunden war. In demselben Brief fragte er an, ob Bayer und Messerschmidt noch am Leben seien — beide waren schon 10 Jahre tot.[22] 1748 schickte Hansch über Goldbach zwei Artikel an die Akademie. Sie wurden in den Sitzungen am 2. und 12. September vorgestellt. Der erste betraf allgemeine Fragen und die Kunst, Entdeckungen zu machen, der zweite, in Form eines Briefes an die Mathematiker, ergänzte Entdeckungen des Autors in der Zahlentheorie.[23] Von den ehemaligen Petersburger Akademiemitgliedern, die aus Rußland weggegangen waren, schrieben der Anatom J.G. Duvernois und der Botaniker J.G. Gmelin an Goldbach. Gmelin schrieb, nachdem er in Tübingen angekommen war, am 10. September 1748 einen ausführlichen Brief über seine Begegnungen mit Gelehrten und über verschiedene Neuigkeiten aus der Welt der Wissenschaft.[24]

Davon, daß Goldbach bis ans Ende seiner Tage seine philologischen Neigungen nicht vergaß, zeugt sein Briefwechsel mit dem Göttinger Professor J.M. Gessner, einem bekannten Fachmann auf dem Gebiet der klassischen Philologie, in den vierziger und fünfziger Jahren.[25] Die Briefe wurden durch Euler übermittelt. In ihnen werden verschiedene Feinheiten des lateinischen Sprachgebrauchs und Versaufbaus erörtert. Etwa denselben Charakter hat der Briefwechsel mit dem Archäologen und Numismatiker Baron Ph. Stosch[26], der in Florenz lebte. Von ihm erfuhr Goldbach Neuigkeiten aus der italienischen Wissenschaft, über Sammlungen und Medaillen; durch ihn erhielt er auch Angaben über italienische Meister, an denen Voroncov interessiert war.

Wenn man über Goldbachs Korrespondenz in dieser Periode spricht, muß man im Auge haben, daß viel weniger erhalten ist als aus den Jugendjahren oder aus der Zeit an der Petersburger Akademie, als Goldbach, wenn auch nicht alle, so offenbar doch die Mehrzahl der Briefe aufbewahrte. Für die letzte Periode seines Lebens traf das nicht mehr zu; man hat vergleichsweise wenige Briefe aus dieser Zeit. Man könnte annehmen, daß die Änderung in seinen Lebensumständen zu einer einschneidenden Verringerung der Korrespondenz und zur Verkleinerung des Kreises der Briefpartner geführt hat. Das kann nur zum Teil so sein, was ein Vergleich der vorhandenen Briefe mit den erhalten gebliebenen Aufzeichnungen der Jahre 1753–1757 über die empfangenen und abgeschickten Briefe überzeugend zeigt. Hier sind pro Monat etwa 10, manchmal auch mehr eingegangene und abgeschickte Briefe verzeichnet. Außerdem sind unter den aufgezählten Korrespondenten viele Personen, von deren Briefen nichts erhalten ist, z.B. von dem Rat der akademischen Kanzlei J.D. Schumacher, von dem Moskauer Arzt J.F. Schreiber[27] und von dem Pächter des Goldbachschen Gutes Hagemeister. Man findet in den o. g. Aufzeichnungen etwa 20 mehrfach erwähnte Namen. Ein Teil davon sind Ärzte, die Goldbach offenbar wegen seiner Krankheit konsultierte. Wie dem auch sei, wir werden nie erfahren, welche Angelegenheiten Goldbach mit diesen Leuten erörterte, und aus welchen Gründen er entschied, ihre Briefe zu vernichten. Einen Teil der erhalten gebliebenen Korrespondenz kann man kaum als Briefe im eigentlichen Sinne des Wortes bezeichnen. Es sind vielmehr Notizen aus verschiedenen Anlässen, die Goldbach mit Personen austauschte, die sich mit ihm am selben Ort befanden. Von dieser Art sind 48 Notizen Goldbachs an den Professor für Geschichte und Konferenzsekretär der Petersburger Akademie G.F. Müller.[28] Größtenteils undatiert, geschrieben offenbar in den fünfziger Jahren, betreffen sie vorwiegend den Austausch neuer Bücher, gegenseitige Einladungen zu Besuchen und zu gemeinsamen Spazierfahrten, das Einziehen von Erkundigungen verschiedenster Art zu Fragen der Literatur und des Wortschatzes. Interessant sind einige Schreiben von verschiedenen Personen an Goldbach, die davon zeugen, daß man sich weiterhin an ihn als Experten auf dem Gebiet der Stilistik und als Kenner des politischen Lebens in Europa wandte. Ch. Crusius[29] schickte ihm seinen zum Druck bestimmten Artikel über den verstorbenen Physiologen J. Weitbrecht[30] mit der Bitte, den Stil zu verbessern. Später schickte er noch ein Poem und seine Antrittsrede als Professor. I.I. Šuvalov bat Goldbach in einem Schreiben vom 26. Juni 1756, seinen Brief an den französischen Minister Boulle zu korrigieren. In einem anderen Schreiben bittet er darum, für ihn einen Brief an den polnischen König mit dem Dank für einen erhaltenen Orden zu entwerfen, «da ich es nicht gewohnt bin und bis jetzt auch nicht das Glück hatte, mit Königen in fremden Sprachen zu korrespondieren».[31] Für Voroncov schrieb Goldbach 1749 einen Brief an die Universität von Neapel als Antwort auf den Vorschlag aus Neapel, Beziehungen mit der Petersburger Akademie aufzunehmen.[32] 1743 wurde Goldbach um Rat gefragt, welche Ausdrücke für Voroncov schicklich sind, sich an den preußischen König zu wenden.[33] Interessant ist auch ein Brief des Professors J.G. Reichel vom 28. Februar 1763, in dem er Goldbach bittet, mitzuteilen, was ihm über die Freiheiten und Privilegien des Adels in den verschiedenen Ländern und über die Dauerhaftigkeit dieser Privilegien bekannt ist.[34]

In den letzten Jahren lebte Goldbach einsam und sehr zurückgezogen. Ob dafür nur seine schwere Krankheit der Grund war oder ob hier auch die schwieriger werdende politische Situation Einfluß hatte — die Ereignisse des siebenjährigen Krieges, der von Katharina II. inszenierte Umsturz und die Ermordung Peters III., die Demission Voroncovs, der den Umsturz nicht unterstützt hatte — das ist schwer zu beurteilen. Seine Beziehungen zu bekannten Häusern in Petersburg wurden noch durch eine unangenehme Affäre erschwert, die ausführlich in einem Brief Müllers an Euler beschrieben ist: ein gewisser Italiener namens Anton Goldbach stellte sich 1761 dem Grafen Stroganov vor, als dieser in Wien weilte, und erklärte, daß er der Bruder von Christian Goldbach sei. Er schickte seinen zwanzigjährigen Sohn mit Stroganov nach Petersburg in der Hoffnung auf Hilfe und Unterstützung durch den einflußreichen Onkel. Aber Goldbach beharrte entschieden darauf, daß er außer dem 1733 verstorbenen Bruder Heinrich keinen weiteren Bruder hätte und daß sein italienischer Namensvetter ein Abenteurer sei. Die Geschichte drang in die Öffentlichkeit, und der junge Mann, der bei Stroganov wohnte, rief offensichtlich Mitgefühl hervor.[35]

Unter den Personen, die Goldbach in seinen letzten Jahren nahestanden, waren außer dem Arzt Johann Jakob Lerche und dem Akademiker G.F. Müller noch der Physiker J.A. Braun[36] und der Jurist G.F. Fedorovič[37].

In den letzten Lebensjahren Goldbachs besuchte ihn der Geograph A.F. Büsching, der sich damals in Petersburg aufhielt. Er hinterließ uns in seinem in der Einleitung erwähnten Buch *Beiträge zur Lebensgeschichte denkwürdiger Persönlichkeiten, insonderheit gelehrter Männer* die folgenden Erinnerungen an Goldbach: «Er war ein gelehrter, sehr belesener und erfahrener Mann, hatte großen Verstand und ein bewundernswürdiges Gedächtnis, vermöge dessen er aus den alten klassischen Schriftstellern und anderen Büchern ganze Stellen auswendig hersagen konnte.» Weiter charakterisierte Büsching Goldbach als einen frommen Mann und großen Liebhaber guter Kirchenmusik.

«Im Umgang war er sehr bescheiden, und widersprach niemals, doch war er seiner Meinung gewiss, und sprach lehrreich. Es hatten aber nur wenige Zugang zu ihm, und er sprach mit keinem anderst, als ordentlich und wohl angekleidet. Wer unangemeldet kam, mußte so lange warten, bis er sich angekleidet hatte.» Büsching berichtet auch über einige Eigenheiten Goldbachs, die seine ungewöhnliche Vorsicht und Ängstlichkeit offenbaren, vielleicht aber auch mit seiner Krankheit zusammenhingen, die er sorgfältig vor fremden Augen zu verbergen suchte. Ungern empfing er gleichzeitig mehrere Besucher; er zog Gespräche unter vier Augen vor. Büsching wurde von Müller in das Haus Goldbachs eingeführt, später kam er allein. Zum Hausstand bemerkte Büsching: «Sein Haus war ordentlich, reinlich und wohl eingerichtet, er hielt auch eine Kutsche und gute Pferde, Pracht aber liebte er nicht.»[38] Er war sehr leicht verlegen, sogar im Verhältnis zur Dienerschaft, und kleidete sich deshalb immer ohne ihre Hilfe an und aus. Als er einen Diener entließ, verbrannte er dessen Kleidung, nachdem er ihren Wert ersetzt hatte. Geld deponierte er nicht zu Hause, sondern gab sofort nach Eingang des Gehalts die überschüssige Summe einem bekannten Kaufmann, ohne Zinsen zu erheben. Das wenige im Hause verbliebene Geld befand sich in den Regalen inmitten von Büchern. An viele verschenkte er Geld — unter seinen Papieren sind Dankesbriefe erhalten, die Namen ihrer Absender aber hat Goldbach unkenntlich gemacht.

Büsching, der Goldbach auch kurz vor seinem Tode besuchte, schrieb, daß sein Kopf immer tiefer und tiefer auf die Brust sank und seine Hände so zitterten, daß er sie nicht einmal zum Mund führen konnte. Möglicherweise litt er an der Parkinsonschen Krankheit. Übrigens hörte, wie Müller an Euler schrieb, das Zittern der Hände am Tage vor Goldbachs Tod auf[39]; davor war es zwei Jahre aufgetreten.

Schon im August 1761, drei Jahre vor seinem Tod, machte Goldbach ein Testament. Darin setzte er den Bibliothekar Bock als Haupterben ein. Ferner vermachte er G.F. Müller 150 Černovec, J.A. Braun 100, G.F. Fedorovič 200, der Petersburger lutherischen Stuckhofkirche 600, der Dienerschaft 150 und zwei seiner alten Bediensteten gesondert 100 Černovec. Noch wesentlich eher, im Jahre 1757, traf er detaillierte Anordnungen über sein Begräbnis. Sie sahen eine sehr bescheidene Zeremonie vor, «ohne jeglichen Pomp» und ohne die übliche Grabrede und Grabpredigt. (Es wurde aber ausbedungen, daß die Priester für die nicht gehaltenen Reden zu bezahlen sind, daß ferner alle bei der Beerdigung anwesenden lutherischen Geistlichen 10 Rubel, der Arzt und der Chirurg für die Obduktion 60 bzw. 40 Rubel erhalten sollten. Goldbach verfügte auch, daß nur der Körper geöffnet werden dürfe, nicht aber das Gehirn). Wie Müller in einem Brief an Euler berichtet, habe er Goldbach in einem Gespräch jedoch darauf hingewiesen, daß gerade solche ungewöhnlichen Beerdigungen die Aufmerksamkeit auf sich ziehen und zu Vorwürfen an diejenigen führen, die sich um die Begräbniszeremonie kümmern müssen, worauf Goldbach schließlich sagte: «Man möge es machen, wie man es für gut fände.» [40]

Nach dem Bericht von Müller begann Goldbach schon Anfang Januar 1764 schwach zu werden; am 20. November (1. Dezember) verlor er das Bewußtsein und verstarb um 10 Uhr abends. Bei ihm waren Müller, der Arzt Lerche und der Kanzleirat Bakunin. Letzterer nahm Goldbachs Testament an sich. Es wurde durch den Kanzler Panin der Zarin übergeben, die am 22. November eigenhändig darauf ihr Plazet schrieb. Die Beerdigung, ausführlich von Müller beschrieben, wurde dann doch mit dem gebührenden Prunk ausgerichtet. Während der Zeremonie in der Stuckhofkirche wurde eine Lebensbeschreibung des Verstorbenen verlesen, die von Müller verfaßt worden war.[41] Die Beerdigung fand entsprechend Goldbachs letztem Willen auf dem Samsonievsker Friedhof statt. Heute existiert dieser Friedhof nicht mehr. In den Papieren Müllers ist die Grabinschrift Goldbachs erhalten:

Hic quiescit quod mortale est Viri incomparabilis Christiani de Goldbach Regiomonte Borussi Augustae a Consiliis Sanctioribus Academiae scientiarum decoris consumatissimi. Huic vita omnium bonorum plausu peracta pro incomio est. Godefredus Bock Augustae Consiliarius et Bibliothecae Praefectus civi suo praeclaris benefactis optime de se merito gratae mentis officia persoluturus.[42]

(Hier ruht die sterbliche Hülle des unvergleichlichen Christian Goldbach aus Königsberg in Preußen, der Kaiserin geheimer Rat und der Akademie der Wissenschaften vollkommenste Zierde. Das von ihm geführte Leben ist des Beifalls aller guten Menschen wert. Gottfried Bock, der Kaiserin Rat und Bibliotheksvorsteher, will seinem Landsmann, der sich durch vortreffliche Wohltaten in höchsten Maße um ihn verdient gemacht hat, dankbaren Sinnes

Ehren erweisen). Die Grabinschrift enthält ferner Goldbachs Lebensdaten.

Die Manuskripte und Habseligkeiten Goldbachs wurden noch vor seinem Tode durch das Kollegium für auswärtige Angelegenheiten versiegelt. Deshalb ist auch sein schriftlicher Nachlaß — Tagebücher, Aufzeichnungen, Briefe — so, wie er zu seinen Lebzeiten war, im Zentralen Staatlichen Archiv im Zentralen Staatlichen Archiv für alte Akten erhalten und dient als wertvolle Quelle für die Erforschung seines Lebens und Schaffens.

Die ... ...
... ...
... ...

5   Das Werden des Mathematikers

Im ersten Kapitel wurde schon über den Beginn von Goldbachs
Beschäftigung mit Mathematik gesprochen. Wir wissen nicht, wie
die elementare mathematische Ausbildung Goldbachs war und
wer seine ersten Lehrer waren. Jedenfalls diskutierte er schon als
18-Jähriger, als er noch Student der Jurisprudenz an der Königsberger Universität war, im Briefwechsel mit D.A. Teuerlein und
M.G. Hansch einzelne Fragen der Zahlentheorie, die Aufgaben der
Kreisquadratur und der Verdopplung des Würfels, die Lösung ku-
bischer Gleichungen und die Eigenschaften von Kegelschnitten.
Das heißt nicht, daß er damals eine gute mathematische Vorbildung besaß, aber im weiteren vervollständigte er nach und nach
seine Kenntnisse. Allerdings hinderte ihn vieles an regelmäßigen
Studien: lange und weite Reisen, die fast ohne Unterbrechung
bis zum Alter von 35 Jahren andauerten sowie die ungewöhnliche Breite seiner Interessen. Hinzu kam eine sich mit den Jahren
verstärkende Manier, die wissenschaftlichen Arbeiten, auf die er
in den verschiedenen Städten und Bibliotheken stieß, nicht zu studieren und nicht einmal ordentlich zu lesen, sondern sie nur zu
überfliegen, nicht selten recht oberflächlich. Vieles erfaßte Goldbach dabei im Vorübergehen, aber manches ließ er auch außer
acht. Vieles entnahm er aus Gesprächen oder aus dem Briefwechsel mit zahlreichen bekannten Gelehrten. Im Ergebnis erhielt
Goldbach so auch keine systematische Ausbildung in Mathematik
und blieb immer ein Autodidakt und Dilletant, dessen unverkenn-
bare Begabung für Mathematik nicht vollständig in Erscheinung
treten konnte, weil er über ihren damals modernsten Stand keine
hinreichend tiefen Kenntnisse besaß und die entsprechenden For-
schungmethoden nur unvollkommen beherrschte.

Man kann sich teilweise durch die Publikationen, hauptsächlich aber durch den Briefwechsel Goldbachs eine Vorstellung da-

von machen, was und wie er studierte. Sehr wahrscheinlich ist, daß er sich die *Anfangsgründe sämtlicher mathematischen Wissenschaften* von Ch. Wolff angeeignet hat, dem er, wie wir wissen, in Halle begegnet war. Wolffs Werk war ein für jene Zeit höchst solider Universitätskurs der elementaren und höheren Mathematik einschließlich ihrer verschiedenen Anwendungen bis hin zur Architektur und Fortifikation; er war mit Beweisen ausgestattet, die übrigens heute nicht selten naiv oder gar kurios wirken. Das Wolffsche Lehrbuch erschien 1710 in deutscher Sprache in 4 Bänden und 1713–1741 in einer fünfbändigen lateinischen Variante[1], war sehr bekannt und übte einen starken Einfluß auf die nachfolgende deutsche, und nicht nur die deutsche, Lehrbuchliteratur aus. Nach ihm studierten in den vierziger und fünfziger Jahren des 18. Jahrhunderts die Studenten der an der Petersburger Akademie der Wissenschaften bestehenden Universität. Noch mehr verbreitet war eine verkürzte Fassung dieses Kurses, die 1713 herauskam. In überarbeiteter und ergänzter Form erschien sie fast 60 Jahre später in einer von S.K. Kotel'nikov besorgten russischen Übersetzung.[2] Wolffs Leitfaden wird in einem Brief Goldbachs (aus Moskau) an Euler (in Petersburg) vom 1. Dezember 1729 erwähnt. Goldbach bittet dort um eine Erklärung, worin das Wesen der hyberbolischen Logarithmen bestehe; er schreibt, daß bei Wolff in dem Abschnitt über Logarithmen davon nichts erwähnt sei.[3] Diese Bitte ist um so merkwürdiger, als D. Bernoulli wenig früher, am 28. April 1729, an Goldbach über einige Eigenschaften hyperbolischer Logarithmen schrieb und dieser sich in seiner Antwort vom 26. Mai nicht dafür interessierte, was das ist.[4] Darüberhinaus hat Goldbach, wie wir sehen werden (S. 102), schon 1717 einen Aufsatz von Leibniz gelesen, in dem von der Quadratur der Hyperbel mittels Logarithmen die Rede ist. All das bestätigt das oben gesagte, nämlich daß Goldbach viele mathematische Arbeiten und sogar an ihn gerichtete Briefe nicht genügend aufmerksam studiert hat.

Das Handbuch Wolffs war freilich nicht ausreichend, um den Stand der Mathematik zu der Zeit kennenzulernen, als Goldbach mit eigenen Forschungen begann. Bei jeder Gelegenheit wandte er sich deshalb Büchern und Artikeln zu, die ihm gerade unter die Augen kamen. Man kann mit Bestimmtheit sagen, daß er alle Publikationen und Rezensionen in den *Acta Eruditorum* verfolgte, mit deren Herausgeber J.B. Mencke er sich mehrmals in Leipzig traf. Manchmal sah er bei Biblitheksbesuchen auch Zeitschriften früherer Jahre durch und fand dabei Material für eigene Forschungen. Zum Beispiel nimmt er in einem Brief an D. Bernoulli vom 13. Sept. 1724[5] Bezug auf einen Artikel von J. Ozanam[6] im Band VIII des französischen *Journal des Sçavans* von 1680. Dort ist ein Beweis für die Unlösbarkeit der Gleichung $a^4 - b^4 = c^2$ $(abc \neq 0)$ in ganzen Zahlen, d.h. ein Spezialfall des «Großen Fermatschen Satzes» enthalten.[7]

Auf der Suche nach interessanten Aufgaben wandte sich Goldbach auch fast völlig vergessenen alten Büchern zu. In Königsberg machte er sich 1716 mit dem Buch *Tausend Paradoxa und Merkwürdigkeiten von den Zahlen* (1658) von J. Leuneschloss bekannt; 1718 sah er sich in Berlin dessen Buch *Mathematische Schatzkammer...* (1646) an[8], ferner die *Geheimnisse der Zahlen...* von P. Bongo[9]. Aus diesen Büchern machte er verschiedene Auszüge. Auf das erste und dritte Buch wies er Euler am 19. August 1741 hin, auf das zweite am 7. November 1741.[10] Euler lieh die *Geheimnisse der Zahlen...* und die *Mathematische Schatzkammer...* in der Königlichen Bibliothek in Berlin aus und antwortete am 9. September, daß er bei Bongo «nichts Bemerkenswertes» gefunden habe, Leuneschloss' *Mathematische Schatzkammer...* bezeichnete er als «in ihrer Art sehr gut»[11]. Viel später, am 7. Oktober 1752, zitierte Goldbach einen in seinem Besitz befindlichen Auszug aus den *Tausend Paradoxa...* zur Frage nach der Anzahl vollkommener Zahlen[12], und am 18. November erwähnte er auch Bongo.[13] Diese beiden Autoren machten auf Euler einen so geringen Eindruck, daß er sich trotz seines vortrefflichen Gedächtnisses nicht erinnern konnte, irgendwann einmal das Buch Bongos gesehen zu haben, und über das Buch von Leuneschloss schrieb er, daß er daraus nur die Auszüge kenne, die ihm Goldbach geschickt hatte, und daß er es in Berlin nicht habe finden können (Brief vom 16. Dezember 1752). Goldbach, der alle Papiere in vollständiger Ordnung aufbewahrte, konnte es sich nicht verkneifen, Euler in einem Brief vom 12. März 1753 daran zu erinnern, daß dieser sich seinerzeit beide Bücher aus der Berliner Bibliothek ausgeliehen und darin Einblick genommen hatte.[14] Die fortwährenden Reisen, Begegnungen und Gespräche Goldbachs, sein intensives Interesse an den Denkmalen der Architektur, an alten Inschriften etc. behinderten das Studium selbst der grundlegenden mathematischen Literatur erheblich. Wenn er Gelehrte kennenlernte, drang er oftmals nicht in den Inhalt ihrer Arbeiten ein. Als er sich 1712 in England aufhielt, hatte er, wie wir sahen, Newton kennengelernt, aber im Strudel der folgenden Reisen und Gespräche fand er im Verlaufe von 10 Jahren nicht die Zeit, auch nur eines von Newtons klassischen Werken oder deren Neuauflagen aufmerksam zu lesen. So schrieb er am 2. Januar 1722 an Nikolaus II Bernoulli[15], daß er sich nicht an die Formel des Newtonschen Binoms erinnere. Aus dem Briefwechsel mit D. Bernoulli vom 10. Juli, 26. August, 2. Oktober und 4. November ist ersichtlich, daß er die *Arithmetica universalis*, d.h. die Algebra Newtons[16], schlecht kannte, von der er ein Exemplar bei sich in Preußen hatte.[17] Zudem führte er seit 1717 ziemlich lange ein beinahe seßhaftes Leben im heimatlichen Königsberg. Andererseits schrieb er an D. Bernoulli am 23. Juli 1724, daß er sich «wie im Schlaf»[18] an den vor vielen Jahren studierten Traktat Newtons über die Quadratur von Kurven erinnere.[19] Immerhin studierte Goldbach bis etwa zu seinem 30. Lebensjahr mehr oder weniger gründlich die durch Kommentare von F. van Schooten[20] und anderen Gelehrten ergänzte lateinische Ausgabe (wahrscheinlich die zweite) der grundlegenden Descartesschen *Géométrie* (1637)[21] und viele Arbeiten von Leibniz, darunter zweifellos *Über das wahre Verhältnis des Kreises zum umbeschriebenen Quadrat...*[22] und *Ein neues Beispiel der Analysis für die Wissenschaft vom Unendlichen...*[23], in der das Problem der Integration rationaler Brüche betrachtet wird. Als sich Goldbach 1720 in Stockholm aufhielt, hatte er Gelegenheit, von einem dort eingetroffenen deutschen Buchhändler für einige Tage Jakob Bernoullis *Arithmetische Sätze über unendliche Reihen und deren endliche Summen*[24] auszuleihen. Die fünf Teile dieses Werkes wurden in den Jahren 1689–1704 unter Vorsitz Jakob Bernoullis von seinen Schülern verteidigt. Den dritten Teil verteidigte 1696 J. Hermann, den fünften 1704 Nikolaus I Bernoulli, welcher nach dem Tod von Jakob alle fünf Teile herausgab, und zwar als Anlage zu dessen *Ars conjectandi*[25], von der schon früher (S. 17) die Rede war.

Wir werden sehen, daß Goldbach schon vor Beginn seiner Tätigkeit an der Petersburger Akademie Arbeiten zur Analysis auch anderer Gelehrter las, die damals einen Namen hatten und in der Wissenschaftsgeschichte ihre Spuren hinterließen, unter ihnen Varignon. Es waren größtenteils Vertreter der Leibnizschen Schule, die auf dem europäischen Kontinent dominierte. Es ist erwiesen, daß der Streit zwischen Newton und Leibniz sowie ihren jeweiligen Anhängern um die Priorität bei der Entdeckung der Differential- und Integralrechnung die an Newton anknüpfende englische Literatur auf dem Kontinent in erheblichem Maße verdrängte. Der Streit war übrigens seinem Wesen nach gegenstandslos, da jeder der beiden großen Gelehrten seinen eigenen Weg gegangen war.[26] Zur Leibnizschen Schule gehörte auch Wolff. Es sei noch angemerkt, daß sich alle oben genannten von Goldbach studierten Arbeiten (mit Ausnahme des Handbuchs von Wolff) auf reine Mathematik bezogen. Probleme der Mechanik und der Physik interessierten ihn sehr wenig.

Wir haben nun die mathematische Vorbildung Goldbachs bis zu seinem ersten Auftreten mit wissenschaftlichen Publikationen skizziert. Aber schon vorher machten sein glänzender Verstand und die Fähigkeit zum wissenschaftlichen Dialog einen starken Eindruck auf seine Gesprächspartner und verdeckten die Unzulänglichkeiten in seiner mathematischen Bildung. Nicht von ungefähr beendete Leibniz seinen ersten Antwortbrief an Goldbach vom 30. September 1711, wenige Monate nach ihren Begegnungen, mit der Beteuerung, daß er «aussprechen wolle, wie sehr er seine Talente schätze» und mit dem Wunsch, «daß seine Früchte mit der Zeit zum allgemeinen Wohl heranreifen mögen.» Wir werden in den folgenden Kapiteln sehen, inwieweit Goldbach diesen Wunsch von Leibniz erfüllte.

Wir gehen jetzt zur Besprechung des mathematischen Schaffens von Goldbach über und werden zunächst ein Verzeichnis seiner Publikationen anführen, eingeschlossen fünf wesentliche Briefwechsel. Obwohl Korrespondenzen Goldbachs erst 1843 zum ersten Mal gedruckt wurden, sind sie nach ihrer Bedeutung für die Entwicklung der Mathematik mit gutem Grund den gedruckten Arbeiten gleichzustellen. In einigen Fällen ist der Briefwechsel sogar wichtiger als die Publikationen. Es gab ja bis zum Ende des 18. Jahrhunderts keine spezialisierten mathematischen Journale, und die periodischen Schriften der verschiedenen Akademien erschienen einmal im Jahr und nicht selten verspätet. So mußten die Autoren gedruckter Arbeiten oft Jahre auf das Erscheinen ihrer Artikel warten. Für die wissenschaftlichen Bücher, die für einen engen Leserkreis berechnet und für die Hersteller oft verlustbringend waren, war in der Regel eine staatliche Unterstützung erforderlich. Deshalb ersetzte der wissenschaftliche Briefwechsel in vielem die spätere Zeitschriften- und Referaten- literatur als Mittel schnellstmöglicher Information, die so auch oft weite Verbreitung fand. Im folgenden nennen wir die wissen- schaftlichen Arbeiten Goldbachs und seine wesentlichen Korre- spondenzen (die lateinischen Titel sind in der Bibliographie am Ende des Buches angegeben).

1. *Eine universelle musikalische Stimmung.*[27] *Acta Eruditorum,* 1717.
2. *Auszüge aus einem Brief von C. G. aus Königsberg an* ***.[28] Ebenda.
3. *Beispiel einer Methode zur Summierung von Reihen. Acta Eruditorum,* 1720.
4. *Beweis eines Satzes von Fermat, daß keine Dreieckszahl außer 1 ein Biquadrat ist.* Ebenda, 1724.
5. *Einige Bemerkungen über die Fälle, in denen die Differential- gleichung* $ax^m\,dx + byx^p\,dx + cy^2\,dx = dy$ *integriert werden kann. Commentarii,* (1726) 1728, Bd. 1.
6. *Eine Methode der Integration der Differentialgleichung*

$$ay\,dx + bx^n\,dx + cx^{n-1}\,dx + ex^{n-2}\,dx + \text{usw.} = dy,$$

   wo n eine ganze positive Zahl ist. Ebenda.
7. *Über die Umordnung von Reihen. Commentarii,* (1727) 1729, Bd. 2.
8. *Über die Teilung von Kurven in Teile, deren Sehnen eine ge- gebene Progression bilden.* Ebenda.
9. *Über die allgemeinen Glieder von Reihen. Commentarii,* (1728) 1732, Bd. 3.
10. *Einige Kriterien für Gleichungen, die keine rationale Wurzel haben. Commentarii,* (1732–1733) 1738, Bd. 4.
11. Briefwechsel mit Nikolaus II Bernoulli vom Juni 1721 bis zum 18. September 1725.
12. Briefwechsel mit Daniel Bernoulli vom 31. Mai 1723 bis 29. November 1731.
13. Briefwechsel mit Leonhard Euler vom 13. Oktober 1729 bis 17. März 1764.
14. Briefwechsel mit Gottfried Wilhelm Leibniz vom 22. Mai 1711 bis 1713.
15. Briefwechsel mit Jakob Hermann vom 29. Januar 1721 bis 15. März 1732.[29]

Diese wissenschaftliche Hinterlassenschaft ist von der Quantität her nicht groß, wobei der Briefwechsel das Gedruckte vom Umfang her bedeutend übertrifft. Aber die Mathematik war ja auch nicht der wirkliche Beruf Goldbachs, sie war immer nur sein Hobby. Den Ehrgeiz eines Gelehrten besaß er nicht, und nachdem er ein gewisses Minimum an Arbeiten publiziert hatte, strebte er überhaupt nicht mehr danach, die vielen in seiner Korrespondenz verstreuten Ideen und Resultate für den Druck fertigzustellen.

In der Mathematik haben vor allem Fragen der Zahlentheorie, die unendlichen Reihen, die Integration von Funktionen und Differentialgleichungen und andere Einzelprobleme Goldbachs Aufmerksamkeit auf sich gezogen. In diesem Kapitel betrachten wir nur eine kleine Notiz in den *Acta Eruditorum*, Goldbachs erste Veröffentlichung, die durch den Briefwechsel mit Leibniz im Jahre 1712 angeregt worden war.

Im 6. Brief von Leibniz vom 17. April 1712 sind interessante allgemeine Überlegungen über die musikalische Wahrnehmung des Menschen, insbesondere über die Tonfolge innerhalb einer Oktave enthalten. Dem Menschen, schrieb Leibniz, gefallen nicht nur Harmonien, sondern manchmal auch Dissonanzen, die den Genuß verstärken, wenn sie sich mit Harmonien abwechseln. Leibniz bezeichnete die Musik als «verborgene arithmetische Übung der Seele, die nicht rechnen kann» und erörterte einige mathematische Einzelheiten der Harmonielehre. Er bemerkte dabei, daß seiner Meinung nach die irrationalen Verhältnisse an sich nicht gefallen können und nur in den Fällen dem Ohr angenehm sind, wenn sie solchen rationalen Verhältnissen nahekommen, die als angenehm empfunden werden. Desweiteren gab Leibniz für einen nicht genannten Freund Goldbachs, der beabsichtigte, ein Monochord[30] zu bauen, eine Reihe konkreter Ratschläge. Goldbach antwortete auf diesen Brief von Leibniz am 24. Juni 1712. In einem weiteren Brief vom 6. Oktober 1712 wies Leibniz Goldbach auf Literatur über die musikalische Proportionalität hin und schrieb, daß für die Mehrheit der Menschen die Teilung einer Oktave in 12 Teile, die man dem Aristoxenos v. Tarent[31] zuschreibt, ausreichend sei, und nur sehr wenige Menschen kleinere Intervalle wahrnehmen. Wir können die Überlegungen Goldbachs zu Fragen der Musik in seinem Antwortbrief vom 24. Juni 1712 hier weglassen und gleich zu seiner ersten Notiz übergehen, die in den *Acta*

Eruditorum von 1717, vier Monate nach Leibniz' Tod, gedruckt wurde.

Goldbach stellte eine Tabelle der Intervalle der chromatischen Tonleiter auf (er nennt sie diatonisch-chromatisch), d.h. einer Oktave, die 12 Halbtöne enthält, deren letzter und erster im Verhältnis 2:1 stehen. Die Sache läuft auf die Berechnung von 11 geometrischen Mitteln zwischen den Zahlen 1 und 2 hinaus mit einem Verhältnis von $\sqrt[12]{2} : 1$ zwischen den jeweiligen Nachbarn. Indem er die Halbtöne mit den in der Musik üblichen Bezeichnungen versah und die Exponenten der entsprechenden Potenzen und Wurzeln kürzte, erhielt Goldbach folgende Tabelle:[32]

Halbton	$C : Cis = \sqrt[12]{2} : 1$
Sekunde	$C : D \ \ = \sqrt[6]{2} : 1$
Kleine Terz	$C : Dis = \sqrt[4]{2} : 1$
Große Terz	$C : E \ \ = \sqrt[3]{2} : 1$
Quarte	$C : F \ \ = \sqrt[12]{32} : 1$
Übermäßige Quarte	$C : Fis = \sqrt{2} : 1$
Quinte	$C : G \ \ = \sqrt[12]{128} : 1$
Verminderte Sexte	$C : Gis = \sqrt[3]{4} : 1$
Große Sexte	$C : A \ \ = \sqrt[4]{8} : 1$
Kleine Septime	$C : B \ \ = \sqrt[6]{32} : 1$
Große Septime	$C : H \ \ = \sqrt[12]{2048} : 1$
Oktave	$C : c \ \ = 2 : 1$

Analog kann man eine enharmonische Stimmung aufbauen. Zum Schluß wies Goldbach im unmittelbaren Anschluß an Leibniz darauf hin, daß man in der Praxis die irrationalen Zahlen durch rationale Näherungen so ersetzt, daß die Unterschiede für das Gehör nicht wahrnehmbar sind.

Es ist bemerkenswert, daß Eulers große Arbeit *Versuch einer neuen Musiktheorie*[33] in gewisser Weise mit Goldbachs bescheidener Notiz von 1717 in Berührung steht. Eulers Musiktheorie war schon in Basel vor seinem Weggang nach Petersburg geplant und bis Frühjahr 1731 fertiggestellt, wie aus seinem Brief an Jo-

Abb. 9   Vignette zu den *Commentarii* der Akademie, die nach Goldbachs Entwurf angefertigt wurde. Auf der geographischen Karte ist die Vermessung der Ostsee und des kaspischen Meeres eingetragen.

hann Bernoulli vom 25. Mai 1731 hervorgeht. Dort lesen wir: «Ich habe fast diese ganze Zeit angewendet zur Verfertigug eines *Systematis Musici* womit ich jetzund fast zu Ende gekommen.»[34] In dieser Arbeit, die 1739 als Buch erschien, werden verschiedene Arten der Stimmung eines musikalischen Systems ausgearbeitet. Unter den Tabellen, die sich im Kapitel IX *De genere diatonico-chromatico* befinden, gibt es natürlich auch eine Tabelle, in der den 12 Halbtönen einer Oktave rationale Verhältnisse entsprechen, die geeignete Näherungen der irrationalen Verhältnisse der Goldbachschen Tabelle sind. Im Kapitel X *De aliis magis compositis generibus musicis* erklärt Euler, daß alle Intervalle aus Verhältnissen der Zahlen 2, 3, 5 und ihrer Potenzen bestehen (das hatte Leibniz an Goldbach am 17. April 1712 in etwas anderer Ausdrucksweise geschrieben). Euler verweist in diesem Zusammenhang direkt auf Leibniz, «der gesagt hat, daß in der Musik noch nicht weiter als bis 5 gezählt zu werden pflegt.»[35] Die hier zitierten Worte sind in dem genannten Brief von Leibniz an Goldbach enthalten. Es ist möglich, daß Euler diesen Brief in der Leibniz-Korrespondenz, die Kortholt 1734 herausgegeben hatte, gelesen hat. Doch bereits am 25. Mai 1731 schrieb Euler an Johann Bernoulli, daß die Halbtöne einer Oktave durch Zahlen ausgedrückt werden, die aus den Potenzen von 2, 3 und 5 gebildet

Abb. 10   Gottfried Wilhelm von Leibniz. Kupferstich von T. Bernigeroth, 1703.

sind. Deshalb ist es sehr wohl möglich, daß Goldbach selbst vor seiner Abreise nach Moskau Euler mit den Briefen von Leibniz zur Musiktheorie bekannt gemacht hat und daß beide darüber einen Meinungsaustausch führten.

6 Anfänge zahlentheoretischer Studien

Wir sahen bereits, daß Probleme der Zahlentheorie Goldbach von Jugend an interessierten. Dieses Gebiet der Mathematik, das in der Pythagoräischen Schule im 6.–5. Jahrhundert v. u. Z. entstand, entwickelte sich zunächst in der Form von Lösungen einzelner Aufgaben, sowohl bei den Griechen, deren Tradition in der arabischen Welt und in Europa fortgesetzt wurde, als auch in Ländern des fernen Ostens wie China und Indien. Die antike griechische Tradition, deren Entwicklung man wegen des Fehlens von Originalquellen nicht verfolgen kann, fand ihren ersten Abschluß in der klassischen *Arithmetik* des Diophant, eines alexandrinischen Gelehrten aus dem 3. Jahrhundert u. Z. Die Aufgaben und Methoden des Diophant übten einen besonders starken Einfluß auf die Mathematiker der arabischen Welt und des europäischen Mittelalters bis in die Neuzeit hinein aus.[1] Für die Entwicklung der Zahlentheorie in Europa gewannen die lateinische Übersetzung der damals bekannten 7 Bücher der *Arithmetik*[2] von 1585 und die von Bachet de Meziriac[3] 1621 besorgte griechische Ausgabe besondere Bedeutung. Binnen kurzem beschäftigten sich mit «diophantischer Analysis» in ihrer neuen Version, d.h. mit der Lösung unbestimmter algebraischer Gleichungen in natürlichen Zahlen (bis dahin hatte man sich auf das Auffinden positiver rationaler Lösungen beschränkt) eine ganze Reihe französischer Gelehrter, die an verschiedenen Orten wirkten und deshalb über Briefwechsel miteinander verkehrten. Aber auch einige Mathematiker Englands, Deutschlands und Hollands interessierten sich für diese Problematik. Die bemerkenswertesten Entdeckungen wurden von dem schon oben erwähnten P. Fermat gemacht. Indessen wurden diese Entdeckungen von ihm selbst weder zusammengestellt noch publiziert. Sie kamen ans Licht in Form kurzer Notizen, die in den Jahren 1670 und 1679 von seinem Sohn veröffentlicht wurden. Vorher waren sie einigen schon durch Fermats Briefwechsel mit anderen Gelehrten bekannt. In den meisten Fällen gab Fermat seine Resultate ohne Beweise. Die Suche nach Beweisen blieb den Nachfolgern überlassen, wie in dem schon erwähnten Fall des «Großen Fermatschen Satzes». Wie bemerkenswert die Entdeckungen Fermats auch waren, so war doch zu jener Zeit die Zahlentheorie noch keine eigenständige mathematische Disziplin. Sie war vielmehr eine Sammlung von Aufgaben, die man in einige Typen gruppieren kann. Insbesondere geht auf Fermat die heute sogenannte Theorie der Potenzreste zurück. Wir erinnern daran, daß die Zahl b Rest der Zahl a nach dem Modul m heißt, wenn die Differenz $|a - b|$ durch m teilbar ist; hier und im folgenden ist nur von positiven ganzen Zahlen die Rede. Gauß[4] führte 1801 ein passendes Symbol für den Vergleich ein, das Zeichen $\equiv$, mit dessen Hilfe man die eben genannte Beziehung zwischen den drei Zahlen a, b, m in Gestalt einer Kongruenz (bei Gauß *congruentia*)

$$a \equiv b \pmod{m}$$

schreiben kann. Wenn die Kongruenz nicht stattfindet, so heißt b ein Nichtrest von a nach dem Modul m. Die Eigenschaften der Kongruenz sind in vielem den Eigenschaften algebraischer Gleichungen ähnlich. Wenn eine Zahl x existiert, so daß $x^n - a$ durch m teilbar ist, d.h.

$$x^n \equiv a \pmod{m}$$

ist, so heißt a Potenzrest, genauer n-ter Potenzrest nach dem Modul m. Wenn eine solche Kongruenz nicht bestehen kann, so heißt a Potenz-Nichtrest. Vor allem die Theorie der quadratischen Reste erfuhr eine starke Entwicklung, d.h. die Untersuchung und die Lösung, falls sie möglich ist, von Kongruenzen der Form

$$x^2 \equiv a \pmod{m},$$

wobei eine besondere Bedeutung der Fall besitzt, wo m eine Primzahl ist. In der Zahlentheorie hat die empirische Entdeckung von Eigenschaften ganzer Zahlen auf der Grundlage einer Untersuchung einer größeren oder kleineren Zahlenmenge immer eine große Rolle gespielt. Die auf diese Weise induktiv gefundenen Eigenschaften erforderten bei ihrer Ausdehnung auf alle Zahlen einer gewissen Klasse einen Beweis, der manchmal lange auf sich warten ließ. Manchmal erwiesen sich auch die induktiv entdeckten Eigenschaften im allgemeinen Fall als falsch; sogar Fermat war ein solcher Irrtum unterlaufen (s.S. 157). Goldbach verfügte über ein hohes Maß an arithmetischer Beobachtungsgabe. Sein zweiter kleiner Aufsatz in den *Acta Eruditorum* von 1717 *Auszüge aus einem Brief von Ch. G. an **** gehört gerade zur Theorie der Potenzreste und war die Frucht solcher Art geistiger Experimente. Es heißt dort, daß Goldbach während seines Aufenthalts in London (d.h. 1712) bemerkte, daß die Differenz des Quadrats einer beliebigen Zahl und 2 nie durch 3 teilbar ist, d.h. daß die Kongruenz

$$x^2 \equiv 2 \pmod 3$$

keine Lösungen hat. Er fügte noch andere Beobachtungen hinzu und teilte sie auch sogleich Nikolaus I Bernoulli mit, dem sie, wie Goldbach schrieb, ebenso gefielen wie de Moivre. Goldbach entdeckte auch, daß die Kongruenzen

$$x^n \equiv 3 \pmod 9 \quad \text{und} \quad x^n \equiv 6 \pmod 9$$

nicht lösbar sind. Die Note schließt mit folgender Tabelle:

Alle Zahlen, welche ganze Wurzeln der folgenden Po-Potenz haben:	bei fortlaufender Subtraktion von 9 erhält man die folgenden Zahlen:
2, 8, 14, 20, 26, 32, 38, ... 4, 10, 16, 22, 28, 34, 40, ... }	0, 1, 4, 7
3, 9, 15, 21, 27, 33, 39, ...	0,1,8
5, 11, 17, 23, 29, 35, 41, ... 7, 13, 19, 25, 31, 37, 43, ... }	0, 1, 2, 4, 5, 7, 8
6, 12, 18, 24, 30, 36, 42, ...	0, 1

Hier bilden die Zahlen auf der linken Seite eine arithmetische Progression mit der Differenz 6. Wie man sieht, enthält der linke Teil der Tabelle alle möglichen ganzen Zahlen > 1, verteilt auf sechs Gruppen. Auf der rechten Seite stehen alle ganzen Zahlen kleiner als 9 (einschließlich 0) mit Ausnahme von 3 und 6. Zusammengenommen bilden diese Zahlen, wie man heute sagt, ein reduziertes Restsystem modulo 9, und jeder Zeile links entspricht ihre reduzierte Gruppe von Resten. Von seinem Satz über

die Division durch 9 unterrichtete Goldbach am 17. April 1724
D. Bernoulli, der am 12. August 1724 mit einem kurzen Beweis[5]
antwortete; beide betrachteten dabei noch einen etwas allgemei-
neren Satz.[6] Später, am 9. Oktober 1730, berichtete Goldbach
Euler[7] über dasselbe Resultat, aber Euler fand diese Frage einer näheren Erläuterung nicht wert. Die Struktur der Goldbachschen Tabelle ist nicht schwer zu verstehen, wenn man alle Zahlen
(außer den Vielfachen von 9) in der Form $9m + n$ darstellt, wo
$0 < n < 9$ ist, und vorher die Reste der Produkte der Zahlen
$n < 9$ nach dem Modul 9 bestimmt.

Ein wenig weiter geht Goldbach in seiner letzten gedruckten
Arbeit, die der Konferenz der Petersburger Akademie am 26. September (7. Oktober) 1732[8] vorgelegt und im Jahre 1738 veröffentlicht wurde (s.S. 187). Es heißt dort, daß die übliche Methode des
Aufsuchens ganzer Wurzeln algebraischer Gleichungen

$$\mathcal{X} = \alpha + \beta x + \gamma x^2 + \ldots = 0$$

mit ganzen Koeffizienten durch Testen der ganzen Teiler des Ab-
solutgliedes bei großen Zahlenwerten der Koeffizienten mühevoll
ist und sich als völlig ungeeignet erweist, wenn unter den Koeffizienten allgemeine Zahlen (Buchstaben) sind. Goldbach schlägt
eine Methode vor, die es in einer Reihe von Fällen erlaubt, sofort zu klären, ob die gegebene Gleichung rationale Wurzeln hat.
Dafür leitet er ein Kriterium für die Irrationalität aller Wurzeln
der Gleichung $\mathcal{X} = 0$ ab, das sich auf die Betrachtung der Potenzreste des Polynoms $\mathcal{X}$ gründet.

Zunächst beweist Goldbach das einst von ihm entdeckte Theorem, daß Zahlen der Form $3p + 2$ keine Quadrate sein können: ein
beliebiges Quadrat kann man nämlich in einer der drei Formen
$(3m - 2)^2, (3m - 1)^2, (3m)^2$ schreiben, welche bei Division durch
3 nur den Rest 0 oder 1 ergeben können. Nun schreibt er dieses
Theorem mittels eines besonderen Zeichens auf:

$$I \qquad x^2 \mp 3p + 2$$

«indem wir das Zeichen $\mp$ für die Unmöglichkeit einer Gleichung
reservieren.»[9] Analog kann man die Unmöglichkeit einer Reihe
anderer Gleichungen zeigen. Goldbach führt sieben Gruppen an,

aus denen wir hier als Beispiele die Gruppen II und VII angeben:

II $x^{2q+1} \mp 4p + 2$

            $x^2 \mp 4p + \alpha$,   wo $\alpha = 2$ oder 3 ist.

VII $x^q \mp 9p + \alpha$

            wenn $q = 3m \pm 1$ und $\alpha = 2, 3, 5, 6, 8$;

            wenn $q = 6m$ und $\alpha = 2, 3, 4, 5, 6, 7, 8$;

            wenn $q = 6m - 3$ und $\alpha = 2, 3, 4, 5, 6, 7$;

            wenn $q = 6m \pm 1$ und $\alpha = 3, 6$.

Hier benutzt Goldbach ständig die Worte *numerus residuus*, d.h. übrigbleibende Zahl, Rest. Das Wort *residuum* wurde durch Euler später zu einem zahlentheoretischen Terminus, im Deutschen mit Rest übersetzt. Goldbach nannte in dieser Arbeit einen Rest «der Kürze halber» auch *congruus*.[10] Es gibt jedoch keinerlei Gründe für die Annahme, daß der Terminus *congruentia*, der 1801 von Gauß eingeführt wurde und dann in etwas veränderter Form in die englische, deutsche und französische Sprache Eingang fand, bei Goldbach entlehnt worden ist.

Als erstes Beispiel zeigt Goldbach, daß die Gleichung

$$x^{2n} = 3ax^m + 3bx + 3c + 2$$

keine rationalen Wurzeln hat. Das folgt unmittelbar aus der Unmöglichkeit einer Gleichung vom Typ I. Der Artikel schließt mit einem Beweis dafür, daß für $e, m > 1$ und p Primzahl die Gleichung

$$x^e = p^m \mathcal{X} + p$$

keine rationalen Wurzeln hat. Weil die rechte Seite hier durch p teilbar ist, so ist entweder $x = p$ oder $x = ap$, wo a nicht durch p teilbar ist; d.h.

$$a^e p^e = p^m \mathcal{X} + p \text{ bzw. } a^e p^{e-1} = p^{m-1} \mathcal{X} + 1$$

(wo a auch gleich 1 sein kann). Aber in der letzten Gleichung ist die linke Seite durch p teilbar, die rechte aber nicht, woraus die Richtigkeit der zu beweisenden Behauptung folgt.

Hier wurde, wie es scheint, zum ersten Mal der Buchstabe p zur Bezeichnung einer beliebigen Primzahl *numerus primus*[11] benutzt, was dann durch Euler allgemein üblich wurde. Von Euler wurde auch die Theorie der Potenzreste geschaffen. Er führte in seinem Aufsatz *Theoreme über Reste, die bei der Division von Potenzen bleiben*[12] die Termini *residua* (Reste) und *non residua* (Nichtreste) ein, prägte eine Reihe weiterer wichtiger Begriffe dieser Theorie und bewies eine Anzahl grundlegender Sätze.

Natürlich können die ersten Schritte Goldbachs in der Theorie der Potenzreste keinen Vergleich aushalten mit Eulers viel allgemeinerer Behandlung dieser Theorie, die durch zahlreiche Mathematiker des 19. und 20. Jahrhunderts eine weitere Entwicklung erfuhr. Die Bedeutung der beiden betrachteten Arbeiten Goldbachs besteht darin, daß sie wahrscheinlich die Aufmerksamkeit Eulers auf die Theorie der Potenzreste lenkten. Euler las zweifellos die *Acta Eruditorum* und er war auf der Sitzung der Akademie anwesend, auf der Goldbach seine Arbeit von 1732 vortrug.

Eine andere Notiz Goldbachs in den *Acta Eruditorum* von 1724 über Dreieckszahlen blieb ebenfalls nicht ohne Beachtung. 1658 legte Fermat englischen Gelehrten die Aufgabe vor, zu beweisen, daß keine Dreieckszahl, d.h. keine Zahl der Form $\frac{x(x+1)}{2}$, ausgenommen 1, ein Biquadrat sein kann. Das gelang ihnen nicht, und Fermat selbst hat auch nirgendwo einen Beweis hinterlassen. Nachdem Goldbach von dieser Aufgabe erfahren hatte (allerdings nicht aus Fermats Werken — diese hat er nicht studiert; s. seinen Brief an Euler vom 26. Juni 1730[13]), unternahm er einen Beweisversuch. Diesen Versuch erwähnte er in einem Brief an Nikolaus II Bernoulli vom 22. Oktober 1722.[14] Als Antwort auf dessen kritische Bemerkung in einem Brief vom 2. Juni 1725[15], die sich entweder auf den Beweis in der Note von 1724 oder auf irgendeine Überlegung in dem von Bernoulli erwähnten, aber verlorengegangenen Brief vom 18. Mai 1725 bezieht, ging er auf die Kritik ein und schlug einen neuen Beweis vor. Dieser ist im allerletzten Brief an Nikolaus II Bernoulli enthalten, der am 18. September 1725, bereits aus Petersburg, abgesandt wurde[16].

Goldbach war jedoch auch mit dem neuen Beweis unzufrieden: in dem erhalten gebliebenen Entwurf des Briefes ist er als fehlerhaft durchgestrichen, und Fuss hat diesen Teil des Briefes in seiner Ausgabe nicht abgedruckt. In einem verlorengegangenen Brief schrieb Goldbach auch an D. Bernoulli über seinen Beweis des Fermatschen Satzes über Dreieckszahlen. Das ist aus einem

Brief D. Bernoullis vom 13. Juni 1725 ersichtlich, und auch aus einem Brief Goldbachs an D. Bernoulli vom 18. September 1725.[17]

Später hat dieses Theorem Euler außerordentlich interessiert. In einem Brief vom 25. Juni 1730 an Goldbach, der sich damals in Moskau aufhielt, zeigte Euler[18], daß unendlich viele rationale Zahlen x existieren, für die $\frac{x(x+1)}{2}$ ein Biquadrat ist, z.B. ist für $x = \frac{32}{49}$ $\frac{x(x+1)}{2} = (\frac{6}{7})^4$. Am 31. Juli antwortete Goldbach, er habe aus Moskau an D. Bernoulli einen Brief mit einem Beweis des Fermatschen Theorems gesandt. Dieser Brief ist nicht erhalten geblieben, aber der Beweis war offenbar wieder falsch. Mehr noch, Goldbach zog aus seinem Beweis den falschen Schluß, daß ganze Dreieckszahlen außer 1 und 36 keine Quadrate sein können.[19] Goldbachs Fehlschluß brachte dennoch einen Nutzen: Euler gab auf der Stelle, am 10. August 1730[20] eine Formel an, die die gesamte unendliche Menge derjenigen Dreieckszahlen liefert, die Quadrate sind. Die entsprechende Arbeit Eulers *Eine einfache Regel, wie man Diophantische Gleichungen leicht in ganzen Zahlen lösen kann*[21], erst am 4. (15.) Mai 1778 in der Sitzung der Akademie vorgestellt, wurde postum im Jahre 1813 veröffentlicht.

Das Theorem Fermats, daß 1 die einzige ganze biquadratische Dreieckszahl ist, bewies Euler in seinem Aufsatz *Beweise einiger arithmetischer Theoreme*[22]. Er trug ihn der Konferenz der Akademie in mehreren Sitzungen vor: am 23. Juni (4. Juli), am 3. (14.) und 10. (21.) Juli und Ergänzungen dazu noch am 25. September (6. Oktober) 1738. «Wie üblich» führte er in den Sitzungen auch die Beweise vor. Man sieht daran, daß die Vorstellung ihrer Arbeit in der Konferenz für die Akademiemitglieder keineswegs nur formalen Charakter hatte.

Die Erörterung dieser und anderer Eigenschaften der Dreieckszahlen mit Goldbach führte Euler auf die Frage nach ganzen Lösungen der unbestimmten Gleichung

$$\alpha x^2 + \beta x + \gamma = y^2$$

und ihres wichtigsten Spezialfalles

$$x^2 - ay^2 = 1 \quad (a \text{ keine Quadratzahl}),$$

den schon Fermat studierte und der Gegenstand zahlreicher Untersuchungen Eulers, später J.L. Langranges[23] und anderer Gelehrter wurde.

Im Briefwechsel D. Bernoullis mit Goldbach tauchten mehrmals Fragen der Zahlentheorie auf. So berichtete D. Bernoulli in einem Brief vom 18. Dezember 1723, daß ihm vor 6 Jahren eine Aufgabe vorgelegt worden sei, ähnlich jener, die Diophant betrachtet hatte, aber schwieriger: Es sind vier ganze Zahlen zu finden, so daß deren 6 paarweise Produkte, jeweils um eins vergrößert, Quadrate sind. D. Bernoulli fand unendlich viele Lösungen. Er fügte noch hinzu, daß die diophantischen Aufgaben oft bei der Berechnung von Integralen angewendet werden.[24] In einem Brief vom 2. Februar 1724 betrachtete Goldbach eine andere ähnlich gestellte Aufgabe: Gegeben ist eine ganze Zahl. Gesucht sind drei weitere Zahlen derart, daß wiederum die paarweisen Produkte, jeweils um 1 vermehrt, Quadrate sind. Bei dieser Gelegenheit fragte er nach, welche Anwendungen diophantische Gleichungen in der Integralrechnung haben. Am Schluß des Briefes stellte Goldbach noch eine Behauptung auf: in der Gleichung $a^x = 2np - n$ (alle Zahlen ganz) gibt es zu gegebenem n ein entsprechendes x für beliebige a und p. Z.B. sind für $n = 2, 4, 8$ die Werte für x entsprechend gleich 1, 2, 3.[25]

Bernoulli antwortete am 18. März, daß die ihm mitgeteilte Lösung «der diophantischen Frage» scharfsinnig sei, aber da Goldbach die Schlüsse nicht ausgeführt habe, habe er sie selbst gelöst, wobei er zu fast den gleichen Formeln gelangt sei. Er stellte seinerseits eine Aufgabe, nämlich eine solche Zahl q zu finden, daß bei irgendwelchen gegebenen Zahlen a, b, c die Gleichungen $aq + 1 = \square$, $bq + 1 = \square$, $cq + 1 = \square$ erfüllt sind (das Zeichen $\square$ bedeutet, daß die rechte Seite jeweils eine Quadratzahl sein soll). Er gab auch die eindeutige Lösung dieses Problems an. Über das andere Resultat Goldbachs, die Gleichung $a^x = 2np - n$ betreffend, bemerkte Bernoulli, daß es «interessant» sei und daß er es mit großem Vergnügen kennengelernt habe. Dabei formulierte er das Theorem genauer: in der Gleichung $a^x = 2np \pm n$, wobei $n = 2^m$ ist, ist x notwendig ein Teiler des Exponenten m. Z.B. wird für $m = 4$ und $n = 16$ die Gleichung durch die Werte $x = 1$, $a = 2$, $p = 1$ befriedigt.[26] Um zu erklären, wie diophantische Aufgaben in der Integralrechnung angewendet werden, führte Bernoulli das Differential $\frac{a^3\,dx}{x\sqrt{ax-xx}}$ mittels der Tranformation $axx - xx = \frac{aaxx}{mm}$ in die rationale Form $\frac{2a^3\,dm}{mm}$ über (die Bernoullischen Bezeichnungen sind hier beibehalten).[27] Systematisch hat Euler in Bd.1

Abb. 11 Daniel Bernoulli. Stich von J. Haid nach dem Porträt von J. Huber, erste Hälfte des 18. Jahrhunderts.

seiner dreibändigen *Integralrechnung* die Anwendung solcher Art von Transformationen gelehrt. Nach ihm werden sie heute Eulersche Transformationen genannt.[28]

Später findet man im Briefwechsel Goldbachs mit D. Bernoulli nur noch einmal eine Aufgabe aus der Zahlentheorie. Am 29. Juni 1728 machte Bernoulli die Mitteilung, daß die unbestimmte Gleichung $x^y = y^x$ $(x \neq y)$ eine einzige ganzzahlige Lösung, nämlich $x = 2$, $y = 4$, und unendlich viele gebrochen rationale Lösungen hat. Goldbach antwortete am 31. Januar 1729, daß die Frage einfach entschieden werden kann. Die Substitution $y = ax$ liefert $x = a^{1/(a-1)}$, so daß x bei rationalem $a \neq 2$ einen irrationalen Wert annimmt. Die gebrochenrationalen Werte von x erhält man aus der Formel

$$x = \frac{f^{\frac{g}{f-g}}}{g^{\frac{g}{f-g}}},$$

wo g und f ganz sind.[29] Im weiteren wird die Zahlentheorie in diesem Briefwechsel nicht mehr erwähnt. Dieses Gebiet interessierte D. Bernoulli nicht sonderlich. Ihn fesselten Aufgaben angewandten Charakters und die Mathematik entwickelte er nur in enger Verbindung zu ihren Anwendungen weiter. Seine Beziehung zur Zahlentheorie kommt in einem Brief vom 18. März 1778 an N. Fuss[30], einem Schüler und Sekretär Eulers, der auf Empfehlung von D. Bernoulli nach Petersburg eingeladen worden war, besonders deutlich zum Ausdruck. Als Fuss nämlich in seiner Korrespondenz mit Bernoulli diesem über die neuen Forschungen seines Meisters über Primzahlen Mitteilung machte, meinte Bernoulli, daß all dies sehr erhaben, feinsinnig und «unseres großen Meisters» würdig sei und schloß: «Aber finden Sie nicht, daß man den Primzahlen am Ende eine zu große Ehre erweist, wenn man auf sie so viele Kräfte verwendet (*tant des richesses*) und spiegelt das nicht irgendwie den intellektuell verfeinerten Geschmack unseres Jahrhunderts wieder?»[31] Die Thematik des Briefwechsels Goldbachs mit D. Bernoulli beschränkt sich nicht auf das Gesagte. Wir werden im folgenden Kapitel noch auf einige andere darin berührte Fragen eingehen. Seiner Leidenschaft für die Zahlentheorie konnte Goldbach dafür vollständig in seinem Briefwechsel mit Euler nachgehen (s. Kap.8).

7 Arbeiten zur Analysis und zur Theorie der unendlichen Reihen

Auf dem Gebiet der Analysis betreffen die Forschungen Goldbachs hauptsächlich die Theorie der Differentialgleichungen und die Integralrechnung. Wir behandeln diese beiden Richtungen seiner Tätigkeit in der angegebenen Reihenfolge, weil das auch der zeitlichen Abfolge seiner Studien entspricht.

Beginnend mit den Arbeiten von Newton und Leibniz nehmen die Differentialgleichungen (der Ausdruck stammt von Leibniz und erschien in gedruckten Schriften erstmals 1684), auf die viele Probleme der Mechanik und der Geometrie führen, einen immer bedeutenderen Platz im Schaffen der Mathematiker ein. Zunächst wurden natürlich vor allem die einfachsten Typen gewöhnlicher Differentialgleichungen betrachtet. Dabei deuteten sich sofort zwei Richtungen an. In der Schule Newtons stand die Darstellung der Lösungen von Differentialgleichungen durch Potenzreihen eindeutig im Vordergrund. In der Schule von Leibniz beschäftigte man sich außer mit diesem Zugang auch mit dem Auffinden von Lösungen durch Quadraturen, d.h. in Gestalt gewöhnlicher Integrale von Funktionen einer Veränderlichen.

Den elementarsten Fall stellt die Gleichung mit getrennten Variablen dar

$$M(x)\, dx + N(y)\, dy = 0,$$

deren Lösung

$$\int M(x)\, dx + \int N(y)\, dy = c$$

ist, wobei c eine willkürliche Konstante darstellt, die in konkreten Aufgaben durch die Anfangsbedingung $y = y_0$ für $x = x_0$ bestimmt wird.

In den neunziger Jahren des 17. und anfangs des 18. Jahrhunderts gelang es Leibniz sowie Johann und Jakob Bernoulli mittels

geeigneter Substitutionen, einzelne Klassen von Differentialgleichungen in Gleichungen mit getrennten Variablen überzuführen.
Auf diese Weise wurden integriert: die lineare Gleichung

$$\frac{dy}{dx} = P(x)\, y + Q(x),$$

die sogenannte Bernoullische Gleichung (nach Jakob Bernoulli)

$$\frac{dy}{dx} = P(x)\, y + Q(x)\, y^n$$

und die Gleichung

$$\frac{dy}{dx} = f\left(\frac{y}{x}\right),$$

die Johann Bernoulli 1726 homogene Gleichung nannte. Wir haben diese Gleichungen in der heute üblichen Form aufgeschrieben;
damals schrieb man sie in Differentialen. In seinem ersten Aufsatz
über die Integration gebrochen-rationaler Funktionen *Ein neues
Beispiel der Analysis für die Wissenschaft vom Unendlichen, das
sich auf Summen und Quadraturen bezieht* in den *Acta eruditorum* von 1702 stellte Leibniz die Aufgabe der «Zurückführung
von Differentialgleichungen beliebiger Ordnung... auf Quadraturen», die, wie sich später herausstellte, nur für besondere Klassen
von Differentialgleichungen lösbar ist.[1]

Bald nach der Behandlung der genannten Gleichungen zog die
Riccatische Gleichung die besondere Aufmerksamkeit der Mathematiker auf sich. Sie ist nach dem venezianischen Gelehrten Graf
Riccati benannt[2], der sie als erster in einem wichtigen Spezialfall
gelöst hat.

Heute bezeichnet man als allgemeine Riccatische Differentialgleichung (die Benennung nach Riccati wurde 1764 von d'Alembert[3] vorgeschlagen) die nichtlineare Gleichung

$$\frac{dy}{dx} = P(x)\, y^2 + Q(x)\, y + R(x). \qquad (7.1)$$

Mittels geeigneter Substitutionen kann sie in die Form

$$\frac{dy}{dx} = a\, y^2 + R(x) \qquad (7.2)$$

übergeführt werden. Riccati studierte den Fall $R(x) = b\, x^m$, d.h.
die heute als spezielle Riccatische Gleichung bezeichnete Differentialgleichung

$$\frac{dy}{dx} = a\, y^2 + b\, x^m. \qquad (7.3)$$

Riccati schrieb sie freilich in einer etwas anderen, aber äquiva-
lenten Form. Aus Erfahrung überzeugt, daß die Trennung der
Variablen in der Gleichung (7.3) im allgemeinen nicht gelingt,
beschäftigte sich Riccati damit, solche Werte des Exponenten m
aufzufinden, für die eine Separation der Variablen möglich ist.
Öffentlich stellte er diese Aufgabe in der Novemberausgabe der
Acta eruditorum von 1723 und auch in einem Aufsatz, der über
Nikolaus II Bernoulli an dessen Vater zur Begutachtung geschickt
worden war und zur selben Zeit im Supplementband VIII zu den
Acta eruditorum publiziert wurde. Die von ihm gefundene Lösung
teilte Riccati jedoch nicht mit.

Durch Gespräche und Briefe war die Riccatische Aufgabe
lange vor ihrer Veröffentlichung bekannt geworden. Goldbach erfuhr von ihr durch Nikolaus II Bernoulli, als er sich in Venedig
aufhielt. In seinem ersten Brief an Nikolaus vom Juni 1721[4] teilte
er die Resultate mit, die er für die Gleichung

$$ax^m\,dx + by^2x^p\,dx = dy$$

erzielt hatte. Die Riccatische Aufgabe war für ein ganzes Jahr,
bis zum Brief Goldbachs vom 1. Juli 1722[5], der Hauptgegenstand
der Korrespondenz zwischen Goldbach und Nikolaus II Bernoulli.
Wir werden nicht auf die Einzelheiten der Diskussion des Problems durch die beiden Korrespondenten eingehen. Es sei nur
bemerkt, daß Nikolaus II Bernoulli bereits am 30. August 1721
mitteilte, daß er die vollständige Lösung der Aufgabe gefunden
habe. Am 11. September übermittelte Goldbach ihm seine Überlegungen, die auf die Darstellung der Lösung der Gleichung

$$ax^m\,dx + by^nx^p\,dx = dy$$

in Form einer Potenzreihe

$$y = cx^e + fx^{e+k} + gx^{e+2k} + hx^{e+3k} + \cdots$$

hinauslaufen. Er stellte dabei gewisse Sonderfälle heraus, in denen
die Gleichung integrierbar ist.[6]

Zur gleichen Zeit beschäftigten sich Johann, Nikolaus I und
Daniel Bernoulli unabhängig voneinander und mit Erfolg mit der
Riccatischen Aufgabe. Als erster veröffentlichte D. Bernoulli seine
Lösung in dem schon erwähnten achten Ergänzungsband der *Acta
eruditorum*, allerdings verschlüsselt in einem Anagramm. Später

gab er seine Lösung in dem 1724 erschienenen Werk *Einige mathematische Etüden*[7] an, ferner in den *Acta eruditorum* vom November 1725, wobei er die Riccatische Gleichung in der von uns
oben angegebenen Form (7.3) schrieb:

$$ax^n\,dx + u^2\,dx = b\,du.$$

Das Resultat von D. Bernoulli ist folgendes: Die Trennung der
Variablen ist möglich für alle Werte

$$n = \frac{-4c}{2c-1}; \quad c = \pm 1, \pm 2, \pm 3, \cdots. \qquad (7.4)$$

In seiner ersten Publikation wies D. Bernoulli darauf hin, daß
auch sein Vater, sein Bruder und sein Vetter die Lösung gefunden haben, wobei sein eigenes Verfahren der Trennung der Variablen sich von der Methode seines Vaters unterscheide und die
Methoden der beiden anderen ihm unbekannt seien. 1841 bewies
J. Liouville[8], daß die Werte (7.4) die einzigen sind, für welche
die spezielle Riccatische Gleichung durch Quadraturen integriert
werden kann.

In den *Commentarii* der Petersburger Akademie nahmen die
Differentialgleichungen von Anfang an einen bedeutenden Platz
ein. Schon in den ersten Bänden gibt es zu diesem Gebiet Arbeiten von J. Hermann, Nikolaus II Bernoulli (der das Resultat seiner Untersuchung der Riccatischen Gleichung vorstellte), Goldbachs und auch Johann Bernoullis, der 1725 zum auswärtigen
Mitglied der Akademie gewählt worden war. Goldbach hielt schon
am 25. Dezember 1725[9] einen Vortrag zum Thema «Über eine
Differentialgleichung, die früher von Riccati vorgelegt wurde»,
und am 11. Februar 1727 stellte er seine Arbeit über die Integration der Gleichung

$$\frac{dy}{dx} = ax^m + byx^p + cy^2$$

vor.[10] Noch früher, am 20. September 1726, präsentierte er ein
Verfahren zur Integration der Gleichung

$$\frac{dy}{dx} = ay + bx^n + cx^{n-1} + ex^{n-2} + \cdots,$$

wo n eine ganze Zahl größer 0 ist. Diese beiden Aufsätze sind in
der angegebenen Reihenfolge in Band 2 der *Commentarii* auf den
Seiten 185–197 bzw. 207–209 abgedruckt.

In der ersten dieser beiden Arbeiten berichtet Goldbach zunächst kurz über seinen Briefwechsel mit Nikolaus II Bernoulli (s.o., S. 121), insbesondere über die Briefe vom 30. Juli und 6. Dezember 1721 und über die Entdeckung Daniel Bernoullis. Neu in dem Artikel Goldbachs ist vor allem die Betrachtung der allgemeinen Riccatischen Gleichung (7.1), wenn auch für spezielle Werte der Koeffizienten:

$$\frac{dy}{dx} = cy^2 + bx^p\, y + ax^m. \qquad (7.5)$$

Neu war auch die Anwendung von Substitutionen, die die Gleichung (7.5) in die Form (7.3) überführen und so die Anwendung des Integrierbarkeitskriteriums (7.4) erlauben. All dies demonstrierte Goldbach an speziell gewählten Beispielen, die ziemlich umfangreiche Rechnungen erfordern. So wird die Gleichung

$$ax^{\frac{4n\pm2b\pm4}{-2n\pm1}}\, dx + byx^{-1}\, dx + cy^2\, dx = dy$$

mit Hilfe der aufeinanderfolgenden Transformationen $n = f + 1$, $y = x^b a$ und $x = z^{\frac{1}{b+1}}$ in die Form

$$\frac{a}{b+1}\, z^{\frac{-4f}{2f\pm1}}\, dz + \frac{c}{b+1}\, u^2\, dz = du$$

überführt, woraus Goldbach gemäß (7.4) schließt, daß sie integrierbar ist (*esse integrabilem*), wenn f, d.h. wenn also n eine beliebige ganze Zahl ist.[11] Die Berechnungen Goldbachs entsprechen in Bezug auf den betrachteten Fall genau der heutigen Methode, die Gleichung (7.1) in die Form (7.2), die kein lineares Glied der abhängigen Variablen enthält, umzuwandeln.[12]

Wir haben uns mit diesem Teil der Goldbachschen Arbeit deshalb ausführlich beschäftigt, weil das Studium der Riccatischen Gleichung für die Ausarbeitung der Theorie der Differentialgleichungen im 18. Jahrhundert eine außerordentlich wichtige Rolle spielte. Euler widmete ihr z.B. über mehrere Jahrzehnte hinweg eine ganze Reihe von Arbeiten. Über die von ihm gefundene Lösung in Form eines unendlichen Kettenbruchs berichtete er in einem Brief an Goldbach vom 25. November 1731, und am 3. Januar 1732 antwortete er auf eine Frage, die Goldbach unklar geblieben war (Brief vom 17. Dezember 1731). Von einer anderen Methode zur Konstruktion einer Lösung der Riccatischen Gleichung ist in einer Notiz Eulers vom März 1735 die Rede.[13]

Unter den vielen Spezialfällen und Beispielen Goldbachs ist der Fall $c = 0$ interessant, wo die Gleichung linear ist. Goldbach löst sie folgendermaßen: Durch die Substitution $x = z^{\frac{1}{p+1}}$ transformiert er die Gleichung (7.5) in die Gleichung

$$\frac{dy}{dx} = by + ax^n, \tag{7.6}$$

wo $n = \frac{m-p}{p+1}$ ist. Anschließend findet er, indem er sukzessive $n = 1, 2, 3, \cdots$ setzt, Lösungen der entsprechenden linearen Gleichungen in Form von Polynomen 1., 2., 3., $\cdots$ Grades:

$$y = -\frac{a}{b}x - \frac{a}{bb} \quad \text{für} \quad n = 1,$$

$$y = -\frac{a}{b}x^2 - \frac{2a}{bb}x - \frac{2a}{b^3} \quad \text{für} \quad n = 2,$$

$$y = -\frac{a}{b}x^3 - \frac{3a}{bb}x^2 - \frac{6a}{b^3}x - \frac{6a}{b^4} \quad \text{für} \quad n = 3.$$

Weiter schließt er durch unvollständige Induktion, daß die Lösung im allgemeinen durch die unendliche Reihe

$$y = -\frac{a}{b}x^n - \frac{an}{bb}x^{n-1} - \frac{an(n-1)}{b^3}x^{n-2} - \cdots$$

dargestellt wird[14], welche bei ganzem $n = \frac{m-p}{p+1}$ abbricht, so daß die Gleichung (7.6) «integriert werden kann, wenn n eine ganze positive Zahl ist.»[15]

Vom heutigen Standpunkt aus ist die Gleichung (7.6) als lineare Gleichung für beliebiges n mittels Quadraturen integrierbar, und die allgemeine Lösung ist

$$y = e^{bx}\left(c + \int ax^n e^{-bx}\,dx\right).$$

Goldbach nannte wie seine Vorgänger und einige seiner Zeitgenossen eine Gleichung «integrierbar», wenn die Lösung algebraisch dargestellt werden kann. Man hat nämlich Ende des 17. und Anfang des 18. Jahrhunderts die elementaren transzendenten Funktionen — die Kreisfunktionen, die Logarithmus- und die Exponentialfunktion — noch nicht als gleichberechtigt mit den algebraischen Funktionen angesehen und hat deshalb nur die Differentialgleichungen als integrierbar bezeichnet, die algebraische Lösungen besitzen. Zum Beispiel schrieb D. Bernoulli in einem

Brief an Goldbach vom 28. Dezember 1729, daß rationale Differentiale entweder integrierbar sind oder auf «Quadraturen des Kreises oder der Hyperbel» zurückgeführt werden können.[16] Die Kreisfunktionen und die Logarithmusfunktion werden hier als die entsprechenden Flächen unter den genannten Kurven aufgefaßt. Euler schlug erstmals in seinen Briefen an Goldbach vom 17. Oktober und 9. November 1730 vor, das Gebiet der elementaren Funktionen zu erweitern und insbesondere die Logarithmen mit einzubeziehen.[17]

Der zweite Aufsatz Goldbachs über Differentialgleichungen enthält einige Beispiele von Gleichungen, die mittels geeigneter Substitutionen auf eine homogene Gleichung zurückgeführt werden können, deren Lösung durch Quadraturen vor ihm von Johann Bernoulli angegeben worden war. Im ersten Beispiel

$$(a+bxy+cx^2y^2+ex^3y^3+\cdots)\,dx+x^2(1+mxy+nx^2y^2+\cdots)\,dy = 0$$

verwendet Goldbach die Substitution $y = z^{-1}$. Die andere Gleichung

$$(a + cx + fy)\,dx + (b + ex + gy)\,dy = 0$$

führt er mittels der Substitutionen

$$x = z + \frac{bf - ag}{cg - ef}, \quad y = \frac{ae - bc}{cg - ef}$$

auf die homogene Gleichung

$$(cz + fu)\,dz + (ez + gu)\,du = 0$$

zurück (wobei er jedoch den Fall $cg - ef = 0$ nicht gesondert betrachtet, in dem die Variablen durch die Substitution $ax + by = u$ getrennt werden können).[18] In heutigen Lehrbüchern wird dieses Verfahren auf die allgemeine Gleichung der Form

$$\frac{dy}{dx} = f\left(\frac{a + cx + fy}{b + ex + gy}\right)$$

angewandt.

Zur Integralrechnung in heutiger Auffassung, die enger ist als im 18. Jahrhundert, wo man darunter auch die Lösung von Differentialgleichungen verstand, hat Goldbach nichts veröffentlicht. Aber in seinem Briefwechsel ist ein Resultat enthalten, das von wissenschaftshistorischer Seite Aufmerksamkeit verdient und das erstmals bei der Herausgabe des Briefwechsels zwischen Euler und Goldbach bemerkt wurde. Es handelt sich um die Frage, unter welchen Bedingungen das sogenannte binomische Differential in endlicher Form integrierbar ist, d.h. unter welchen Bedingungen das Integral

$$\int x^m (a + bx^n)^p \, dx \qquad\qquad (7.7)$$

für rationale m, n und p in endlicher Form angegeben werden kann. In einem für Leibniz bestimmten Brief von 1676, der erstmals 1699 und dann nochmals 1712 veröffentlicht wurde, zeigte Newton, daß dieses Integral ein endlicher algebraischer Ausdruck ist, falls

1) $\dfrac{m+1}{n}$ oder 2) $\dfrac{m+1}{n} + p$ oder

3) was sofort klar ist, p selbst eine ganze positive Zahl ist.

Danach warf er die Frage auf, ob es möglich ist, das binomische Differential in irgendwelchen anderen Fällen zu integrieren. Diese Frage interessierte auch J. Hermann, der in seinem Aufsatz *Über Integralrechnung* im ersten Band der *Commentarii* der Petersburger Akademie[19] darauf verwies, daß es die Aufgabe dieser Disziplin sei, Mittel bereitzustellen, die zu prüfen erlauben, ob ein beliebiger gegebener Differentialausdruck integrierbar ist oder nicht, und ob im Falle der Integrierbarkeit das Integral algebraisch dargestellt werden kann oder nur «in Quadraturen», d.h. durch transzendente Funktionen. Im zweiten Fall muß man klären, welches die einfachste Kurve ist, durch deren Quadratur das gegebene Integral dargestellt wird.

Die Verallgemeinerung des Newtonschen Kriteriums für die Integrierbarkeit des binomischen Differentials wurde möglich, nachdem Leibniz und seine Anhänger festgestellt hatten, daß das Integral einer gebrochen-rationalen Funktion immer in endlicher Form dargestellt werden kann. Gefunden haben diese Verallgemeinerung Goldbach und später Euler, und zwar unabhängig voneinander.

Die Frage nach der Integrierbarkeit des binomischen Differentials stellte Goldbach erstmals in einem Brief an D. Bernoulli vom 19. September 1729.[20] Er verwies dabei auf die Artikel von Nikolaus I Bernoulli und Bülfinger in den *Acta eruditorum* von 1720, die er in Moskau nicht bei der Hand hatte. Bernoulli antwortete am 22. September (3. Oktober) 1729, daß er zu der aufgeworfenen

Frage nichts sagen könne. Da Bernoulli damals mit Euler in einer Wohnung lebte, hat er diesem offenbar Goldbachs Briefe gezeigt, und in einem Brief vom 28. Dezember[21] berichtet er, daß Euler, weil er das Rationalmachen von $\frac{dx}{\sqrt[n]{a+bx^n}}$ für sehr schwierig hielt, mit ihm um einen Dukaten gewettet habe, daß er dies innerhalb von 15 Tagen nicht zustandebringen werde. Indessen schaffte es Bernoulli sofort.

Goldbach griff diese Aufgabe auf, und am 20. März 1730 schlug er vor[22], zur Vereinfachung zunächst die Substitution $y = (b/a)^{\frac{1}{n}} x$ vorzunehmen, so daß dann $\frac{dy}{\sqrt[n]{y^n+1}}$ rational zu machen ist. Der weitere Briefwechsel enthält verschiedene kritische Bemerkungen und Präzisierungen wie auch Hinweise auf spezielle Resultate von J. Hermann und Johann Bernoulli, der das Differential $\frac{dx}{\sqrt[n]{ax^n+bx^m}}$ auf rationale Gestalt gebracht hatte. D. Bernoulli gibt dann für das Differential $x^{mn-1}(a+bx^m)^p\, dx$ Bedingungen für Integrierbarkeit an, die den Fällen 1) und 3) bei Newton entsprechen; den Fall 2) aber ließ er aus.[23]

In seinem Brief vom 1. Juni wies Goldbach darauf hin, daß die verschiedenen Differentialausdrücke

$$\frac{dx}{\sqrt[n]{x^c+1}}, \quad \frac{u^b\, du}{\sqrt[n]{u^c+1}}, \quad \frac{dv}{\sqrt[n]{v^e+v^f}}$$

gleichwertig sind (der letzte ist gerade der von Johann Bernoulli betrachtete). Für den ersten löste Goldbach das Problem vollständig.[24] Als Antwort schrieb ihm Bernoulli am 17. Juli folgendes: «Ihre Entdeckungen in Bezug auf die Formel

$$\frac{dx}{(1+x^a)^{\frac{1}{n}}}$$

sind sehr schön und übertreffen alles, was zu dieser Frage alle anderen gefunden haben, denn Sie zeigten, daß sie rational gemacht werden kann in allen Fällen, wo $a = \frac{n}{1\pm mn}$ ist, wobei m eine beliebige ganze Zahl darstellt, so daß man für $m = 0$ den uns schon bekannten Fall erhält. Herr Euler ist darüber auch sehr zufrieden. Die anderen von Ihnen gefundenen Werte $a = \frac{2}{1\pm m}$ für den Fall $n = \frac{1\pm p}{a}$ und $a = \frac{1}{1\pm m}$ können in der Integralrechnung ebenfalls überaus nützlich sein (ich sehe nur nicht, warum Sie nicht einfach m oder p anstelle von $1 \pm m$ und $1 \pm p$ nehmen und sagen, daß m und p beliebige ganze Zahlen sein können —

verzeihen Sie die Naivität dieser Bemerkung!), und ich habe sie Herrn Euler vorgelegt, damit er sich mit ihnen beschäftige.»[25] Man sieht leicht, daß die von Goldbach angegebenen Fälle der Integrierbarkeit des binomischen Differentials sich nur der Form nach von den Bedingungen 1)–3) auf S. 126 unterscheiden. Man muß dort nur die Worte «ganze positive Zahl» durch «ganze Zahl oder Null» ersetzen.

Im Briefwechsel Goldbachs mit Euler wird eben dies Problem in den Briefen vom 17. Oktober, 6. November und 9. November 1730 berührt; im letzten schreibt Euler, daß das von Goldbach vorgeschlagene Rationalmachen von $(1 + x^{\frac{1}{n}})^p$ für ganze n oder $n + p$ das allgemeinste sei (*latissime patet*).[26] In diesem Zusammenhang gab Euler im Brief vom 9. November einen Ausdruck für das Integral einer gebrochen-rationalen Funktion an, deren Zähler und Nenner verschiedene einfache Wurzeln besitzen. In der *Integralrechnung* (Bd.1, §104) gab Euler hinreichende Bedingungen für die Möglichkeit des Rationalmachens des binomischen Differentials in einer Form an, die mit der heute gebräuchlichen fast identisch ist. Dort sprach er auch die Überzeugung aus, daß es «unmöglich ist, sich andere Substitutionen auszudenken, die für diesen Zweck geeignet sind.»[27] Diese Behauptung Eulers wurde 1853 von P.L. Čebyšev[28] bewiesen; D.D. Mordukhaj-Boltovskij[29] dehnte den Satz im Jahre 1926 auf irrationale Exponenten aus.

Im Briefwechsel Goldbachs mit D. Bernoulli wurden auch viele andere Fragen diskutiert: das sogenannte Petersburger Problem der Wahrscheinlichkeitstheorie, spezielle geometrische Aufgaben, die Eigenschaften verschiedener Reihen, insbesondere rekurrenter, usw. Wir heben hier das Problem der quadrierbaren Möndchen hervor, welches eine lange Geschichte hat. Quadrierbare Möndchen sind von zwei Kreisbögen begrenzte Figuren, für die man mittels Zirkel und Lineal flächengleiche Quadrate konstruieren kann. Die ersten drei Fälle solcher Figuren findet man bei dem griechischen Mathematiker Hippokrates von Chios im 5.Jahrhundert v. u. Z. Johann Bernoulli stellte die Aufgabe, andere quadrierbare Möndchen zu finden, worüber sein Sohn Nikolaus am 7. Oktober 1722 Goldbach Mitteilung machte. Dem Problem der geschlossenen Möndchen, die von Kreisbogenstücken mit gemeinsamen Enden (d.h. mit gemeinsamer Sehne) begrenzt werden, fügte Goldbach in einem Brief an Nikolaus II Bernoulli ein weiteres hinzu, das der «offenen» Möndchen. Sie werden von sich schneidenden Kreisbögen unterschiedlicher Radien gebildet, und zwar so, daß durch gleich lange, die jeweiligen Enden beider Bögen verbindende Strecken gleichgroße Flächen abgeschnitten werden.[30] Darauf diskutierte Goldbach das Problem der Möndchen mit D. Bernoulli. Der Abschluß dieser Diskussion ist ein Brief vom 3. August 1730, in dem er Bernoulli bittet, ihm den vor kurzem übersandten Artikel zu diesem Thema zurückzuschicken, da er erkannt hatte, daß darin nichts enthalten ist, was nicht schon in der bereits erwähnten Schrift D. Bernoullis *Exercitationes quaedam mathematicae* von 1724 steht.[31] Um das Problem der quadrierbaren Möndchen geht es auch in einem Brief Eulers an Goldbach vom 10. August 1730.[32] Später widmete Euler dieser Frage zwei Arbeiten; in einer von ihnen geht es um die Quadratur der «offenen» Möndchen.[33] Viel später fand Th. Klausen[34] noch zwei Arten quadrierbarer Möndchen. Schließlich haben die russischen Mathematiker N.G. Čebotarev[35] und A.V. Dorodnov[36] mit Methoden der modernen Algebra bewiesen, daß die fünf bekannten Fälle quadrierbarer Möndchen die einzigen sind.

Den wichtigsten Platz jedoch nehmen im Briefwechsel mit D. Bernoulli Fragen der Reihensummierung und der Integration ein. Zur Entwicklung dieser Gebiete der Mathematik leistete Goldbach einen bemerkenswerten Beitrag. Wie auf S. 223, Anm. 25 erwähnt, berichtete Goldbach über seine erste Beschäftigung mit unendlichen Reihen in einem Brief an D. Bernoulli vom 4. November 1723. Er begann sich 1717 mit dem Problem der Reihensummierung zu beschäftigen, nachdem er in den *Acta eruditorum* von 1682 Leibniz' Arbeit *Über das wahre Verhältnis des Kreises zum umbeschriebenen Quadrat...*[37] gelesen hatte. Den Hauptinhalt dieser Arbeit bildet, wie Leibniz sich ausdrückte, «die arithmetische Quadratur des Kreises», worunter er die Entwicklung von $\frac{\pi}{4}$ in eine Reihe verstand:

$$\frac{\pi}{4} = 1 - \frac{1}{3} + \frac{1}{5} - \cdots.$$

In dem Aufsatz finden sich auch kurze Angaben über die «arithmetische Quadratur der Hyperbel», d.h. analoge Darstellungen natürlicher Logarithmen, z.B.

$$\frac{1}{4}\ln 2 = \frac{1}{8} + \frac{1}{48} + \frac{1}{120} + \frac{1}{224} + \cdots$$

(wir haben hier die Symbole π und ln verwendet, die erst etwas später eingeführt worden sind). Außerdem zeigte G.H. Rast Goldbach einige handschriftliche Bemerkungen von Ch. Huygens zur Arbeit von Leibniz, welche sich auf die Entwicklung der Logarithmen beziehen. Nachdem Goldbach gründlich über Leibniz' Artikel nachgedacht und sich später in Schweden mit A.G. Duhre ausgetauscht hatte, gelangte er zu einer «allgemeinen Formel für Summen» gewisser Typen endlicher Reihen aus ganzen und gebrochenen Zahlen und schrieb seine erste Arbeit über Reihen, die in der Januarausgabe der *Acta eruditorum* von 1720 veröffentlicht ist. Diese kleine Note von insgesamt nur vier Seiten ist eine Besprechung wert, obwohl es darin Resultate gibt, die in abweichender Form auch von anderen Gelehrten veröffentlicht worden sind (was Goldbach damals nicht ahnte). Die Note beginnt mit der Definition des Begriffes «allgemeines Glied einer Reihe» als einer Formel, die bei Einsetzen der Zahlen $x = 1, 2, 3, \ldots$ das erste, zweite, dritte, ... Glied der Reihe ergibt. Danach werden die Reihen in zwei Gruppen eingeteilt: solche mit «konstanten Exponenten» wie z.B.

$$\frac{1}{2} + \frac{1}{6} + \frac{1}{12} + \cdots$$

(mit dem allgemeinen Glied $\frac{1}{x^2+x}$) und solche mit «variablen Exponenten» wie etwa

$$\frac{1}{3} + \frac{1}{81} + \frac{1}{19683} + \cdots$$

(mit dem allgemeinen Glied $\frac{1}{3^{x^2}}$; hier ist im Text ein Druckfehler; es steht dort $\frac{1}{2x^x-x}$). Im weiteren geht es nur um Reihen der ersten Klasse, konkret, nach Eulers Terminologie, um arithmetische Reihen n-ter Ordnung. Das sind Reihen, für die die Differenzen n-ter Ordnung konstant sind. Goldbach bezeichnet dann das erste Glied der Reihe mit a, die erste Differenz 1.Ordnung mit b, die erste Differenz 2.Ordnung mit c, die erste Differenz 3.Ordnung mit d usw. und gibt ohne Beweis das allgemeine Glied der Folge mit gegebenen $a, b, c, d, \ldots$ an:

$$a + (x-1)b + \frac{(x^2 - 3x + 2)c}{2} + \frac{(x^3 - 6x^2 + 11x - 6)}{6} + \cdots \quad (7.8)$$

(im Zähler stehen der Reihe nach die Produkte der Faktoren $x - 1, x - 2, x - 3$ usw.). Der Ausdruck (7.8) liefert im Falle der Folge der ganzen Zahlen auch die Summe der Glieder bis zum Glied mit der Nummer $x - 1$; dafür muß man darin $a = 0$, das erste Glied gleich b usw. setzen).

Am Schluß der ersten vier Paragraphen macht Goldbach Bemerkungen zu einem Beispiel für die Berechnung des allgemeinen Gliedes und der Summe der Glieder und geht dann im § 5 zu Folgen von Brüchen mit einem allgemeinen Glied der Form $\frac{e}{px^2 \pm qx + r}$ über.[38] Er formuliert ohne Erklärung Regeln für ihre Summation, wobei er unterstreicht, daß diese unter der Bedingung möglich ist[39], daß $\frac{\sqrt{q^2 \mp 4pr}}{p} = f$ eine positive ganze Zahl darstellt.

Unter dieser Bedingung kann man die gegebene Reihe in f Reihen zerlegen, deren Glieder die Indices $1, 1 + f, 1 + 2f, \ldots$, $2, 2 + f, 2 + 2f, \ldots$, usw. haben. Die allgemeinen Glieder jeder dieser Reihen können nach der Formel (7.8) in der Form

$$\frac{am}{l^2 x^2 + (2lm - l^2)x + m^2 - lm}$$

dargestellt werden; ihre Summen haben die Form $\frac{ax}{lx + m}$. Es bleibt dann nur noch, alle diese f Summen zu addieren.[40]

Die Regel wird am Beispiel der Reihe

$$\frac{1}{4} + \frac{1}{10} + \frac{1}{18} + \frac{1}{28} + \frac{1}{40} + \frac{1}{54} + \frac{1}{70} + \cdots$$

mit dem allgemeinen Glied $\frac{1}{x^2 + 3x}$ erläutert. Hier ist also $f = 3$. Goldbach betrachtet einzeln die Reihen $\frac{1}{4} + \frac{1}{28} + \cdots$ mit dem allgemeinen Glied $\frac{1}{9x^2 - 3x - 2}$ und der Summe $\frac{x}{3x+1}$, $\frac{1}{10} + \frac{1}{40} + \cdots$ mit dem allgemeinen Glied $\frac{1}{9x^2 + 3x - 2}$ und der Summe $\frac{x}{6x+4}$, $\frac{1}{18} + \frac{1}{54} + \cdots$ mit dem allgemeinen Glied $\frac{1}{9x^2 + 9x}$ und der Summe $\frac{x}{9x+9}$. Indem er diese drei Summen addiert, findet er die Summe der gegebenen Reihe bis zum Glied mit dem Index $fx = 3x$:

$$\frac{11x^3 + 48x^2 + 49x}{18x^3 + 108x^2 + 1198x + 108}.$$

Zum Schluß wird gesagt, daß für $x = \infty$ die Summe aller Glieder dieser Reihe gleich $\frac{11}{18}$ ist (weil ∞ und ∞^2 im Vergleich mit ∞^3 «verschwinden»).

Eine Erklärung seines Beispiels gab Goldbach in knapper Form in Briefen an D. Bernoulli. Das Problem der Summation für die Folge mit dem allgemeinen Glied $\frac{1}{x^2 + fx}$ wird schon im ersten

Brief vom 31. Mai 1729 gestellt. Das zugehörige Lösungsverfahren ist in den Briefen vom 26. August und 4. November skizziert.[41] Für die Reihe der Brüche mit dem allgemeinen Glied $\frac{e}{x^2+px+q}$ wird dieser Bruch in die Summe der Partialbrüche $\frac{e}{x+m} - \frac{e}{x+m+f}$ zerlegt, und wenn f eine ganze positive Zahl ist, läßt sich das allgemeine Glied folgendermaßen darstellen:

$$\left(\frac{e}{x+m} - \frac{e}{x+m+1} \right) + \left(\frac{e}{x+m+1} - \frac{e}{x+m+2} \right) + \cdots$$

$$+ \left(\frac{e}{x+m+f-1} - \frac{e}{x+m+f} \right).$$

Das erlaubt, die gegebene Folge durch eine Gesamtheit von f Folgen zu ersetzen, in denen sich die Nenner der allgemeinen Glieder um 1 unterscheiden. Die Summation dieser f Folgen ist elementar[42]; es bleibt noch, alle diese Summen zu addieren. Das Gesagte wird auf andere analoge Fälle der Art

$$\frac{x^2 + Ax + B}{x^4 + Cx^3 + Dx^2 + Ex + F} = \left(\frac{e}{x+m} - \frac{e}{x+m+f} \right)$$

$$+ \left(\frac{h}{x+n} - \frac{h}{x+n+k} \right)$$

ausgedehnt. Die Summation ist hier dann und nur dann möglich, wenn f und k positive ganze Zahlen sind.[43]

Im Brief an D. Bernoulli vom 4. November schrieb Goldbach auch, daß er während seines Aufenthalts in Stockholm den Hauptinhalt der Note von 1720 in dem Werk von Jacob Bernoulli über Reihen (s.S.102) gefunden habe, dem natürlich auch das Übrige bekannt war. Der Unterschied bestand nur darin, daß Bernoulli unendliche Reihen summierte, Goldbach jedoch nur eine endliche Zahl von Reihengliedern. Beiläufig erwähnte Goldbach, daß er in dem genannten Werk die schwierige Aufgabe gefunden habe, die Summe der Reihe $\sum_{n=1}^{\infty} \frac{1}{n^2}$ zu berechnen (was Euler später gelang). Ferner komme bei Jacob Bernoulli die Aufgabe vor, die Reihe $\sum_{p=2}^{\infty} \frac{1}{p}$ zu summieren, wo p alle Primzahlen durchläuft (Euler stellte später deren Divergenz fest). Goldbach wies auch darauf hin, daß für gebrochene f «die Reihe nicht summierbar ist», d.h. ihre Summe nicht rational ausgedrückt werden kann. Zum

Beispiel erhalte man für $f = \frac{1}{2}$ eine Reihe, «die der Leibnizschen Reihe für die Quadratur des Kreises verwandt ist».[44] In der Tat ist für $f = \frac{1}{2}$ (und wir fügen hinzu, für $m = -\frac{3}{4}$)

$$\sum_{x=1}^{\infty} \frac{1}{\left(x - \frac{3}{4}\right)\left(x - \frac{1}{4}\right)} = 16\left(\frac{1}{1 \cdot 3} + \frac{1}{5 \cdot 7} + \cdots\right)$$

$$= 8\left(1 - \frac{1}{3} + \frac{1}{5} - \frac{1}{7} + \cdots\right),$$

wo in der letzten Zeile die Leibnizsche Reihe für $\frac{\pi}{4}$ steht.

Seine Summationsmethode diskutierte Goldbach schon früher in einem Brief vom 22. November 1720 an A.G. Duhre[45] und im Briefwechsel mit G.H. Rast, der 1720 ein Werk veröffentlicht hat, das sich an Goldbachs Aufsatz in den *Acta eruditorum* anschließt[46]; es wird beiläufig erwähnt in einem Brief an D. Bernoulli vom 4. November 1723.

In dieser Zeit interessierte Goldbach sich sehr für die Frage der Bestimmung des allgemeinen Gliedes von Reihen. In dem genannten Brief an D. Bernoulli schrieb er, daß er, Goldbach, ähnlich wie Archimedes, der gesagt hat, er würde die Erde bewegen, wenn man ihm eine Stütze außerhalb der Erde gäbe, von sich sagen könne: «Gebt mir eine allgemeine Formel für die Glieder, dann gebe ich Euch eine Formel für die Summen».[47]

Diesem Problem widmete Goldbach die Arbeit *Über die allgemeinen Glieder von Reihen*, die im Band 3 der *Commentarii* der Petersburger Akademie für 1728 (erschienen 1732) abgedruckt ist (s.S. 187). In den ersten fünf Paragraphen dieses Artikels legte er mit einigen Präzisierungen und Ergänzungen den wesentlichen Inhalt der ersten vier Paragraphen seiner Note in den *Acta eruditorum* von 1720 dar.

Gleich im Anschluß an die Definition des allgemeinen Gliedes wird der Begriff des Gesetzes einer Reihe (*lex progressionis*) eingeführt. Das ist eine Formel, die jedes Glied durch eine bestimmte Anzahl vorangehender Glieder darstellt. Als Beispiel wurden rekurrente Reihen betrachtet, bei denen das allgemeine Glied u_n die Form $u_n = a_1 u_{n-1} + a_2 u_{n-2} + \cdots + a_k u_{n-k}$ hat, wobei $a_1, \cdots a_k$ irgendwelche gegebene Zahlen sind und k eine gegebene natürliche Zahl ist. Bei der Erörterung der rekurrenten Reihen verweist Goldbach auf D. Bernoulli. Im Briefwechsel mit ihm hatte er von dieser Klasse von Reihen erfahren (der erste Brief D. Bernoullis, in dem von der Reihe $0, 1, 1, 2, 3, 5, 8, \ldots$ die Rede ist, für die ab dem 3. Glied $u_n = u_{n-1} + u_{n-2}$ gilt, ist vom 18. Dezember 1723 datiert[48].

Die Formel für das allgemeine Glied der Reihe

$$a + b + c + d + \cdots \tag{7.9}$$

wird jetzt nicht in der Form (7.8) ausgedrückt, sondern unmittelbar durch deren Glieder $a, b, c, d, \ldots$:

$$a + (b - a)(x - 1) + (c - 2b + a)(x - 1)(\frac{x - 2}{2}) +$$
$$(d - 3c + 3b - a)(x - 1)(\frac{x - 2}{2})(\frac{x - 3}{3}) + \cdots. \tag{7.10}$$

Die Reihe der Summen aufeinanderfolgender Glieder einer gegebenen Reihe nennt Goldbach hier die summierende Reihe (*series summatrix*) und die Nummer des Gliedes der Reihe (7.9) den Exponenten (*exponens*). Im §6 wird unter anderem gezeigt, daß für ganzes positives f gilt[49]

$$\sum_{x=1}^{\infty} \frac{f}{x^2 + fx} = 1 + \frac{1}{2} + \frac{1}{3} + \cdots + \frac{1}{f}.$$

Goldbachs Formeln (7.8) und (7.10) waren nicht neu. In anderer Schreibweise finden sie sich in der 1711 erschienenen Schrift *Methodus differentialis* von Newton[50]; sie waren Newton (und auch J. Gregory[51]) aber schon früher bekannt. Die Newtonsche Interpolationsformel (heute oft als Newton-Gregorysche Interpolationsformel bezeichnet) erfuhr später eine Anwendung und Fortentwicklung in Brook Taylors Werk über die direkte und inverse Methode der Inkremente[52] von 1715, welche die Herleitung der unter seinem Namen bekannten Entwicklung in eine Potenzreihe[53] enthält, und bei anderen englischen und auch französischen Gelehrten, insbesondere in einem Artikel von P.R. Montmort in den *Philosophical Transactions* von 1717 und in der Arbeit von F. Nicole[54] in den *Mémoires* der Pariser Akademie für 1717, erschienen 1720. Nicole berechnete insbesondere Differenz und Summe für das Produkt

$$x(x + h)(x + 2h) \cdots (x + (n - 1)h)$$

wie auch für den Bruch

$$\frac{1}{x(x + h)(x + 2h) \cdots (x + (n - 1)h)}.$$

Montmort und Nicole schlossen zweifellos an die englischen Mathematiker an, während Goldbach seine im Januar 1720 publizierten Resultate völlig unabhängig erzielte. Als er sie am 29. Januar 1721 aus Wien an J. Hermann mitteilte, schrieb dieser am 17. März, daß viele nach dem Erscheinen des Traktats von Taylor begonnen haben, solche Fragen über Reihen zu studieren, und er erwähnte die Arbeiten von Montmort und Nicole. Goldbach antwortete am 11. September aus Dresden, wo er sich auf dem Rückweg nach Wien nach seiner Italienreise befand, daß er diese Arbeiten noch nicht ansehen konnte, er aber hoffe, sie irgendwann benutzen zu können (s. ferner S. 169–171). Offenbar war Goldbach damals auch der unmittelbar an Newtons *Methodus differentialis* anschließende Artikel von J. Stirling[55] unbekannt, der 1719 in den *Philosophical Transactions* erschienen war. All dies waren erste Schritte bei der Ausarbeitung der Differentialrechnung.

Goldbachs Artikel *Über die allgemeinen Glieder von Reihen* wurde in seinem Briefwechsel mit D. Bernoulli mehrmals diskutiert. Am 21. Februar kündigt Goldbach die Übersendung des Artikels von Moskau nach Petersburg an, die dann in der zweiten Aprilhälfte erfolgte. Am 28. April schrieb Bernoulli, daß die Arbeit gut sei, der Autor sie aber noch verbessern könne. Er äußerte eine Reihe kritischer Bemerkungen, wobei er Goldbach freundschaftlich rügt, er habe die Sache oft nachlässig behandelt. Am 26. Mai macht Goldbach, nachdem er einige Bemerkungen akzeptiert, andere zurückgewiesen hat, Bernoulli den Vorwurf, dieser habe die Arbeit nur oberflächlich gelesen. Aus dem nachfolgenden Briefwechsel ist zu erkennen, daß Goldbach einige der Bemerkungen berücksichtigt hat. Am 6. Oktober teilte ihm Bernoulli mit, daß er vorgestern, d.h. am 4. Oktober, den Artikel in der Konferenz vorgelesen habe, und daß die Arbeit, nach der Aufmerksamkeit der Zuhörer zu schließen, den Akademiemitgliedern gefallen hat[56].

In sehr engem Zusammenhang mit der Summation von Reihen begann Goldbach die Untersuchung des Problems ihrer Interpolation, das man kurz so formulieren kann: Wir nehmen an, daß das allgemeine Glied einer Reihe oder Zahlenfolge eine bekannte Funktion $f(n)$ ($n = 1, 2, 3, \ldots$) ihres Index n ist. Gefragt ist, welche Zahlenwerte Zwischenwerten des Index, etwa gebrochenen Indices, entsprechen. Um auf diese Frage zu antworten, wird eine solche analytische Funktion $F(x)$ gesucht, für die bei beliebigem ganzen positiven Wert des Argumentes $x = n$ gilt $F(n) = f(n)$. In dieser allgemeinen Form ist die Aufgabe unbestimmt; in jedem konkreten Fall lösten die Mathematiker des 17. und 18. Jahrhunderts das Problem entsprechend den jeweiligen Gegebenheiten.

Das erste Beispiel der Interpolation einer Folge gab J. Wallis in der *Arithmetica infinitorum* von 1656[57]. Wir werden hier in heutigen Bezeichnungen und Termini kurz die Grundzüge der Überlegungen von Wallis wiedergeben. Ausgehend davon, daß die Fläche eines Viertels des Einheitskreises $x^2 + y^2 = 1$ durch das Integral

$$\int\limits_0^1 \sqrt{1 - x^2}\,dx = \frac{\pi}{4}$$

ausgedrückt wird, kam Wallis zu der Aufgabe, die Werte der Funktion zweier Veränderlicher

$$J(p, q) = 1 : \int\limits_0^1 (1 - x^{\frac{1}{p}})^q\,dx = \frac{(p + q)!}{p!q!}$$

für den Fall zu berechnen, daß p und q nicht mehr positive ganze Zahlen sind, sondern beide gebrochene Zahlen, und zwar $p = q = \frac{1}{2}$. Dabei ergibt sich, daß

$$\frac{4}{\pi} = J\left(\frac{1}{2}, \frac{1}{2}\right) = 1 : \left(\left(\frac{1}{2}\right)!\right)^2$$

ist. Das Studium dieses Problems führte Wallis zu der nach ihm benannten Formel

$$\frac{4}{\pi} = \frac{3 \cdot 3 \cdot 5 \cdot 5 \cdot 7 \cdot 7 \cdot 9 \cdot 9 \cdots}{2 \cdot 4 \cdot 4 \cdot 6 \cdot 6 \cdot 8 \cdot 8 \cdot 10 \cdots}.$$

Das allgemeine Problem der Interpolation einer Folge (oder Reihe) hat Wallis nicht formuliert.[58]

Es ist nicht bekannt, ob Goldbach die *Arithmetica infinitorum* gelesen hat, aber dem Namen Wallis begegnet man gelegentlich in seinem Briefwechsel, z.B. in einem Brief an D. Bernoulli vom 4. November 1723. Aufjeden Fall hat sich Goldbach als erster nach Wallis mit dem Problem der Interpolation von Reihen im aufgezeigten Sinne beschäftigt, und zwar nicht später als Ende 1721. Bereits am 2. Januar 1722 schrieb er an Nikolaus II Bernoulli, daß er «jedes beliebige Zwischenglied einer beliebigen gegebenen Reihe, zumindest mit Hilfe einer unendlichen Reihe, bestimmen kann», zum Beispiel das Zwischenglied zwischen dem ersten und zweiten Glied der Reihe

$$1 + 1 \cdot 2 + 1 \cdot 2 \cdot 3 + 1 \cdot 2 \cdot 3 \cdot 4 + \cdots .$$

Als Beispiel führte er $\sqrt{2}$ an, allerdings mit einem Schreibfehler, den er am 10. Januar korrigierte[59]:

$$\sqrt{2} = 1 + \frac{1}{2} - \frac{1}{2 \cdot 4} + \frac{1 \cdot 3}{2 \cdot 4 \cdot 6} - \frac{1 \cdot 3 \cdot 5}{2 \cdot 4 \cdot 6 \cdot 8} + \cdots$$

Die Herleitung dieser Entwicklung von $\sqrt{2}$ teilte er in dem genannten Brief nicht mit, sie ist aber im §7 seiner Arbeit *Über die allgemeinen Glieder von Reihen* enthalten. Da Goldbach, seinen eigenen Worten nach, die Newtonsche Regel für das Ausziehen von Wurzeln aus einem Binom vergessen hatte, benutzte er offenbar schon damals den ihm bekannten Ausdruck (7.10), obwohl er davon nicht spricht, und wandte ihn auf die Funktion 2^{x-1} an, so daß $a = 1$, $b = 2$, $c = 4$, $d = 8$, ... ist; die Entwicklung für $\sqrt{2}$ findet man dann für $x = \frac{3}{2}$. Bernoulli antwortete am 31. Januar 1722, daß man das Ausziehen von Wurzeln, wie er es verstehe, mittels zweier Methoden durchführen könne: mit Hilfe der Entwicklung von

$$(b + c)^{\frac{\alpha}{\beta}}$$

in eine Reihe (die er angibt) und «mittels der Interpolation von Wallis».[60] Als ihm Goldbach bald darauf ein Manuskript über die Interpolation der Glieder von Reihen — *de interpolandis serierum etc.* — schickte, antwortete Bernoulli, nachdem er sich rasch damit vertraut gemacht hatte, dies sei eine wundervolle und würdige Publikation.[61] Übrigens interessierte das Problem selbst Nikolaus II Bernoulli wenig, und es wird in der Korrespondenz mit Goldbach nicht weiter erörtert.

Über die Berechnung der Zwischenglieder von Reihen mit gebrochenen Indices ist im Briefwechsel Goldbachs mit D. Bernoulli einige Male die Rede, insbesondere in Verbindung mit der Diskussion des mehrfach erwähnten Artikels *Über die allgemeinen Glieder von Reihen* im dritten Band der *Commentarii*, wo hervorgehoben wurde, daß die hauptsächliche Anwendung des allgemeinen Gliedes (7.10) in der Berechnung von Gliedern mit nicht ganzen Exponenten — Indices, wie Euler später sagte — besteht.

In den Briefen vom 18. November 1728 und vom 21. Februar 1729 schreibt Goldbach, daß er in der Lage ist, Zwischenglieder der Reihen

$$1 + 1 \cdot 2 + 1 \cdot 2 \cdot 3 + \cdots$$

und

$$1 + \frac{1}{1 \cdot 2} + \frac{1}{1 \cdot 2 \cdot 3} + \cdots$$

zu berechnen. Als Beispiel führt er die oben angegebene Entwicklung von $\sqrt{2}$ an als ein Glied, welches in der Reihe $1 + 2 + 4 + 8 + \cdots$ ein Zwischenglied zwischen dem ersten und dem zweiten Glied ist.[62] Im Brief vom 18. November 1728 bittet Goldbach um Erklärungen zu den rekurrenten Reihen. Diesen Ausdruck hatte er erstmals bei Bernoulli kennengelernt. All dies hat Bernoulli jedoch nicht sonderlich interessiert. Er arbeitete in dieser Zeit an einer Methode für die Berechnung der größten und kleinsten reellen Wurzel einer algebraischen Gleichung mittels rekurrenter Reihen, die später nach ihm benannt wurde. Über die Entdeckung dieser Methode setzte D. Bernoulli Goldbach durch einen Brief vom 20. Februar 1728 in Kenntnis.[63] Die Methode selbst unterbreitete er der akademischen Konferenz am 22. Oktober (3. November) 1728. Eine Darstellung der Methode sandte er mit einem kurzen Brief, dessen Datum nicht vermerkt ist, an Goldbach nach Moskau.[64] Der übersandte Text war eine unvollendete Variante des Aufsatzes aus Band III der *Commentarii* und unterschied sich davon schon durch seinen lakonischen Titel *De seriebus recurrentibus observationes*. Goldbach schrieb am 18. November 1728, daß er sich flüchtig mit dem übersandten Entwurf der *Observationes* bekannt gemacht habe und die Arbeit gründlicher lesen werde, wenn er den endgültigen Text erhält.[65] Ebenfalls am 18. November (alten Stils, am 29. November nach neuem Stil, der von Goldbach stets verwendet wurde) schrieb D. Bernoulli, daß Goldbachs Interesse an einer Formel für das allgemeine Glied rekurrenter Reihen ihn überrascht hätte. Er selbst hätte der Sache keine Aufmerksamkeit gewidmet, wenn er nicht jene wunderbare Eigenschaft dieser Reihen entdeckt hätte, daß man mit ihrer Hilfe mühelos und sehr schnell die Wurzeln aller algebraischen Gleichungen berechnen kann. Wie um Goldbach zu trösten, führt Bernoulli sogleich ein Zitat vom Beginn seines Artikels an, wo beiläufig die Forschungen anderer Gelehrter, darunter Goldbachs, über rekurrente Reihen erwähnt werden.

In einem Brief vom 21. Februar 1729 hat Goldbach schließlich die Berechnungsmethode von D. Bernoulli außerordentlich hoch eingeschätzt, beharrte aber weiterhin auf der Wichtigkeit seines Interpolationsverfahrens.[66] Wir werden uns nicht weiter bei dieser Frage aufhalten. Weil jedoch von der Anwendung rekurrenter Reihen auf die numerische Lösung algebraischer Gleichungen die Rede war, wollen wir einige Bemerkungen über die unmittelbar anschließenden Forschungen in dieser Richtung machen. D. Bernoulli selbst erweiterte in einem im V. Band der *Commentarii* (für 1730–1731, erschienen 1738) abgedruckten Aufsatz seine Methode auf die Berechnung von Nullstellen von Funktionen, die durch unendliche Potenzreihen gegeben sind, oder wie er es ausdrückte — von Wurzeln sich ins Unendliche fortsetzender Gleichungen. Bald darauf hat dann Euler die Methode von Bernoulli im 17. Kapitel des ersten Bandes seiner *Einführung in die Analysis des Unendlichen*[67] wesentlich tiefgründiger ausgearbeitet.

Die im §9 des Goldbachschen Aufsatzes *Über die allgemeinen Glieder von Reihen* enthaltenen Beispiele interessierten D. Bernoulli ebensowenig wie der Ausdruck (7.10) für das allgemeine Glied selbst. Aber diese Beispiele sind sowohl für die Charakterisierung von Goldbachs Herangehen an das Problem der Konvergenz als auch für die Einschätzung seines Einflusses auf die weitere Entwicklung der Mathematik von Interesse. Wir fassen hier das Problem der Interpolation der Reihe mit dem allgemeinen Glied $x!$ ins Auge, wobei wir das von Ch. Kramp[68] 1808 eingeführte Fakultätszeichen verwenden. Zunächst findet Goldbach das Zwischenglied (wir schreiben wie vereinbart hier $\frac{3}{2}!$):

$$\frac{3}{2}! = 1 + \frac{1}{2} - \frac{3}{8} + \frac{11}{16} - \frac{265}{128} + \cdots.$$

Er zeigt, daß die gegebene Reihe divergiert. Man könne den Wert $\frac{3}{2}!$ aber auch in endlicher Form ausdrücken, wenn man die Reihe der inversen Werte $\frac{1}{x!}$ verwendet. In diesem Falle ist

$$1 : \frac{3}{2}! = 1 - \frac{1}{2 \cdot 2} - \frac{1}{6 \cdot 2 \cdot 4} + \frac{1 \cdot 3}{24 \cdot 2 \cdot 4 \cdot 6} + \frac{19 \cdot 3 \cdot 5}{120 \cdot 2 \cdot 4 \cdot 6 \cdot 8} - \cdots,$$

und da die Glieder dieser Reihe beständig abnehmen und die Vorzeichen wechseln, ist sie konvergent (diese Eigenschaft von Reihen stellte Leibniz fest und teilte sie im Jahre 1705 J. Hermann mit).[69]

Wir ergänzen noch, daß Goldbach in dem damals aufgekommenen Streit, ob man divergente Reihen in der Mathematik zulassen solle oder nicht, für die Zulassung plädierte. Am 23. Juli 1724 brachte er zum Ausdruck, daß er mit Varignon nicht einverstanden sei, der Reihen der Art

$$1 - 2 + 4 - 8 + \cdots$$

als aus einer fehlerhaften (*vitiosa*) Division hervorgegangen ablehnte. Am 12. August antwortete Bernoulli in Übereinstimmung mit Varignon, daß die aus der Formel

$$\frac{1}{1+x} = 1 - x + x^2 - x^3 + \cdots$$

für $x = 2$ oder $x = -2$ entstehenden Gleichungen $\frac{1}{1+2} = 1 - 2 + 4 - 8 + \cdots$ und $\frac{1}{1-2} = 1 + 2 + 4 + 8 + \cdots$ absurd seien. Die Division $1 : (1 + x)$ nannte er in ähnlichen Fällen unvollkommen (*imperfecta*). Goldbach dagegen sah hierin nichts Absurdes und zur Erläuterung seines Standpunktes schrieb er am 13. September, daß man $\frac{1}{1-2}$ und -1, die dem Wesen nach völlig verschieden seien, nicht verwechseln dürfe; ebenso sei offenbar $\frac{1}{1+2}$ von $\frac{1}{3}$ verschieden.[70] Goldbach wußte natürlich, daß für die Berechnung von -1 oder $\frac{1}{3}$ die Partialsummen — wie wir heute sagen würden — der entsprechenden divergenten Reihen nicht geeignet sind, ebenso wie die von ihm selbst aufgestellte konvergente Reihe für die Berechnung des Wertes $\frac{3}{2}!$ nicht geeignet ist. Zur Prüfung der Gültigkeit der Gleichung $\frac{1}{3} = 1 - 2 + 4 - 8 + \cdots$ benutzte Goldbach in demselben Brief an Bernoulli auch eine Methode der Umordnung von Reihen, die er später in einem Aufsatz darlegte, über den weiter unten (S. 147–150) gesprochen wird. Und zwar vermehrt er ganz formal die eben beschriebene divergente Reihe um die konvergente Reihe

$$1 + \frac{5}{4} - \frac{5}{4} + \frac{5}{16} - \frac{5}{16} + \frac{5}{64} - \frac{5}{64} + \cdots = 1$$

und nimmt dann die Berechnung nach dem Schema auf Seite 141 vor[71].

Natürlich waren die Auffassungen Goldbachs zu dieser Frage weit davon entfernt, klar zu sein, aber man kann in ihnen erste Ansätze der später von Euler entwickelten Ideen erblicken, der in seinen Forschungen mehrfach divergente Reihen erfolgreich anwandte, obwohl ihm die Mittel der Mathematik jener Zeit weder

$$\begin{Bmatrix} 1 - 2 \\ 1 + \frac{5}{4} \\ \vdots \end{Bmatrix} \quad \begin{Bmatrix} +4 - 8 \\ -\frac{10}{5} + \frac{20}{4} \\ -\frac{5}{4} + \frac{10}{4} \\ \vdots + \frac{5}{16} \end{Bmatrix} \quad \begin{Bmatrix} +16 - 32 \\ -\frac{40}{4} + \frac{80}{4} \\ -\frac{20}{4} + \frac{40}{4} \\ +\frac{10}{16} + \frac{20}{16} \\ -\frac{5}{16} + \frac{10}{16} \\ \vdots + \frac{5}{64} \end{Bmatrix} \quad \begin{matrix} +\text{usw.} \\ -\text{usw.} \\ -\text{usw.} \\ -\text{usw.} \\ -\text{usw.} \\ -\text{usw.} \end{matrix}$$

$$\frac{1}{4} + \qquad \frac{1}{16} + \qquad \frac{1}{64} + \qquad = \frac{1}{3}$$

Schema zu Seite 140

seine Voraussetzungen noch seine Schlüsse solide zu begründen erlaubten. In den Jahren 1742–1745 hatte Euler per Briefwechsel eine Diskussion mit Nikolaus I Bernoulli, der den Gebrauch divergenter Reihen ablehnte.[72] Ein kurzes Resümee dieser Diskussion gab Euler in einem Brief an Goldbach vom 7. August 1745; dort legte er auch seinen eigenen Standpunkt dar: «Ich habe seit einiger Zeit mit dem H. Prof. Nicolao Bernoulli zu Basel eine kleine Dispute über die *series divergentes*, dergleichen diese ist 1−1+2−6+24−120+720− etc. gehabt, indem derselbe geleugnet, daß alle dergleichen *series* eine determinierte Summ haben, ich aber das Gegentheil behauptet, weilen ich glaube, daß eine jegliche *series* einen bestimmten Wert haben müsse. Um aber allen Schwierigkeiten, welche dagegen gemacht worden, zu begegnen, so sollte dieser Wert nicht mit dem Namen der Summ belegt werden, weil man mit diesem Wort gemeiniglich einen solchen Begriff zu verknüpfen pflegt, als wann die Summ durch eine würkliche Summierung herausgebracht würde: welche Idee bei den *seriebus divergentibus* nicht stattfindet. Da nun eine jegliche *series* aus der Evolution einer *expressionis finitae* entstehet, so habe ich diese neue Definition von der Summ einer jeglichen *serie* gegeben.

Summa cujusque seriei est valor expressionis illius finitae, ex cuius evolutione illa series oritur. (Die Summe einer beliebigen Reihe ist der Wert desjenigen endlichen Ausdrucks, aus dessen Entwicklung diese Reihe hervorgeht. — d.Ü.)

Abb. 12 Leonhard Euler. Stich von V. Sokolov nach dem Porträt von I.
Brucker, angefertigt in Petersburg im Jahre 1737 (Teilansicht).

Der Herr Bernoulli hat diese Definition vollkommen appro-
biert, zweifelt aber noch, ob nicht öfters eben dieselbe *series divergens* aus verschiedener *expressionum finitarum evolutione* entstehen könne, also daß man nach dieser Definition verschiedene
Werte zugeben müßte. Darüber hat er zwar kein Exempel gegeben, ich glaube aber gewiß zu sein, daß nimmer eben dieselbe
series aus der evolution zweier würklich verschiedener *expressionum finitarum* entstehen könne. Und hieraus folget dann unstrei-
tig, daß eine jegliche *series* sowohl *divergens* als *convergens* einen
determinierten Wert oder *summam* haben müsse.»[73]

Als Beispiel berechnete Euler dann sogleich mittels zweier
verschiedener Methoden, durch Integration und durch Ketten-
bruchentwicklung, für die Reihe $1 - 1 + 2 - 6 + 24 - \cdots$ den Wert
$0,5963\cdots$. Goldbach antwortete nach kurzer Zeit auf diesen Brief
(das genaue Datum der Antwort ist nicht bekannt), brachte dabei seine volle Übereinstimmung mit Euler zum Ausdruck (der

Goldbachs alte Ideen weitaus präziser ausgesprochen hatte) und machte einige ergänzende Bemerkungen zu der in Rede stehenden Frage. Etwas später, am 27. Oktober 1746, stellte Euler der Berliner Akademie einen Aufsatz über divergente Reihen vor, der jedoch erst im Jahre 1760 erschien[74] , fünf Jahre nach der Herausgabe seines Buches über Differentialrechnung, in dem er ebenfalls seine allgemeine Konzeption auseinandersetzte und den Wert der oben angeführten Fakultätenreihe berechnete.[75] Bekanntlich hat Euler bei der Behandlung des vorliegenden Problems vernünftige und wertvolle Ideen ins Feld geführt, deren Rechtfertigung und weitere Entwicklung an der Wende vom 19. zum 20. Jahrhundert in der Summationstheorie der Reihen erfolgte. Insbesondere hat er den Wert der Reihe

$$1 - 1!\, x + 2!\, x^2 - 3!\, x^3 + \cdots$$

für $x = 1$ prinzipiell richtig berechnet.[76]

Kehren wir nun zum Briefwechsel zwischen D. Bernoulli und Goldbach zur Frage der Interpolation der Fakultätenreihe zurück. Bernoulli hatte dieses Problem nicht vergessen, und ein weiteres Mal offenbarte er den ihm eigenen Scharfsinn, als er für das allgemeine Glied $x!$ die weitaus wichtigere Darstellung in der Form eines unendlichen Produktes fand, welche er Goldbach am 6. Oktober 1729[77] mitteilte, nämlich für $A = \infty$:

$$x! = \left(A + \frac{x}{2}\right)^{x-1} \left(\frac{2}{1+x} \cdot \frac{3}{2+x} \cdot \frac{4}{3+x} \cdot \ldots \cdot \frac{A}{A-1+x}\right)$$

$$(7.11)$$

Indem er $x = \frac{3}{2}$ und $A = 8$ nimmt, berechnet Bernoulli näherungsweise $\frac{3}{2}! = 1,3005$ und für $x = 3$ und $A = 16$ erhält man anstelle von $3! = 6$ den Wert $6\frac{1}{204}$. Mit diesem bemerkenswerten Resultat, über dessen Entstehung wir nichts wissen, wurde die Diskussion des Problems der Interpolation von Reihen im Briefwechsel zwischen Goldbach und D. Bernoulli beendet.

Wie gesagt interessierten Goldbachs Untersuchungen zur Summation und Interpolation von Reihen D. Bernoulli nicht sonderlich. Eine andere Einstellung dazu hatte Euler, der beide Artikel Goldbachs kannte und über dessen Briefwechsel mit D. Bernoulli ständig im Bilde war. Wir weisen insbesondere auf den bis heute nirgends hervorgehobenen Umstand hin, daß Euler bei der Abfassung des 2.Kapitels von Teil 1 seiner *Differentialrechnung,*

deren Ausarbeitung er in den dreißiger Jahren in Petersburg begonnen hatte, Goldbachs Artikel in breitem Maße verwendete.
Das Buch wurde um 1750 in Berlin fertiggestellt und erschien
dort im Jahre 1755 mit Unterstützung der Petersburger Akademie. Die beiden ersten Kapitel des ersten Teiles dieses klassischen Werkes behandeln die Anfänge der Differenzenrechnung
als Grundlage der weiteren Darlegungen, wobei im Kapitel 1 erstmals das Zeichen Δ für Differenz eingeführt wurde. In der Einleitung zur russischen Übersetzung der *Differentialrechnung* schrieb
M.Ja. Vygodskij, wobei er zu Recht darauf hinwies, daß Euler die
Arbeiten Newtons, Taylors und Stirlings benutzt hat: «Im zweiten Kapitel drückt Euler im § 44, Stirling folgend, das allgemeine
Glied einer Reihe, bei der die endlichen Differenzen einer gewissen Ordnung verschwinden, durch endliche Differenzen aus»[78],
und er erhält dadurch die Newtonsche Interpolationsformel. In
Wirklichkeit folgte Euler im zweiten Kapitel nicht Stirling, sondern vor allem Goldbach, wobei er dessen Darstellung systemati-
sierte, ergänzte und vereinfachte. Das mit *De usu differentiarum
in doctrina serierum* (Über die Verwendung von Differenzen in
der Lehre von den Reihen) überschriebene Kapitel beginnt mit
der Einteilung der arithmetischen Reihen nach den verschiedenen Ordnungen und behandelt dann hauptsächlich diese Reihen.
Dann werden zwei grundlegende Aufgaben formuliert: das Auffinden des allgemeinen Gliedes und das Auffinden der Summe
oder des «summatorien der Summe oder des «summatorischen
Gliedes» (*terminus summatorius*). Es werden auch die Termini
«Exponenten» oder «Indices» von Gliedern (*indices seu exponen-
tes*) eingeführt. Das erste Glied und die ersten Differenzen der
entsprechenden Ordnungen werden wie in Goldbachs Notiz über
Reihensummierung mit $a, b, c, \ldots$ bezeichnet, und im § 44 wird
die Formel des allgemeinen Gliedes (7.8) in der Gestalt

$$a + \frac{x-1}{1}b + \frac{(x-1)(x-2)}{1 \cdot 2}c + \frac{(x-1)(x-2)(x-3)}{1 \cdot 2 \cdot 3}d + \cdots$$

$$(7.12)$$

hingeschrieben. In den folgenden Paragraphen wird gezeigt, daß
arithmetische Reihen rekurrent sind; für einige Reihen erster Ordnung wird das nachgeprüft. Im § 53 wird der Begriff der summierenden Reihe eingeführt (wie bei Goldbach als *series summatrix*
bezeichnet). Im § 56 wird das allgemeine Glied der summierenden
Reihe, welches dem Index x entspricht, d.h. welches die Summe

der ersten $x - 1$ Glieder der Reihe (7.12) liefert, wiederum wie bei Goldbach in der Form

$$0 + (x-1)a + \frac{(x-1)(x-2)}{1 \cdot 2}b + \frac{(x-1)(x-2)(x-3)}{1 \cdot 2 \cdot 3}c + \cdots$$

angegeben, wobei im § 58 hinzugefügt wird, daß dieser Ausdruck dann und nur dann endlich ist, wenn die Differenzen irgendeiner Ordnung konstant sind. Es folgen verschiedenartige Beispiele für die Summation von Funktionen der Art x^n und $(x+n)(x+n+1)\cdots(x+n+k)$ und schließlich (§§ 68–69) gebrochen rationaler Funktionen der Form[79]

$$\frac{1}{(x+n)(x+n+1)\cdots(x+n+k)}.$$

Ergänzende Beispiele werden im ersten Kapitel des zweiten Teiles unter Verwendung einer gewissen Umordnung von Reihen betrachtet. Besondere Aufmerksamkeit widmete Euler dem Problem der Interpolation von Reihen, wobei er von der von Goldbach gestellten Aufgabe ausging, die Folge mit dem allgemeinen Glied $x!$ zu interpolieren. Offenbar erzielte Euler, der den Briefwechsel Goldbachs mit D. Bernoulli verfolgte, einige wichtige neue Resultate bei der Lösung dieses Problems noch bevor Bernoulli am 6. Oktober 1729 seine Darstellung von $x!$ in Form des unendlichen Produktes (7.11) an Goldbach schickte. Jedenfalls sandte Euler nur eine Woche später, am 13. Oktober, seinen ersten Brief an Goldbach (R.715), in dem er einige grundlegende Entdeckungen über die Funktion $x!$, die er dann viel später mit $[x]$ bezeichnet hat, formulierte. Heute bezeichnet man diese Funktion nach Legendre[80] mit $\Gamma(x+1)$ und nennt sie Gammafunktion. Das allgemeine Glied der Folge $1, 2, 6, 24, 120, \ldots$ mit der Nummer m stellte Euler in Form des unendlichen Produkts

$$\frac{1 \cdot 2^m}{1+m} \cdot \frac{2^{1-m} \cdot 3^m}{2+m} \cdot \frac{3^{1-m} \cdot 4^m}{3+m} \cdot \frac{4^{1-m} \cdot 5^m}{4+m} \cdots \qquad (7.13)$$

dar, welches, wenn man sich auf n Faktoren beschränkt, die Näherung

$$\frac{n!}{(1+m)(2+m)\cdots(n+m)}(n+1)^m \qquad (7.14)$$

liefert. Dieses Resultat hat Euler, seinen eigenen Worten nach, D. Bernoulli übermittelt, der auf anderem Wege zu fast demselben Ausdruck gekommen war und darauf fußend kurz vor Euler

Goldbach den Näherungswert für das Glied mit dem Index $1\frac{1}{2}$ mitgeteilt hatte. Der Brief Eulers enthielt auch andere Angaben über die Funktion $x!$, z.B. daß $(\frac{1}{2})! = \frac{\sqrt{\pi}}{2}$ ist oder angenähert 0,8862269, was wegen $(\frac{3}{2})! = \frac{3}{2} \cdot (\frac{1}{2})!$ für $(\frac{3}{2})!$ die Näherung 1,3293403 ergibt, welche besser ist als die von Daniel Bernoulli berechnete. Da Euler offenbar die von Goldbach im § 5 seiner Arbeit *Über die allgemeinen Glieder von Reihen* durchgeführte Summation der harmonischen Reihe $1 + \frac{1}{2} + \frac{1}{3} + \cdots$ im Auge hatte, führte er auch für diese Reihe einige Glieder mit gebrochenem «Exponenten» an; so ist das Glied mit dem Index $\frac{1}{2}$ gleich $2 - \ln 2$ (s.u. S. 153–154).[81]

Irgendwelche Erklärungen zu seinen Entdeckungen gab Euler in dem Brief vom 13. Oktober nicht; er legte sie Goldbach in sehr allgemeiner Form in einem Brief vom 8. Januar 1730 dar, wobei er auf die Möglichkeit der Darstellung des allgemeinen Gliedes einer Folge $u_1, u_2, \ldots, u_n, \ldots$ durch ein geeignet gewähltes Integral hinwies, welches wir heute in der Form

$$\int_0^a P(x, n)\, dx$$

schreiben und welches für positive ganze Werte n die entsprechenden Werte u_n liefert. Für die Folge der Fakultäten erweist sich

$$\int_0^1 (-\ln x)^n\, dx = \Gamma(n + 1)$$

als ein geeignetes Integral, zu dem Euler kam, indem er von den ihm bekannten Integrationen und Interpolationen von Wallis ausging (s.o. S. 136).[82] Schon früher und ausführlicher hatte Euler dies in einem Artikel dargelegt, welcher der Akademie am 28. November (9. Dezember) und am 12. (23.) Dezember 1729 vorgestellt worden ist.[83] Es ist hier nicht der Ort, über die Untersuchungen Eulers zur Theorie der Gammafunktion[84], einer der wichtigsten höheren transzendenten Funktionen, zu berichten, noch über seine anderen Arbeiten zur Interpolation von Reihen, die zum Teil etwa im Kapitel 17 des zweiten Teiles seiner *Differentialrechnung* enthalten sind. Wir wollten nur hervorheben, daß der Anstoß für die Arbeiten Eulers auf diesem Gebiet offenbar von Goldbachs Arbeiten ausging, die dem Inhalt nach natürlich unermeßlich viel bescheidener waren.

Wir kommen nun zu Goldbachs Aufsatz *Über die Umordnung von Reihen*, welcher der akademischen Konferenz am 20. November 1725[85] vorgelegt wurde und in Band 2 der *Commentarii* für 1727 (erschienen 1729) abgedruckt ist (s.S. 187). Hier geht es um zwei Methoden der Umordnung einer Reihe A in eine andere Reihe B, die dieselbe Summe hat.

Die erste Methode besteht in der gliedweisen Addition oder Subtraktion der Reihe A und einer Reihe C, deren Summe gleich Null ist. Im Falle der Konvergenz der Reihen A und C ist eine solche Umordnung bekanntlich erlaubt. Analog erhält man bei der gliedweisen Subtraktion zweier Reihen mit gleichen Summen eine Reihe, deren Summe gleich Null ist. Da z.B.

$$\sum_{x=1}^{\infty} \frac{1}{x(x+2)} = \sum_{x=1}^{\infty} \frac{3}{4x(x+1)} = \frac{3}{4}$$

ist, gilt für beliebiges a

$$\sum_{x=1}^{\infty} \frac{a(x-2)}{4x(x+1)(x+2)} = 0.$$

Über die von ihm einige Zeit davor entdeckte Möglichkeit, Reihen auf unendlich viele Arten in andere umzuordnen, die denselben Wert (*valor*) haben, schrieb Goldbach an J. Hermann am 29. Januar 1721 (s.S. 165).

Interessant ist eine andere Methode der Umordnung von Reihen. Die Idee besteht darin, daß die gegebene Reihe

$$A = a + b + c + d + \cdots$$

mit einer Reihe

$$D = \alpha + \beta + \gamma + \delta + \cdots,$$

deren Summe gleich 1 ist, multipliziert wird. Die Frage nach den Bedingungen, unter denen die Multiplikation von Reihen möglich ist, wurde damals nicht gestellt. Man operierte im 18. Jahrhundert mit Reihen wie mit endlichen Polynomen. In Goldbachs Beispiel ist

$$A = 1 - m + m^2 - m^3 + \cdots = \frac{1}{1+m},$$

$$D = 1 + \alpha - \alpha + \beta - \beta + \gamma - \gamma + \cdots = 1$$

mit

$$\alpha = \frac{m^2 + m - 1}{m + 2}, \quad \beta = \frac{m^2 + m - 1}{(m + 2)^2}, \quad \gamma = \frac{m^2 + m - 1}{(m + 2)^3}, \cdots.$$

Indem Goldbach die Glieder des Produktes in geeigneter Weise anordnet, erhält er formal das Produkt von A mit $D = 1$ in der Form

$$A = \frac{1}{m + 2} + \frac{1}{(m + 2)^2} + \frac{1}{(m + 2)^3} + \cdots = \frac{1}{m + 1}.$$

Wir würden heute sagen, daß die Reihe A im ersten Fall für $-1 < m < 1$ konvergiert, im zweiten Fall aber für $-1 < m$, so daß das zweite Konvergenzgebiet das erste umfaßt. Da für $|m| < 1$ beide Reihen konvergieren und die Umordnung erlaubt ist, so stellt die zweite Reihe — vom heutigen Standpunkt aus — eine analytische Fortsetzung der ersten dar. Diesen Umstand bemerkte 1949 G.H. Hardy[86]. Goldbach selbst verbindet seine Berechnungen mit unklaren Überlegungen darüber, daß man die Gleichung

$$1 - m + m^2 - m^3 + \cdots = \frac{1}{1 + m}$$

für $m > 1$ nicht ablehnen müsse, wie das viele tun.

Die von Goldbach vorgeschlagenen Umordnungen fanden keine Verbreitung, aber die Fragestellung nach der Umordnung von Reihen hat offenbar die Aufmerksamkeit Eulers erregt. Das erste Kapitel des zweiten Teils der *Differentialrechnung*, das dieselbe Überschrift hat wie Goldbachs eben betrachteter Artikel, ist Umordnungen gewidmet, bei denen man «eine beliebige Reihe umordnen kann in unzählige andere, die alle dieselbe Summe haben, so daß man auch die übrigen Reihen wird summieren können, wenn die Summe der vorgelegten Reihe bekannt ist.»[87] Hier schlägt Euler insbesondere die heute nach ihm benannte Umordnung vor. Er wendet sie an für die Verbesserung der Konvergenz von Reihen und für die Summation gewisser divergenter Reihen.[88]

Wir beenden damit die Besprechung der gedruckten mathematischen Arbeiten Goldbachs. Den Artikel über eine bestimmte Art der Teilung von Kurven in Teile, der keine große Bedeutung hat, lassen wir beiseite. Er wurde am 9. Juli 1726 der Akademie vorgestellt und wie der vorhergehende im Band 2 der *Commentarii* abgedruckt. Der letzte Artikel Goldbachs für die *Commentarii* wurde, soweit wir sehen, 1732 der Akademie vorgestellt. Am 29. November 1731 brach sein Briefwechsel mit D. Bernoulli ab. Anfang 1732 kehrte Goldbach nach Petersburg zurück; D. Bernoulli ging im Sommer 1733 nach Basel. Beide erneuerten ihre wissenschaftliche Beziehung nicht wieder, die mehr als 8 Jahre gedauert hatte. Im übrigen hatte sich die Verschiedenheit der Interessen von D. Bernoulli und Goldbach schon früher deutlich abgezeichnet. Am 17. Juli 1730 schrieb Bernoulli im Verlauf der Diskussion des Problems der Integration binomischer Differentiale an Goldbach: «Was mich betrifft, so habe ich mich vollkommen in das Studium der Flüssigkeiten vertieft, die jetzt meine einzige Beschäftigung sind, und ich habe seit einiger Zeit Abstand von allem genommen, was keinen Bezug zur Hydrostatik oder Hydraulik hat.»[89] Übrigens bat er freundlich darum, daß Goldbach ihn über seine «herrlichen Entdeckungen» auf dem Laufenden halten möge.

In Wirklichkeit war D. Bernoulli Goldbach nicht besonders gewogen. In zunehmendem Maße reizten ihn Goldbachs Nachlässigkeiten in den Briefen, die Unregelmäßigkeit seiner mathematischen Studien und seine sichtlich nachlassende wissenschaftliche Aktivität. Auch ihre wissenschaftlichen Interessen gingen schließlich völlig auseinander: Bernoulli neigte immer mehr zu Forschungen angewandter Richtung, die Goldbach fern lagen. Als Goldbach später zusammen mit Schumacher zur Administration der Akademie gehörte, verurteilte D. Bernoulli sein Verhalten mit aller Schärfe. Am 20. September 1741 äußerte D. Bernoulli in einem Brief an Euler: «... Goldbach hat bei mir alle sentimens einer Indignation und wahrer Verachtung erwerbet... Hinter dem Goldbach steht wahrhaftig nichts als ein heimlicher ungegründeter und unbegreifflicher Stoltz nebst so stoltzsamen maximis.»[90] Gleichzeitig fragte er nach, was Goldbach gerade mache. Eulers Antwort ist nicht erhalten, aber er hat sich zweifellos wohlwollend und voll Achtung in Bezug auf Goldbach geäußert. Das ist aus dem darauffolgenden Brief Bernoullis vom 20. Januar 1742 zu ersehen, wo wir lesen: «Daß Herr Goldbach infolge verschiedener Umstände eines der wichtigsten Mitglieder der Petersburger Akademie ist, war mir wohlbekannt, aber daß er solch außerordentliche Qualitäten besitzt, wußte ich nicht, obwohl ich weitaus mehr Gelegenheiten hatte ihn kennenzulernen als Euer Hochwohlgeboren; ich müßte das somit meiner Unfähigkeit zuschreiben, wenn sich in Ihre öffentlichen Urteile und Ihre Art und Weise, sich über Gelehrte zu äußern, nur nicht Parteilichkeit eingeschlichen hätte.»[91]

In seiner scharfen Einschätzung Goldbachs offenbarte D. Bernoulli selbst Voreingenommenheit und Parteilichkeit. Die mathematischen Entdeckungen Goldbachs kommen den Entdeckungen bedeutenderer Gelehrter der ersten Hälfte des 18. Jahrhunderts bei weitem nicht gleich, dessen ungeachtet waren seine Verdienste für die Entwicklung der Mathematik nicht gering, wobei sie sich mehr in den persönlichen Kontakten und im Briefwechsel zeigten als in den eigenen kleinen und nicht zahlreichen Publikationen. Das Gesagte bezieht sich insbesondere auf den Briefwechsel mit Euler.

8   Christian Goldbach und Leonhard Euler

In seiner schon mehrfach erwähnten Arbeit über die ersten Untersuchungen Eulers zur Reihentheorie schrieb J.E. Hofmann: «Bedeutsame Anregungen hat Euler während der ersten Petersburger Jahre von Daniel Bernoulli empfangen, bei dem er bis zu seiner Verheiratung (Weihnachten 1733) wohnte[1] und mit dem er trotz vorübergehender kleiner Verstimmungen in unverbrüchlicher Freundschaft verbunden blieb. ... Den stärksten Impuls hat er nicht etwa im Wechselgespräch mit dem tüchtigen Jakob Hermann erhalten, mit dem er weitläufig verwandt war und der als der führende Mathematiker dieses Kreises galt, sondern von einem wissenschaftlichen Außenseiter, dem phantasievollen Christian Goldbach, dem späteren Taufpaten seines ältesten Sohnes Johann Albrecht Euler.»[2]

Es ist klar, daß die mathematische Begabung Goldbachs keinem Vergleich mit Eulers Genie standhalten kann. Dasselbe trifft auf ihre mathematische Bildung und das Beherrschen von Beweistechniken zu. Nichtsdestoweniger stimulierten die Arbeiten Goldbachs, vor allem aber der unmittelbare geistige Verkehr zwischen beiden Gelehrten, viele Jahre lang stark das Schaffen Eulers. Einige Beispiele dafür wurden schon angeführt, das eindrucksvollste Zeugnis aber ist der langjährige Briefwechsel, der auch schon mehrfach erwähnt wurde.

In diesem Briefwechsel, der 101 Briefe Eulers[3] und 95 Briefe Goldbachs umfaßt, war Goldbach ein würdiger Partner des großen Gelehrten. Besonders stark war er im Aufwerfen von Fragen, die Euler zu immer neuen Untersuchungen anregten. Nicht selten legte Goldbach aber auch seine eigenen Lösungen und Entdeckungen dar. Hauptthemen des Briefwechsels waren die Theorie der Reihen und die Zahlentheorie, aber auch einige andere Gebiete der Analysis kommen vor. Anwendungen der Mathematik, die Goldbachs Interessen fern lagen, werden fast gar nicht berührt.

Für Euler war die Möglichkeit, mit Goldbach Fragen der von ihnen beiden so geliebten Zahlentheorie zu erörtern, von außerordentlicher Bedeutung. Bisweilen trifft man diese Fragen auch in Eulers Korrespondenz mit einigen weiteren Gelehrten zweiten oder dritten Ranges an, aber alle seine Versuche, die Aufmerksamkeit bedeutender Mathematiker wie D. Bernoulli oder Clairaut auf die Zahlentheorie zu lenken, blieben ohne Erfolg. Einige Jahre nach Goldbachs Tod fand Euler in Lagrange einen weiteren Korrespondenten; mit ihm konnte er aber nur einige Briefe zahlentheoretischen Inhalts wechseln. Diese Briefe fallen in die Jahre 1770–1773, als Euler schon ein alter Mann war und der Briefwechsel durch seine fast vollständige Erblindung außerordentlich erschwert wurde.

Eine eingehende Besprechung des Eulerschen Briefwechsels mit Goldbach würde eine Analyse des gesamten Eulerschen Schaffens erfordern und wäre in einer Biographie Eulers am Platze, nicht aber in einer Goldbachs. Einen kurzen Abriß des Inhalts dieser Korrespondenz findet der Leser in der Einleitung zu Euler — Goldbach (Berlin, 1965).

Ebenso wie im Briefwechsel mit D. Bernoulli unterlaufen Goldbach auch hier manchmal Schreibfehler und Ungenauigkeiten, die Euler umgehend geduldig verbesserte. Aber weitaus öfter übermittelte Goldbach interessante Beobachtungen und Theoreme, die er selbst nicht zu publizieren beabsichtigte. Zu den Entdeckungen Eulers äußerte er eigene Gedanken und Hinweise. Des öfteren warf er Fragen auf, deren Beantwortung Euler zu neuen Forschungen anregte, und manchmal ging er dabei auch über die Möglichkeiten jener Zeit hinaus. Davon, wie sehr Euler den geistigen Verkehr mit Goldbach schätzte, zeugen nicht nur der Umfang und die Dauer ihres Briefwechsels, sondern auch direkte Äußerungen Eulers selbst. So schrieb Euler in Bezug auf die Erforschung der Eigenschaften unendlicher Reihen, von der weiter unten die Rede sein wird, am 26. Februar 1743: «Für die von Ew. Wohlgeb. mir gütigst kommunizierte Methode sage tausendfältigen Dank, indem dieselbe weit leichter und natürlicher auf diese series leitet als diejenige, welche ich gebraucht, und sehr embarrassant ist.» (S.149)[4] Natürlich drang Euler viel tiefer in das Wesen der Probleme ein und erzielte in fast allen Fällen neue wichtige Resultate.

Im weiteren beschränken wir uns auf einige Beispiele von Entdeckungen Goldbachs, die im Briefwechsel mit Euler enthalten sind und die sich nicht selten in der einen oder anderen Weise in Eulers Arbeiten widerspiegeln. Vor allem wollen wir auf einige Resultate Goldbachs in der Theorie der unendlichen Reihen eingehen.

Im Brief vom 24. Dezember 1742 korrigierte Goldbach einen Schreibfehler, den er im vorangegangenen Brief gemacht hatte, und stellte dann die Aufgabe, die Summen von Reihen der Art

$$1 + \frac{1}{2^n}\left(1 + \frac{1}{2^m}\right) + \frac{1}{3^n}\left(1 + \frac{1}{2^m} + \frac{1}{3^m}\right) + \cdots \qquad (8.1)$$

zu bestimmen, die er selbst nur im Fall $m = 1$, $n = 1$ lösen konnte, wo die Summe gleich $\frac{\pi^4}{72}$ ist (S.135). Euler geht sofort zur Betrachtung von Reihen über, die eng mit den von ihm in den dreißiger Jahren studierten Reihen

$$\zeta(n) = \sum_{k=1}^{\infty} \frac{1}{k^n}$$

zusammenhängen.[5] Deren Summen sind für gerade n gleich $A_{2n}\pi^{2n}$, wobei die A_{2n} von den Bernoullischen Zahlen (benannt nach Jakob Bernoulli) abhängen. Insbesondere ist $\zeta(2) = \frac{\pi^2}{6}$ (Briefe vom 5. und 29. Januar und vom 26. Februar 1743; S.135–152). Auf das Studium der Reihen (8.1) kam Euler zum letzten Mal viele Jahre später in der Arbeit E.477 zurück, die der Akademie im Jahre 1771 vorgelegt wurde.[6]

Bald nach dem genannten Brief, am 4. Mai 1743, warf Goldbach die Frage nach dem (Grenz)wert des Ausdrucks

$$\frac{\pi^2}{6f(f-1)} - \frac{2f-1}{f^2(f-1)^2}\left(1 + \frac{1}{2} + \frac{1}{3} + \cdots + \frac{1}{f} + \frac{1}{f(f-1)^2}\right) \qquad (8.2)$$

für $f = 1$ auf, welchen er zu $1 - \frac{\pi^2}{6} + \zeta(3)$ fand. Euler bezeichnet in seiner Antwort vom 21. Mai das Problem als «eines von den schwersten in dieser Art» und bestätigt durch komplizierte Rechnungen die Richtigkeit der Überlegungen Goldbachs (S.162–165). Ein analoges Beispiel findet sich im Kapitel 16 des zweiten Teils von Eulers *Differentialrechnung*, wo es um die Interpolation (im oben diskutierten Sinne) von transzendenten Funktionen der Art

$$1 + \frac{1}{2} + \frac{1}{3} + \cdots + \frac{1}{x} \qquad \text{oder} \qquad 1 \cdot 2 \cdot 3 \cdots \cdot x$$

geht, die Euler hier «unausdrückbar» (*inexplicabiles*) nennt.

In den Jahren 1742–1743 findet man besonders viele Mitteilungen Goldbachs über Eigenschaften verschiedener Reihen. Am 28. September 1743 schreibt er an Euler, daß die Summe der Reihe

$$1 + \frac{1}{8} \pm \frac{1}{9} + \frac{1}{16} \pm \frac{1}{25} \pm \frac{1}{27} + \frac{1}{32} + \cdots$$

im Falle des oberen Vorzeichens gleich 1, im Falle des unteren Vorzeichens gleich $2\ln 2 - 1$ ist (S.181). Er begeht dabei einen Fehlschluß, auf den Euler am 15. Oktober hinweist: alle Nenner müssen um 1 vermindert werden (S.184). Hier hatte Goldbach sein Gedächtnis verlassen oder aber ihm war in seinen persönlichen Aufzeichnungen ein Schreibfehler unterlaufen, denn schon im April 1729 hatte er D. Bernoulli mitgeteilt, daß

$$\sum_{k,n\geq 2}^{\infty} \frac{1}{k^n - 1} = 1$$

ist, und am 26. Mai hatte er ihm seinen Beweis geschickt.[7] Euler erinnerte daran, daß Goldbach ihm schon vor langer Zeit dieses Resultat mitgeteilt hatte, ebenso den Satz, daß

$$\sum_{k,n>1}^{\infty} \frac{(-1)^{kn}}{k^n - 1} = 2\ln 2 - 1$$

ist, und ihm freundlicherweise erlaubt hatte, diese Ergebnisse zu publizieren. In der Tat sind beide Resultate nebst Beweisen in der Arbeit E.72 von Euler enthalten, die in der akademischen Konferenz am 25. April (6. Mai) und 2. (23.) Mai 1737 vorgetragen[8] und 1744 gedruckt wurde. Der Aufsatz enthält den Hinweis, daß beide Resultate auf Goldbach zurückgehen. In derselben Arbeit wird noch auf ein weiteres schönes Resultat Goldbachs hingewiesen, welches im Briefwechsel fehlt:

$$\sum \frac{1}{k^n - 1} = \frac{7}{4} - \frac{\pi^2}{6}$$

für $k > 1$, $n = 2m \geq 4$.

Wir erwähnen hier noch eine Bemerkung Goldbachs, daß man nämlich, wenn man in geeigneter Weise die Zeichen $\pm$ zwischen die Zahlen $1, \frac{1}{2}, \frac{1}{3}, \frac{1}{4}, \cdots$ setzt, Reihen erhalten kann, deren Summen beliebigen «rationalen, stummen[9] und von irgendwelchen Quadraturen abhängigen Zahlen» gleich sind (Brief vom 1. Oktober 1742, S.123). Dieses Theorem war Gegenstand seiner früheren wiederholten Betrachtungen der harmonischen Reihe $1 + \frac{1}{2} + \frac{1}{3} + \cdots$, deren Divergenz von Jakob Bernoulli im ersten Teil seines Werkes über Reihen (1689) bewiesen worden war.[10] Euler erwähnt diesen Satz Goldbachs zehn Jahre später, in einem Brief vom 5. August 1752, wo er auf diese Art aus der Folge $1, \frac{1}{2}, \frac{1}{3}, \cdots$ konstruierte Entwicklungen für $\pi, \frac{\pi}{2}, \frac{\pi}{6}, \cdots$ angibt und diese in Beziehung setzt mit der Darstellung von $\frac{\pi}{2}$ und $\frac{\pi}{3}$ als unendliche Produkte von Brüchen der Art $\frac{1}{1 \pm \frac{1}{p}}$, wo p alle Primzahlen durchläuft.

Man muß hier die bemerkenswerten Forschungen Eulers erwähnen, die sich auf die harmonische Reihe beziehen. Er begann sie wahrscheinlich, als er mit dem Briefwechsel zwischen D. Bernoulli und Goldbach bekannt wurde. Die Sache ist die, daß der jüngere Bruder Daniel Bernoullis, Johann II (1710–1790), später Professor der Redekunst und nach dem Tode des Vaters Professor der Mathematik in Basel, eine Methode für die näherungsweise Berechnung von Teilsummen der harmonischen Reihe fand, die umso bessere Näherungen liefert, je mehr Glieder man nimmt.[11] D. Bernoulli berichtete Goldbach darüber in einem Brief vom 20. Februar (3. März) 1729 und erklärte an Zahlenbeispielen die asymptotischen Eigenschaften der Abschnitte

$$\sum_{k=m+1}^{m+n} \frac{1}{k}$$

der harmonischen Reihe bei $\frac{m}{n} = \text{const}$ und $m + n \to \infty$. Nimmt man z.B. die $n + m = 9$ ersten Glieder der harmonischen Reihe, so ist die Summe der letzten $n = 6$ Glieder nicht größer als $\ln 3 = 1,098612288 \cdots$, und nimmt man 3000, so unterscheidet sich die Summe der letzten 2000 Glieder kaum von $\ln 3$. In diesem Zusammenhang verwendete Bernoulli den Ausdruck «asymptotische Zahlen» (*nombres asymptotes*).[12] In seinem Brief vom April 1729 (das genaue Datum ist nicht bekannt) äußerte Goldbach die Vermutung, daß Bernoulli bei seinen Berechnungen Lo-

garithmen verwendet habe, und er nannte die Entdeckung von
Johann II Bernoulli «eine der schönsten dieser Art».[13] Am 28.
April (9. Mai) bestätigte Bernoulli diese Vermutung Goldbachs
und fügte hinzu, daß er keine Zehnerlogarithmen, sondern hy-
perbolische Logarithmen verwendet habe.[14] Er formulierte exakt
eine asymptotische Formel, die wir in etwas modernerer Bezeichnung so schreiben würden:

$$\lim_{m+n\to\infty} \sum_{k=n+1}^{m+n} \frac{1}{k} = \ln\frac{n+m}{m}.$$

Alle diese Resultate haben natürlich Eulers Aufmerksamkeit
erregt. In der Arbeit E.20, die am 5. (16.) März der Akademie
vorgestellt wurde[15], hat er insbesondere

$$f(x) = 1 + \frac{1}{2} + \frac{1}{3} + \cdots + \frac{1}{x}$$

für alle $x > 0$ mittels eines gewissen Integrals dargestellt. Hier
führte er auch die sogenannte Eulersche Konstante γ ein, die in
die asymptotische Darstellung der Summe $1 + \frac{1}{2} + \cdots + \frac{1}{n}$ in der
Form $\ln n + \gamma$ eingeht. Der harmonischen Reihe widmete Euler
bald darauf noch die Arbeit E.43[16], der Akademie vorgelegt am
11. (22.) März und am 29. März (9. April) 1734, gedruckt 1740,
und den Aufsatz E.47[17], vorgelegt am 13. (24.) Oktober 1735 und
veröffentlicht 1741. In E.43 berechnete Euler auf der Grundlage
der Formel

$$\gamma = \frac{1}{2}\zeta(2) - \frac{1}{3}\zeta(3) + \frac{1}{4}\zeta(4) - \cdots$$

den Wert von γ auf fünf Stellen genau, und in E.47 gelang es ihm
unter Verwendung der Partialsummen einer divergenten Reihe, γ
auf 16 Stellen genau zu berechnen. Bis heute ist unter anderem
nicht geklärt, ob $\gamma = 0,577\ldots$ eine rationale oder eine irrationale
Zahl ist. Goldbach war bei der Vorstellung der Arbeiten E.20
und E.43 nicht anwesend, aber er erinnerte sich, daß ihm Euler
irgendwann die allgemeine Formel für die Summation der Reihe
$1 + \frac{1}{2} + \cdots + \frac{1}{x}$ für gebrochenen Index x mitgeteilt hatte und
erwähnte dies in seinem Brief vom 4. Mai 1743 (S.162). In seiner
Antwort vom 21. Mai schrieb Euler, daß er seit langem die Summe
dieser Reihe mit Hilfe eines Integrals ausgedrückt habe, er aber
jetzt einen gewissen anderen geeigneteren Ausdruck vorschlage.

Im 5. und 6. Kapitel hatten wir gesehen, daß sich Goldbach lange vor Euler, der ja 17 Jahre jünger war, für Zahlentheorie interessierte, und daß seine Arbeiten auf diesem Gebiet Eulers Aufmerksamkeit erregten. Bereits in seinem allerersten Brief an Euler vom 1. Dezember 1729 führte Goldbach Fermats Behauptung an, daß alle Zahlen der Form $2^{2^n} + 1$ Primzahlen seien (S.24). Diese Frage wird dann in einigen der folgenden Briefe berührt. 1732 fand Euler, daß $2^{2^5} + 1 = 641 \cdot 6700417$ ist und daß somit Fermats Behauptung falsch ist. Er teilte dies in seinem Aufsatz E.26[18] mit, der der Akademie am 26. September (7.Oktober) 1732 vorgelegt[19] und 1738 veröffentlicht wurde. Das war die erste Veröffentlichung Eulers zur Zahlentheorie. Aufgaben aus der Zahlentheorie werden im Verlaufe des gesamten Briefwechsels diskutiert. Unter anderem ging es um die Anzahl der Teiler einer gegebenen Zahl, um die Darstellung einer beliebigen natürlichen Zahl als Summe von vier Quadraten und als Summen von Vieleckszahlen, um die Lösung der Gleichung $x^2 - dy^2 = 1$ sowie um den kleinen und den Großen Fermatschen Satz (letzteren bewies Euler für die Exponenten 3 und 4). Weitere Gegenstände waren die Abschätzung der Anzahl der Primzahlen unterhalb einer gegebenen Zahl und Sonderfälle des quadratischen Reziprozitätsgesetzes.

Dieses Gesetz hat Euler in allgemeiner Form ohne Beweis in den Arbeiten E.449[20] und E.552[21] publiziert. Vorgetragen wurden diese Arbeiten in der Akademie am 18. (29.) Mai 1772. Dieses bemerkenswerte Resultat Eulers hat lange Zeit keine Aufmerksamkeit gefunden. Als erster würdigte A.-M. Legendre seine Bedeutung in einem Aufsatz von 1785. 1798 schlug Legendre die bis heute übliche symbolische Schreibweise des Gesetzes vor und führte die später allgemein angenommene Bezeichnung «Reziprozitätsgesetz» ein. Legendres Beweisversuche waren unvollständig, wie C.F. Gauß in seinen berühmten *Disquisitiones Arithmeticae* (1801) zeigte. Gauß legte dort den ersten seiner insgesamt sieben verschiedenen Beweise vor. Das Reziprozitätsgesetz ist in der Folgezeit von Gauß selbst und danach von weiteren Mathematikern wesentlich verallgemeinert worden bis hin zu den sehr allgemeinen Resultaten, die I.R. Šafarevič 1949 erzielte.

An den genannten und an anderen Forschungen Eulers war Goldbach auf diese oder jene Art aktiv beteiligt, sei es durch

das Aufwerfen von Fragen oder durch eigene Bemerkungen und
Meinungsäußerungen. Wir werden hier jedoch nur einige seiner
eigenen Entdeckungen berühren.

Am 28. September 1743 schreibt Goldbach, daß folgender Satz
leicht zu beweisen sei: kein ganzes algebraisches Polynom mit
ganzen Koeffizienten kann als Werte lauter Primzahlen annehmen (S.181). Am 18. November 1752 (S.361) gab er einen völlig
elementaren Beweis dieses Satzes, der gewöhnlich ungerechtfer-
tigterweise Euler zugeschrieben wird, welcher ihn zusammen mit
seinem eigenen Beweis in der Arbeit E.283 publizierte. Diese Arbeit wurde in der Akademie am 1. (12.) Dezember 1760 vorgelegt
und 1764 gedruckt (Euler befand sich damals in Berlin).[22] In
dem genannten Brief vom 28. September 1743 führt Goldbach
das Polynom $x^2 + 19x - 19$ an, welches für $x = 1, 2, 3, \ldots 48$
mit Ausnahme der vier Werte $x = 19, 25, 36, 48$ Primzahlen ergibt. In seiner Antwort vom 15. Oktober nennt Euler diesen Ausdruck, der so viele Primzahlen liefert, «sehr merkwürdig» (S.184),
fügt aber hinzu, daß die Anzahl der zusammengesetzten Zahlen
unter seinen Werten mit wachsendem x steigt; so gibt es unter
den 75 ersten Werten schon 14, die nicht prim sind. Das angegebene Beispiel ist eines von vielen Zeugnissen für Goldbachs und
Eulers geschicktes Experimentieren mit ganzen Zahlen. In dem
oben erwähnten Brief vom 18. November sprach Goldbach eine
Vermutung aus, die er «so lange vor wahr halte, *donec probetur
contrarium*» (solange man nicht das Gegenteil beweisen kann):
Jede ungerade Zahl ist Summe eines verdoppelten Quadrats und
einer Primzahl: $2n - 1 = 2a^2 + p$. Euler schrieb an den Rand
des Briefes: «ist wahr bis 550». 1856 zeigte Stern[23], daß es im
Bereich bis 9000 nur zwei Ausnahmen gibt: $5777 = 53 \cdot 109$ und
$5993 = 13 \cdot 461$. 1923 sprachen Hardy und Littlewood[24] die Vermutung aus, daß jede hinreichend große Zahl die Summe zweier
Quadrate und einer Primzahl ist. Später hat der russische Mathematiker Ju.V. Linnik[25] diese Vermutung bewiesen. Hier treten wir in das eigentümliche Gebiet der Goldbachschen Hypothesen ein, bei deren Entscheidung russische Mathematiker eine
entscheidende Rolle gespielt haben.

Einige der Hypothesen Goldbachs und — seltener — Eulers,
die aufgrund der Untersuchung der Eigenschaften größerer oder
kleinerer Mengen von Zahlen entstanden waren, erwiesen sich als
falsch, was sich meist schon im Verlaufe des Briefwechsels heraus-

stellte. Euler war beständig bestrebt, jede Vermutung Goldbachs zu beweisen, und das führte ihn in vielen Fällen zu tiefgehenden theoretischen Forschungen. Aber manchmal konnten die Hypothesen Goldbachs nicht mit den Mitteln des 18. und nicht einmal mit denen des 19. Jahrhunderts nachgeprüft werden. Mit zwei Beispielen dieser Art werden wir die Besprechung des mathematischen Schaffens Goldbachs abschließen.

Lange Zeit haben die Mathematiker zwar rationale und irrationale Zahlen unterschieden, nicht aber algebraische Irrationalitäten und transzendente Zahlen. Als man im 17. Jahrhundert zu der Überzeugung gelangte, ohne einen Beweis geben zu können, daß nicht-algebraische Funktionen existieren (die Leibniz in einem Artikel von 1684 als transzendent bezeichnete), entstand auch die Frage nach der arithmetischen Natur gewisser bemerkenswerter Zahlen wie π oder verschiedener Logarithmen. Schon Wallis war 1656 der Ansicht, daß π nicht zu den gewöhnlichen Irrationalitäten des Typs $\sqrt[a]{b}$ gehört. In einem Brief an Goldbach vom 28. April 1729 vertrat D. Bernoulli die Meinung, daß die hyperbolischen (d.h. die natürlichen) Logarithmen rationaler Zahlen (außer von 1), wie z.B. $\ln 2$, die er in Form unendlicher Reihen dargestellt hatte, weder durch rationale noch durch «radikale noch irrationale» Zahlen ausgedrückt werden können. Etwas später (das genaue Datum ist nicht bekannt) fügte Bernoulli hinzu, daß er die eben angeführte Behauptung nicht beweisen könne.[26] In seinen Antwortbriefen konstatierte Goldbach Übereinstimmung mit Bernoulli. Mehr noch, am 18. August 1729 behauptete er, daß er unendlich viele Reihen angeben könne, deren Summen nicht Wurzeln aus rationalen Zahlen mit rationalen Exponenten sein können. Am 20. Oktober dann nennt Goldbach als Antwort auf Bernoullis Bitte, solche Beispiele anzugeben, die Zahl

$$\frac{1}{10} + \frac{1}{100} + \frac{1}{10000} + \cdots + \frac{1}{10^{2^{x-1}}} + \cdots.$$

In einem Brief vom 20. (31.) Oktober akzeptiert Bernoulli dieses Beispiel.[27]

Die heutige Definition der transzendenten Zahlen als nichtalgebraische Zahlen, d.h. als Zahlen, die nicht Wurzel irgendeiner algebraischen Gleichung mit rationalen Koeffizienten sind, gab Lambert (1766, veröffentlicht 1768). Er bewies erstmalig, wenn auch nicht ganz vollständig, die Irrationalität der Zahlen e und

π. Lambert war davon überzeugt, daß e und π transzendent sind (1766, veröffentlicht 1770). Die Frage nach der arithmetischen Natur der Zahl π wurde auch im Briefwechsel Goldbachs mit Euler erörtert (z.B. S.160). Aber erst Liouville (1844) gelang es, einen Beweis für die Existenz transzendenter Zahlen zu führen und Beispiele für transzendente Zahlen anzugeben. Die Transzendenz von e bewies 1873 Hermite[28], die von π 1882 Lindemann.[29]

Die Transzendenz der von Goldbach angegebenen Zahl

$$\sum_{x=1}^{\infty} 10^{-2^{x+1}}$$

bewies 1938 R.O. Kuz'min.[30]

Wir hatten bereits gesehen, daß in den Jahren, als Euler mit eigenen Forschungen begann, für sein Schaffen der Briefwechsel D. Bernoullis mit Goldbach große Bedeutung hatte. Die Frage nach den arithmetischen Eigenschaften der Logarithmen fiel ebenfalls in den Kreis seiner Interessen. Später hat er im ersten Band der *Einleitung in die Analysis des Unendlichen*, die er 1744 in Druck gab[31], die Behauptung ausgesprochen, daß bei rationaler Basis a die Logarithmen rationaler Zahlen, die nicht rationale Potenzen der Basis sind, «mit Recht zu den transcendenten Größen gerechnet werden.»[32] Der Satz D. Bernoullis über die natürlichen Logarithmen folgt aus Theoremen Lindemanns. Den Satz Eulers bewies A.O. Gel'fond[33] 1934 in verallgemeinerter Form: bei algebraischer Basis sind die Logarithmen algebraischer Zahlen entweder transzendent oder rational.[34] Die Theorie der transzendenten Zahlen ist heute ein großer eigenständiger Zweig der Zahlentheorie.

Zum Abschluß wollen wir die Vermutung Goldbachs nennen, die seinen Namen allgemein bekannt gemacht hat. Am 7. Juni 1742 schrieb Goldbach folgendes an Euler: «Ich halte es nicht für undienlich, daß man auch diejenigen *propositiones* anmerke, welche sehr *probabiles* sind, ohngeachtet es an einer würklichen Demonstration fehlet, denn wann sie auch nachmals falsch befunden werden, so können sie doch zu Entdeckung einer neuen Wahrheit Gelegenheit geben.» Und weiter heißt es: «Auf solche Weise will ich auch eine *conjecture* hazardieren (eine Vermutung wagen — d.Ü.): ... daß eine jede Zahl, die größer ist als 2, ein *aggregatum trium numerorum primorum* (eine Summe dreier Primzahlen —

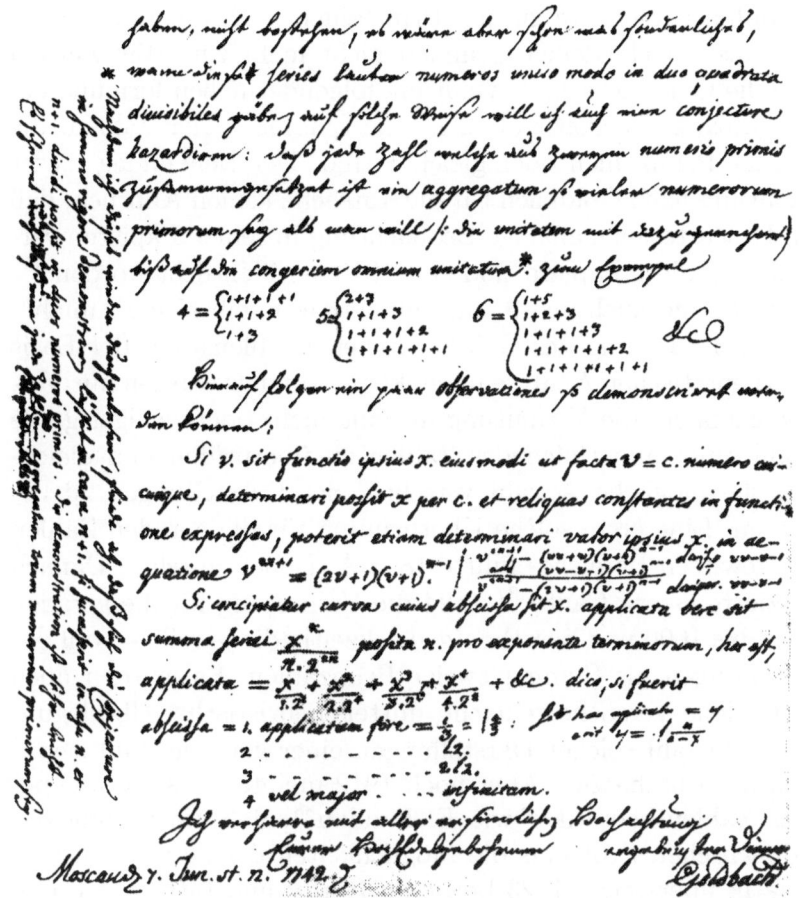

Abb. 13   Seite aus dem Brief Goldbachs an Euler vom 7. Juli 1742, auf der die Goldbachsche Vermutung formuliert ist.

d.Ü.) sei.» (S.103–104) Am 30. Juni antwortete Euler, daß Goldbach ihm schon früher seine Beobachtung mitgeteilt habe «daß nämlich ein jeder *numerus par* (gerade Zahl — d.Ü.) eine *summa duorum numerorum primorum* (eine Summe zweier Primzahlen — d.Ü.) seie.... Ist aber n ein *numerus impar* (ungerade Zahl — d.Ü.), so ist derselbe gewiß eine *summa trium numerorum primorum*,...» Weiter heißt es dann bei Euler: «Daß aber ein jeder *numerus par* eine *summa duorum primorum* sei, halte ich für ein ganz gewisses Theorema, ungeachtet ich dasselbe nicht demonstrieren kann.» (S.110–111).

Goldbach rechnete zu den Primzahlen auch die 1, was man heute aus verschiedenen Gründen nicht mehr tut. Wir würden heute die Goldbachsche Vermutung folgendermaßen formulieren: Jede ganze Zahl größer als 2 ist die Summe dreier Zahlen, die entweder Primzahlen oder gleich 1 sind. Der Benennung dieser Vermutung nach Goldbach tut die Tatsache keinen Abbruch, daß auch Descartes eine analoge Beobachtung in seinen Papieren vermerkt hat: diese Papiere sind erst 1910 veröffentlicht worden.[35]

Im 18. und auch im 19. Jahrhundert war selbst eine Annäherung an die Lösung des Goldbachschen Problems auf der Basis einer theoretischen Analyse undenkbar. Anfangs wurden nur Versuche gemacht, die Vermutung für eine mehr oder weniger große Anzahl aufeinanderfolgender Zahlen zu überprüfen und gleichzeitig die mögliche Anzahl verschiedener Darstellungen zu bestimmen. Eine erste solche Überprüfung für die geraden Zahlen eines gewissen Bereiches führte 1855 A. Debov durch.[36] Danach verifizierte Georg Cantor[37] 1894 die Vermutung für die geraden Zahlen bis 1000 und berechnete gleichzeitig die jeweilige Zahl der Darstellungen als Summe zweier Primzahlen. Es wurden auch verschiedene Versuche gemacht, mittels heuristischer Überlegungen die Anzahl solcher Darstellungen einer geraden Zahl asymptotisch abzuschätzen. Aber noch 1912 meinte ein solch kompetenter Zahlentheoretiker wie E. Landau[38], daß die Lösung des Goldbachschen Problems die Möglichkeiten der derzeitigen Mathematik übersteige. 1923 bewiesen Hardy und Littlewood, daß die Goldbachsche Vermutung für alle hinreichend großen ungeraden Zahlen richtig ist, wenn die Riemannsche Vermutung über die Verteilung der Nullstellen der Zetafunktion und der ihr verwandten Dirichlet-Funktionen zutrifft. Die Riemannsche Vermutung aber ist bis heute nicht bewiesen. 1930 hat L.G. Šnirel'man mittels eines besonderen Verfahrens streng bewiesen, daß jede ganze Zahl die Summe von höchstens K Primzahlen ist. Für K gab Šnirel'man damals die Abschätzung 800000.[39] Später gelang es, den Wert von K auf 67 und schließlich sogar auf 20 herabzudrücken; weiter herunter kommt man allem Anschein nach mit der Šnirel'manschen Methode nicht.

Schließlich hat I.M. Vinogradov mit Hilfe einer von ihm 1934 entwickelten höchst originellen Methode, welche auf der Abschätzung gewisser trigonometrischer Summen beruht, beweisen können, daß jede ungerade Zahl, die größer ist als eine bestimmte

Konstante C, als Summe dreier Primzahlen darstellbar ist. Er leitete auch eine asymptotische Formel für die Abschätzung der Anzahl solcher Darstellungen her. Für hinreichend große gerade Zahlen folgt hieraus, daß sie Summen von vier Primzahlen sind.[40] Die sehr leistungsfähige Methode Vinogradovs, die sowohl durch ihn selbst als auch durch eine Vielzahl anderer Mathematiker eine weitere Entwicklung erfahren hat, erlaubt die Lösung einer ganzen Reihe von schwierigen Problemen der Zahlentheorie.[41]

Goldbach hat also nicht nur selbst erfolgreich auf dem Gebiet der Mathematik gearbeitet und das Schaffen bedeutender seiner Zeitgenossen stark beeinflußt, sondern er übte und übt durch die von ihm mit glücklicher Hand ausgewählten und aufgeworfenen Probleme einen fruchtbringenden Einfluß auf den Fortschritt der Mathematik bis in unsere Tage aus.

Anhänge

A1   Der Briefwechsel Christian Goldbachs mit Jakob Hermann[1]

1. Ch. Goldbach an J. Hermann, 29. Januar 1721, aus Wien.[1]

Man teilte mir mit, daß Eure Dissertation über die Bewegungsgesetze, welche Ihr mir schicktet[2], in Königsberg eingetroffen ist. Dieses Geschenk war für mich unerwartet und umso willkommener, als es von Euch stammt. Mit welchem Vergnügen ich dieses Buch lesen werde, welches ich in diesen Tagen zu erhalten hoffe, würdet Ihr verstehen können, wenn Ihr wüßtet, wie viele Jahre ich schon hohe Achtung für Euch und Eure Verdienste um die Mathematik hege. Ich werde bestrebt sein, das bei jedweder Gelegenheit zu beweisen, mehr durch die Tat als durch Worte.

Als ich in Nürnberg war, bat mich Herr Doppelmayer, ihm irgendwelche noch nicht veröffentlichte Beobachtungen der Deklination der Magnetnadel mitzuteilen, falls mir solche bekannt seien. Er arbeitet schon seit langem mit Eifer an der Erforschung der Deklination und hofft, sie mit Hilfe einer gewissen ganz neuen Hypothese zu erklären. Wenn Ihr selbst, Verehrtester, Beobachtungen solcher Art durchgeführt habt oder derartige von Freunden besitzt, wären dieser höchst gutherzige Mensch und ich Euch sehr dankbar, wenn Ihr mir diese schicktet.

... Neulich kam mir in den Sinn, daß eine beliebige Reihe (sei auch ihre Summe unbekannt) auf unendlich viele Arten in unendlich viele Reihen umgeordnet werden kann, die ein und denselben Wert (*valor*) haben. Ich werde, wenn auch nur ein Beispiel angeben.

Wenn das Quadrat des Durchmessers gleich 1 wird, so ist der Flächeninhalt des Halbkreises gleich einer Reihe, die durch folgende allgemeine Formel ausgedrückt wird:

$$\frac{32ax^2 + (32 - 32a)x + 6 - 6a}{(16x^2 - 16x + 3)(16x^2 + 16x + 3)},$$

so daß, wenn $x = 1$ ist, man das erste Glied der Reihe erhält; für $x = 2$ erhält man das zweite Glied usw. Für a könnt Ihr eine beliebige konstante Zahl nehmen (auch eine stumme oder negative). Somit wird, wenn man $a = 2$ setzt, die Fläche des Halbkreises (deren Wurzel $= \frac{1}{2}$) gleich der Reihe

$$\frac{26}{3 \cdot 35} + \frac{186}{35 \cdot 99} + \frac{474}{99 \cdot 195} + \frac{890}{195 \cdot 323} + \cdots$$

Wenn $a = 0$, so ist die Reihe

$$\frac{38}{3 \cdot 35} + \frac{70}{35 \cdot 99} + \frac{102}{99 \cdot 195} + \frac{134}{195 \cdot 323} + \cdots$$

gleich der ersten.

Wenn $a = -1$, so hat man

$$\frac{44}{5 \cdot 35} + \frac{12}{35 \cdot 99} - \frac{84}{99 \cdot 195} - \frac{244}{195 \cdot 323} - \cdots.$$

Wenn $a = \frac{1}{2}$, so ist die Reihe

$$\frac{35}{3 \cdot 35} + \frac{99}{35 \cdot 99} + \frac{195}{99 \cdot 195} + \cdots$$

oder

$$\frac{1}{3} + \frac{1}{35} + \frac{1}{99} + \cdots,$$

und das ist auch die Leibnizsche Reihe.[3]

2. J. Hermann an Ch. Goldbach, 17. März 1721, aus Frankfurt an der Oder.[1]

Euer außerordentlich liebenswürdiger Brief von Ende Januar aus Wien war für mich ebenso angenehm wie unerwartet. Die Übersendung meiner Dissertation *Über die Messung der Kräfte der Körper*, die zur Verteidigung des Leibnizschen Systems herausgegeben wurde, an Euch nach Königsberg verdient ganz und gar keine Dankbarkeit; eher muß ich um Nachsicht dafür bitten, daß ich mich entschloß, Euch eine Arbeit vor Augen zu bringen, die

Abb. 14   Jakob Hermann. Öl. Aus einer Privatsammlung der Stadt Rhein-
felden.

in Eile oberflächlich geschrieben und nicht so ausgefeilt ist, wie
es die Bedeutung des Gegenstandes erfordert hätte.

... Was die anderen Punkte Eures Briefes betrifft, so bedaure
ich, daß ich keinerlei magnetische Beobachtungen habe, um sie
dem verehrten Doppelmayer senden zu können, einem Menschen
von großen Verdiensten in der Mathematik und insbesondere in
der Astronomie und Gnomonik. Abgesehen davon, daß ich für
die Zeit meines Hierseins in dieser Stadt immer sehr mit anderen
Dingen beschäftigt war und mein Platz ungeeignet ist für Antworten auf Fragen solcher Art, dachte ich eigentlich nie besonders
an die Erforschung der Deklination der Magnetnadel. Im nächsten Sommer werde ich versuchen, irgendetwas auf diesem Gebiet
zu tun. Sollte etwas an Beobachtungen, die von anderen gemacht
wurden, in meine Hände fallen, oder ich selbst etwas Verläßliches
finden, werde ich es ganz gewiß schicken.

... Die von Euch entdeckte Umordnung einer beliebigen gegebenen Reihe in andere Reihen desselben Wertes, dazu noch auf unendlich viele Weisen, scheint mir vortrefflich zu sein. Ihr zeigtet das am Beispiel der Kreisfläche, indem Ihr die Formel

$$\frac{32axx + (32 - 32a)x + 6 - 6a}{(16xx - 16x + 3)(16xx + 16x + 3)}$$

abgeleitet habt. Für diese Mitteilung bin ich Euch außerordentlich dankbar. Ich hatte keine Zeit, ihren Ursprung zu ergründen, aber bei flüchtigem Ansehen scheint es mir, daß man aus der Umordnung der allgemeinen Formel

$$\frac{1}{16xx - 16x + 3}$$

auf unendlich viele Arten unendlich viele verschiedene Reihen erhalten kann, die ein und denselben Wert haben. Ob jedoch Eure Formel mit irgendeiner von ihnen zusammenfällt, das konnte ich noch nicht verfolgen und nachprüfen.

Ich beschäftige mich mit dem Studium eines Aufsatzes von Bernoulli, in dem eine von mir in den *A[cta] E[ruditorum]* gegebene Lösung über Trajektorien einer eingehenden Analyse unterzogen wird.[2] Es wird dort folgende Aufgabe gestellt: Zwischen den parallelen Achsen *MN* und *FG* sind eine Kurve *ABC* und dieselbe Kurve in umgekehrter Lage *DBE* so zu finden und zu konstruieren, daß bei Bewegung beider oder einer der beiden Kurven entlang ihrer Achse, immer parallel zu sich selbst, diese beiden Kurven sich stets unter einem rechten Winkel schneiden, d.h. die Geschnittene und die Schneidende sollen dieselben Kurven sein.

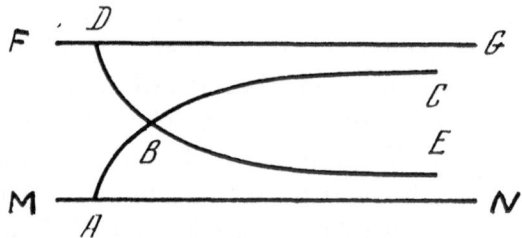

Diese Aufgabe habe ich schon gelöst und ich habe unendlich viele Kurven verschiedener Art gefunden, sowohl geometrische als auch transzendente, die der Forderung genügen, welche vom Autor der Aufgabe gestellt wurde. Eine der zahllosen transzendenten

Kurven, die der Aufgabe genügen, ist die gewöhnliche Zykloide. Wenn aber die Linien DBE und ABC, die Geschnittene und die Schneidende, dieselben sein sollen, aber der gegebene Winkel, unter dem sie sich schneiden, kein rechter, sondern irgendein schiefer Winkel ist, dann können der Aufgabe nur transzendente Kurven entsprechen, die leicht logarithmisch konstruiert werden, obwohl sie der Art nach unendlich variieren.

Ich komme zu den Reihen zurück. Nach der Veröffentlichung einer Abhandlung des Engländers Taylor über die direkte und inverse Methode der Inkremente begannen viele, das Problem der Reihen zu studieren. So gab der namhafte Herr Montmort, ein Franzose, eine gelehrte Abhandlung darüber in den englischen *Transactions*, Nr.354 von 1717, heraus, und Nicole publizierte zu dieser Frage in den *Mémoires* der Königlichen Akademie für 1717 eine wunderbare Dissertation.[3] Aber darüber genug fürs erste...

3. Ch. Goldbach an J. Hermann, 11. September 1721, aus Dresden.[1]

Schon am 24. März übergab man mir Euren Brief, und seit dieser Zeit wollte ich Euch vieles mitteilen, aber ich hielt mich damit zurück, bedenkend, wie unbescheiden jene die Güte der Gelehrten mißbrauchen, die, während sie selbst nichts tun, diese bei ihren Studien durch ihre nichtsnutzigen Briefe stören. Jetzt, da mir Nikolaus Bernoulli, der Sohn Johanns, über einen besonderen Versuch schrieb und bat, Euch das zu übergeben, tue ich das mit großem Vergnügen[2] ...

In meinem ersten Brief erwähnte ich eine Regel für die Bildung unendlicher Reihen, in welche die Leibnizsche Reihe umgeordnet werden kann··· Sie ist nichts anderes als ein Spezialfall der Formel

$$\frac{(cl+l)x^2 + (2l - cl + m)x + (1-c)(l+m+n)}{(lx^2 + mx + n)(lx^2 + (2l + m)x + l + m + n)}.$$

Diese Formel ergibt, wenn man für c eine beliebige konstante Zahl nimmt, immer eine Reihe gleich

$$\frac{1}{lx^2 + mx + n};$$

hier seien l, m, n beliebige gegebene Zahlen. Außerdem kann man eine unendliche Gesamtheit anderer solcher Regeln formulieren, wenn nur der Exponent von x im Nenner der Formel nicht größer als 4 ist. Bei gegebenem Nenner

$$(16x^2 - 16x + 3)(4x + 4f - 3)(4x + 4h - 1),$$

wo f und h ganze positive Zahlen sind, kann ich einen veränderlichen Zähler so auswählen, daß die Summe der Reihe gleich der Leibnizschen wird. So wird, wenn der Nenner

$$(16x^2 - 16x + 3)(16x^2 + 32x + 15)$$

gegeben ist, wo $f = 2$ und $h = 1$ ist, der Zähler

$$(16 + 8a)x^2 + (32 + 4a)x + 15a - 15$$

sein usw., wo a eine beliebige Zahl ist. Wenn jedoch die Potenz von x im Nenner der Formel höher als die vierte ist oder wenn der Exponent von x gebrochen ist, dann greifen zahllose andere Regeln Platz.

Die Arbeiten der von Euch genannten Autoren, die über Reihen geschrieben haben, konnte ich noch nicht ansehen, aber ich hoffe, daß ich sie mir irgendwie zunutze machen kann. Jedesmal, wenn ich mich in Betrachtungen solcher Art versenke, bemerke ich irgendetwas neues.

Aus den Reihen entstehen algebraische Aufgaben für das Auffinden unbekannter Größen. Zum Beispiel sei die Reihe

$$\frac{p - 3}{16x^2 - (4p + 12)x + 3p}$$

gleich der Reihe

$$\frac{p - 5}{16x^2 + (12 - 4p)x + p - 4},$$

und man soll die unbekannte Größe p finden. Dann wird, wenn man s gleich der Summe der Reihe

$$\frac{1}{16x^2 - 16x + 3}$$

setzt, $p = \frac{4s-1}{s}$, oder allgemein, wenn die Reihe

$$\frac{n - m}{l^2x^2 + (m + n)lx + mn}$$

gleich der Reihe

$$\frac{l + n - lf - m}{l^2x^2 + (lf + m + n + 1)lx + (lf + m)(l + n)}$$

ist, so sehe ich, daß die Bestimmung von n von der Natur von f abhängt; nämlich, wenn f eine positive ganze Zahl ist, dann kann n immer durch gewöhnliche Zahlen ausgedrückt werden, wenn aber f irgendeine andere nichtganze Zahl ist, kann der Wert von n durch eine unendliche Reihe ausgedrückt werden...

4. J. Hermann an Ch. Goldbach, 28. Oktober 1724, aus Frankfurt an der Oder.[1]

Euren liebenswürdigen Brief aus Berlin vom 30. September[2] erhielt ich durch Lavia, einen sittsamen Jüngling, der zu großen Hoffnungen Anlaß gibt. Aber an einer schnellen Antwort hinderten mich viele Angelegenheiten, die mit den Pflichten des Rektors verbunden sind, welche ich vor 15 Tagen auf gut Glück übernommen habe. Ich zähle auf Eure Güte und hoffe, Ihr werdet mir diese kleine Verspätung verzeihen. Ich erinnere mich nicht, einen Brief erhalten zu haben, der von Dresden abgeschickt worden ist[3]...

Was sich in der gelehrten Welt tut, weiß ich überhaupt nicht, da ich in Vorlesungsverpflichtungen und den Obliegenheiten des Rektoramtes gleichsam ertrinke. Nur auf die Leipziger *Neue Zeitungen [von gelehrten Sachen]*, die wöchentlich erscheinen, werfe ich ab und zu einen Blick. Auf Verordnung des russischen Monarchen hat man mir eine Stelle in der wissenschaftlichen Gesellschaft angeboten, die er in Petersburg gründet und mit bedeutenden Mitteln versieht, mit einem Jahresgehalt von 2000 Rubeln und anderen nicht unbedeutenden Privilegien, aber ich habe mich vorerst noch nicht entschieden, was ich tun werde.[4] Viele widerraten mir, die angebotene Stelle anzunehmen, andere prophezeihen, daß ich im Falle einer Annahme sehr zufrieden sein würde. Ich würde gern Eure Meinung darüber erfahren. Ich denke, daß Ihr die gegenwärtige Lage der Dinge in Rußland, oder genauer, in der Hauptstadt Ingriens[5], besser kennt...

5. Ch. Goldbach an J. Hermann, 4. November 1724, aus Berlin.[1]

Daß Ihr Euch bei Eurer starken Inanspruchnahme herabgelassen habt, auf meinen Brief zu antworten, zeugt von Eurer großen Güte...[2]

In den Ländern, die zum russischen Imperium gehören, bin ich nie gewesen, und ich kann nicht über die neue Akademie urteilen, die man in Petersburg gründet. Als mir der berühmte

Doppelmayer schrieb, daß er die Bedingungen, die man ihm in dieser Akademie anbot, abgelehnt habe, schrieb ich ihm, daß Nikolaus Bernoulli, der Sohn Johanns, möglicherweise dorthin gehen würde, falls man an ihn eine Einladung mit hinreichendem Gehalt ergehen ließe, und ich bat Doppelmayer, in diesem Sinne nach Petersburg zu schreiben, obwohl Bernoulli selbst darüber noch nichts weiß.[3] Jetzt, da ich höre, daß diese Stelle für Euch bestimmt ist, bin ich darüber sehr erfreut, aber zu raten in einer Angelegenheit, in der vieles Unbekannte liegt, kann ich mich nicht entschließen, besonders, weil ich, wie ich schon sagte, die Petersburger Verhältnisse nicht ausreichend kenne. Aber wo Ihr auch immer hingeraten möget, wünsche ich Euch das Glück, welches Eure außerordentliche Gelehrsamkeit verdient...

6. Ch. Goldbach an J. Hermann, 15. Februar 1727.[1]
[Petersburg]

Das wahre Integral der Differentialgleichung

$$a\,dx + b\,dy + cx\,dx + ex\,dy + fy\,dx + gy\,dy = 0$$

ist

$$\left(y + \frac{ae-bc}{ef-cg}\right)\left(\frac{bc-ae+am}{c} + \frac{em-mm}{c}y + mx\right)^{\frac{f-e+m}{m}} +$$

$$\frac{c}{fm-em+2mm}\left(\frac{bc-ac+am}{c} + \frac{em-mm}{c}y + mx\right)^{\frac{f-e+2m}{m}} = D,$$

wo D eine Konstante ist und

$$m = \frac{e - f \pm \sqrt{ee + 2ef + ff - 4eg}}{2}.$$

Das kann man durch Beispiele erklären. Sei[2]

$$dx + dy + 2x\,dx + 2x\,dy + 3y\,dx + 2y\,dy = 0,$$

dann ist das gesuchte Integral für $m = 1$

$$y\left(\frac{1}{2} + \frac{1}{2}y + x\right)^2 + \frac{3}{2}\left(\frac{1}{2} + \frac{1}{2}y + x\right)^3,$$

und für $m = 2$ ist es

$$y(-1 - 4y - 2x)^{\frac{1}{2}} + \frac{1}{3}(-1 - 4y - 2x)^{\frac{3}{2}};$$

aber aus derjenigen Formel, welche ich Euch kürzlich mitgeteilt habe, erhält man das Integral

$$\left(y + \frac{1}{2}\right)\left(\frac{1}{4} + \frac{1}{2}y + x\right)^{\frac{1}{2}} + \frac{2}{3}\left(\frac{1}{4} + \frac{1}{2}y + x\right)^{\frac{3}{2}},$$

welches der gegebenen Differentialgleichung nicht genügt. Außerdem kenne ich die Integrale von noch zwei Gleichungen, welche ich hier durch folgende Formel ausdrücke[3]

$$a\,dx + byy\,dx + c\,dy + ex^{\frac{3\pm1}{2}}\,dy = 0.$$

7. Ch. Goldbach an J. Hermann, 17. Juli 1730, aus Moskau.[1]

In diesen Tagen wird man Euch eine gewisse von mir stammende Methode der Beschreibung quadrierbarer Möndchen überbringen, die ich vor allem Eurem Urteil überantworte. Sollte irgendjemand vor mir diesen Weg eingeschlagen und seine Methode veröffentlicht haben, so ist mir das hier, wo ich fast keine Bücher habe, unbekannt geblieben. Um aber zu verhindern, daß ich Fremdes für Eigenes ausgebe, bitte ich Euch, der Ihr alles beherrscht und die Entdeckungen der Mathematiker kennt, sehr darum, nachzusehen, ob diese Aufgabe von anderen gelöst ist, und es mir mitzuteilen. Für diese Gefälligkeit werde ich Euch sehr verbunden und von Herzen dankbar sein, und es Euch entgelten, wenn ich kann.[2]

8. J. Hermann an Ch. Goldbach, 16. Juli 1730, aus Petersburg.[1]

Euren Brief vom 17. dieses Monats habe ich erhalten, die Antwort aber aufgeschoben bis zum Erhalt Eures Aufsatzes, den Ihr im Brief erwähnt hattet.[2] Diesen hat mir Euler vor vier Tagen gebracht. Mir gefällt, daß Ihr außer den Möndchen des Hippokrates noch zahllose andere gefunden habt. Ich kann mich nicht erinnern, daß über diese irgendetwas bei den Autoren steht, die über die hippokratischen Möndchen geschrieben haben. Es kann sein, daß Leibniz in einem Brief an den Großherzog von Etrurien, als er auf Aufgaben von Viviani über quadrierbare Gewölbe und deren Lösungen zu sprechen kam, sehr kurz diese zahllosen quadrierbaren Möndchen erwähnte und die Quellen angab, aus denen sie erhalten werden können.[3] Doch dieses Werk, obwohl auch gedruckt, ist nur wenigen verfügbar, und das, was er dort über

Möndchen schreibt, beschränkt sich auf zwei Worte. Ich bin vollkommen sicher, daß Ihr dieses Leibnizsche Werk nie gesehen habt und nicht einmal davon gehört habt — ich meine diesen Brief an den Großherzog. Seine Lösungen der Vivianischen Aufgaben kann man in den *A[cta] E[ruditorum]* finden. Varignon verfuhr in den *Mémoires* der Akademie der Wissenschaften anders, und zwar schrieb er über die Auffindung quadrierbarer «Zonen» in einem Kreis und fand die Grundlage, auf der zum beträchtlichen Teil das Auffinden aller quadrierbaren Möndchen basiert. Man kann sich auch unzählig viele elliptische oder elliptisch-kreisförmige Möndchen ausdenken.

9.   J. Hermann an Ch. Goldbach, 15. März 1732, aus Basel.[1]

Mit großer Freude empfing ich Euren liebenswürdigen Brief aus Moskau vom 9. August vorigen Jahres[2], und mit großem Vergnügen konnte ich daraus ersehen, daß Ihr gesund seid und mir wie früher mit Herz und Verstand gewogen. Es gibt keinen Grund, weswegen Ihr auf mich ärgerlich sein solltet wegen meines Weggangs. In jedem Winkel der Erde werde ich Euch ergeben bleiben, und wenn die Akademie meine Hilfe benötigt, so bin ich bereit, sie ihr in der Schweiz oder an einem beliebigen anderen Ort so zu erweisen, als wenn ich in Petersburg wäre. Herzlichen Dank Euch für die Glückwünsche zur guten Ankunft in der Heimat. Ich flehe zu Gott, daß er Euch immer gesund erhalte und daß Eure Angelegenheiten so erfolgreich verlaufen mögen, wie Ihr es wünscht.

Der Herr Präsident[3] irrt sich, wenn er denkt, daß ich aus dem Wunsch heraus gegangen bin, meine Heimat wiederzusehen. Das haben ihm zweifellos einige Übelwollende eingeflüstert, die etwas derartiges schon vor meiner Abreise in die Zeitungen brachten, ohne meinen Namen zu nennen, damit aber nur sich selbst Schande bereiteten. Ganz und gar nicht aus Liebe zum Vaterland habe ich meine Stellung in Eurer Akademie aufgegeben. Ja, ich wäre mit Vergnügen nach Frankfurt zurückgekehrt, wohin mich der König erneut einlud. Ich habe jedoch schon früher der Universität in der Heimat meine Einwilligung gegeben, welche mir die Professur für Moral angeboten hat. Ich bin nicht so von Habsucht besessen, daß ich in meinem Alter um des Gewinnes willen es weiterhin könnte und wollte, jedwede Demütigungen zu ertragen, denen die Petersburger Professoren ausgesetzt sind, und

ein Gegenstand des Spottes für die Jungen zu sein. So bin ich
gegangen, um dem zu entrinnen, und ich bin sicher, daß ich dadurch sowohl dem Präsidenten, der manchmal geringschätzig von
mir gesprochen hat, als auch anderen einen Gefallen getan habe.
Doch nun genug davon.[4]

Eure Beilage habe ich an Herrn Doppelmayer abgeschickt,
und unlängst erhielt ich von ihm noch einen Brief zur Weiterlei-
tung an Euch. Verzeiht, daß Ihr ihn mit Verspätung erhaltet,
aber ich wollte die Gelegenheit abwarten, bis ich irgendetwas
für die akademischen *Commentarii*[5] zu schicken haben würde.
Es gab auch noch andere Hindernisse, deretwegen ich das Paket
nicht früher abschicken konnte, welches jetzt sofort an den Herrn
Bibliothekar[6] abgeht.

Anmerkungen
Zum Brief 1:

1. Kopie von Goldbachs Hand. — CGADA, f.181, op.16, Nr.1415,
č.1, Bl.11r–12.

2. Wahrscheinlich ist hier vom Manuskript des Hermannschen
Aufsatzes *De mensura virium vivarum* die Rede, der später in
Band 1 der *Commentarii* (1726) 1728, S.1–42, abgedruckt worden ist. Der von Leibniz 1686 eingeführte Begriff der lebendigen
Kraft und das von ihm formulierte Prinzip der Erhaltung der
lebendigen Kräfte (L.M.S., Bd.VI, S.117–123) riefen einen langen Streit über das Maß der lebendigen Kräfte hervor, der bis
in die Mitte des 18. Jahrhunderts fortgesetzt wurde. Siehe dazu:
Geschichte der Mechanik von der Antike bis zum Ende des 18.
Jahrhunderts (Russ.). Hrsg. von A.T. Grigor'jan und I.B. Pogre-
bysskij. Moskau 1971, S.127–130, bzw. Szabó, I.: Geschichte der
mechanischen Prinzipien. Basel 1979, 3. Aufl.1987, S.62ff.

3. Siehe oben, S 133, aber auch Goldbachs Erklärungen im
Brief 3.

Zum Brief 2:

1. Original. — CGADA, f.181, op.16, Nr.1413, č.1, Bl.257–258.

2. Das Problem der Trajektorien, d.h. des Auffindens von Kurven, die eine gegebene Schar ebener Kurven unter einem gegebenen Winkel schneiden, wurde 1697 von Johann I Bernoulli gestellt. Danach haben sich zahlreiche Mathematiker mit der Lösung des Problems für verschiedene spezielle Fälle beschäftigt: Leibniz, Newton, Nikolaus II Bernoulli (*Acta Eruditorum* 1716), Taylor und andere. Der Aufsatz von Jakob Hermann über orthogonale Trajektorien erschien in den *Acta Eruditorum* vom August 1717; später folgte in der Juniausgabe von 1718 eine Ergänzung dazu. Ebenfalls im Juniheft 1718 befindet sich ein Artikel von Nikolaus II Bernoulli, in dem dieser einige seiner Vorgänger nennt, darunter Nikolaus I Bernoulli, der seine Lösung damals nicht veröffentlichte, und dann einige kritische Bemerkungen an die Adresse von Hermann richtet. Im Februarheft 1719 wurde Hermanns Antwort veröffentlicht und im Juniheft ein Artikel von Nikolaus I Bernoulli. Alle diese Arbeiten sind wieder abgedruckt in: Bernoulli, Joh., *Opera omnia*, 1742, t.II, p.273–314. (Nachdruck: Hildesheim, Olms, 1968). Siehe auch Cantor, S.242, 461–473.

3. Siehe oben, S. 134.

Zum Brief 3:

1. Kopie von Goldbachs Hand. — CGADA, f.181, op.16, Nr.1415, č.1, Bl.30–31.

2. Im weiteren sind Auszüge aus einem Brief von Nikolaus II Bernoulli an Goldbach vom 16. Juli und aus der Antwort Goldbachs vom 30. Juli 1721 wiedergegeben, in denen ein physikalischer Versuch von J. Riccati diskutiert wird. S. Fuss, Bd.II, S.101–102, 104.

Zum Brief 4:

1. Original. — CGADA, f.181, op.16, Nr.1413, č.2, Bl.136–136r.

2. Dieser Brief Goldbachs vom 30. September 1724 war nicht auffindbar.

3. Wir haben die Überlegungen Hermanns zur Lösung des sogenannten «Petersburger Problems» der Wahrscheinlichkeitstheorie ausgelassen. Dieses Problem wurde 1713 von Nikolaus I Bernoulli gestellt und im Briefwechsel D. Bernoullis mit Goldbach, beginnend mit einem Brief Bernoullis vom 18. März 1724, erörtert (Fuss, Bd.II, S.199–200). Offenbar hat Goldbach in seinem Brief vom 30. September 1724 Hermann mit diesem Problem bekannt gemacht. Die Bezeichnung des Problems hängt damit zusammen, daß D. Bernoulli es in einem Artikel betrachtete, der in Band 5 der Petersburger *Commentarii* (1730–1731) 1738, S.175–192, publiziert worden ist.

4. Zur Einladung Hermanns an die Petersburger Akademie vom Anfang des Jahres 1724 siehe: Kopelevič, Ju.Kh.: Die Gründung der Petersburger Akademie der Wissenschaften (Russ). Leningrad, Nauka, 1977, S.66ff.

5. Als Ingrien bezeichnete man damals ein ausgedehntes Territorium Rußlands an den Ufern der Newa und der Südküste des Finnischen Meerbusens. Mit der «Hauptstadt Ingriens» meint Hermann hier Petersburg.

Zum Brief 5:

1. Kopie von Goldbachs Hand. — CGADA, f.181, op.16, Nr.1415, č.2, Bl.5.

2. Hier sind die Überlegungen Goldbachs zum «Petersburger Problem» weggelassen (s. Anmerkung 3 zum Brief 4).

3. Über die Einladung von J.G. Doppelmayer an die Petersburger Akademie der Wissenschaften (der diese Einladung nicht annahm) sowie über die Einladung von Nikolaus II Bernoulli siehe das in Anm.4. zum Brief 4 genannte Werk von Kopelevič, S.67–68, 71–72.

Zum Brief 6:

1. Kopie von Goldbachs Hand. — CGADA, f.181, op.16, Nr.1415, č.2, Bl.10.

2. Über Goldbachs Integration dieser Gleichung s. oben, S. 125.

3. S. oben, S. 123.

Zum Brief 7:

1. Kopie von Goldbachs Hand. — CGADA, f.181, op.16, Nr.1415, č.3, Bl.28.

2. Über Goldbachs Beschäftigung mit dem Problem der quadrierbaren Möndchen s. oben, S. 128.

Zum Brief 8:

1. Original. — CGADA, f.181, op.16, Nr.1413, č.3, Bl.91.

2. Die Diskrepanz in den Daten der Antwort Hermanns vom 16. Juli auf Goldbachs Brief aus Moskau vom 17. Juli erklärt sich wahrscheinlich dadurch, daß die Antwort nach altem Stil datiert ist, Goldbach aber stets nach neuem Stil zählte. Ebenfalls am 17. Juli schickte Goldbach den Aufsatz über die quadrierbaren Möndchen an D. Bernoulli. Am 24. Juli erwähnte Bernoulli Goldbach gegenüber zwei eigene Lösungen der Aufgabe, die er seinerzeit in den *Exercitationes geometricae* (1724) gegeben hatte. Nachdem Goldbach in Bernoullis Erörterungen Einblick genommen hatte, schickte er einen anderen Aufsatz zum selben Thema und bat in einem nicht mehr erhaltenen Brief darum, ihm die erste Variante zurückzugeben, was Bernoulli am 31. Juli auch tat. Schließlich hat Goldbach in einem Brief vom 3. August anerkannt, daß Bernoulli die Aufgabe vollständig gelöst hatte und darum gebeten, auch den zweiten Aufsatz zurückzusenden (Fuss, Bd.II, S.377–381, 387–389).

3. Es handelt sich um die am 4. April 1692 von V. Viviani (1622–1703) bekanntgemachte Aufgabe, auf einer Halbkugel vier sich auf die Grundfläche stützende gleich große «Fenster» so zu bestimmen, daß der verbleibende Teil der Halbkugel quadrierbar ist. Leibniz gab eine Lösung des Problems in einem offenen Brief vom 28. Mai 1692, gerichtet an den Florentiner Großherzog Ferdinand («Herzog von Etrurien»); im Titel dieses Briefes ist von quadrierbaren Gewölben (*testudo*) die Rede (s. Cantor, Bd.3, S.212 und L.M.S., Bd.5, S.273–278).

Zum Brief 9:

1. Original. — CGADA, f.181, op.16, Nr.1413, č.3, Bl.136–136r.

2. Dieser Brief Goldbachs ist nicht erhalten geblieben.

3. Präsident — L.L. Blumentrost.

4. Die Rückkehr Hermanns von Petersburg nach Basel war durch
Schumachers unkorrektes Benehmen verursacht, der bei Blumen-
trost Rückhalt genoß. Hermann verließ Petersburg am (14.) 25.
Januar 1731 mit dem Rang eines Ehrenmitglieds der Akademie.
S. Pekarskij, Bd.I, S.65–73.

5. Welche Aufsätze Hermann in dem erwähnten Paket schickte, ist nicht bekannt. Im Band 6 der *Commentarii* für 1732–
1733 (1738) sind drei Arbeiten Hermanns abgedruckt. Eine davon
wurde in der akademischen Konferenz vom (9.) 20. März 1733
vorgelesen (d.h. noch zu Lebzeiten Hermanns, der am 11. Juli
1733 starb). S. *Protokolle*, Bd.1, S.65.

6. Bibliothekar — J.D. Schumacher.

A2 Goldbachs Ansicht über den Etat der Akademie in Form eines Briefes an K. von Brewern. 1740.[2]

Ew Hochedelgeboren habe ich die Ehre mein geringes Bedenken über die Einrichtung der hiesigen Academie der Wissenschaften gehorsamst vorzutragen, in der festen Hoffnung, Sie werden dasselbe, sobald es möglich, auch an höhern Ort gelangen lassen; indessen ist mir nicht unbekannt, mit wie viel weitläuftigen und wichtigen Geschäften Ew. Hochwolgeboren täglich occupiret sind, und in dieser Absicht habe ich mich zwar beflissen, meine Meinung von dem, was zu einer Academie, die dem Russischen Reiche Ehre und Nutzen bringen soll, nöthig ist, aufs kürzeste anzuzeigen; ich werde aber, so oft es begehret wird, mich über jeden Punct ausführlicher zu erklären bereit seyn.

1. Das Ihro Kaiserl. Majestät das Project eines neuen Etats der Academie der Wissenschaften, welches zwar bereits vor einigen Jahren dem dirigirenden Senat und nachgehends dem hohen Cabinet überreichet, der Academie selbst aber vorher nicht communicirt war, auch nunmehro den sämmtlichen Mitgliedern derselben zu untersuchen und darüber ihr unterthänigstes Gutachten abzufassen, allergnädigst befohlen haben, ist diese Academie um so viel mehr schuldig, mit demüthigstem Danke zu erkennen, als die Mängel eines Collegii von niemandem besser, denn von denjenigen Personen, daraus es bestehet, eingesehen werden können.

2. Da es nun einem jeden Mitgliede der Academie gebühret, seine Gedanken über die Einrichtung derselben treulich, mit Hintansetzung aller Nebenabsichten zu eröffnen, so kann ich nicht läugnen, dass die Academie der Wissenschaften in den Jahren 1726 und 1727 eben so gut, wo nicht besser, als nun, beschaffen gewesen, und was Sciences betrifft, eben so viel, wo nicht mehr, als jetzo, praestiren können, ohngeachtet die Anzahl der Personen und Ausgaben seit der Zeit viel höher angewachsen.

3. Denn gleich bei dem Anfange dieser Academie hat der damalige Praesident die lobenswürdige Attention gehabt, zu Mitgliedern derselben solche Personen zu erwählen, die fast alle schon durch ihre sinnreichen Schriften und andere Specimina sich in der Welt bekannt gemacht und die gegründete Vermuthung vor sich

hatten, dass sie denen Ämtern so ihnen anvertrauet werden sollten, mit Ruhm würden vorstehen können, welche Hoffnung auch
die mehresten meines Erachtens genugsam erfüllet haben.

4. Zu solchem Ende hat er die Besoldung der Mitglieder nicht wie
etwa bei Universitäten gebräuchlich, nach jeder Profession auf
ein gewisses quantum gesetzt, sondern einem mehr, dem andern
weniger, so wie es eines jeden Meriten zu erfordern scheinen, zur
jährlichen Pension in den Contracten bestimmet und ein jedes
Mitglied anfänglich auf fünf Jahre engagiret.

5. Gleich wie ich nun keine Ursach sehe, warum man von diesem
so vernünftig eingeführten und bei 15 Jahren her in der Academie der Wissenschaften fortgesetzten modo procedendi abgehen
wolle; so kann ich es hingegen in dem a. 1735 dem hohen Senat
ohne der Academie Vorwissen überreichten Etat nicht anders, als
einen der Academie sehr präjudicirlichen Fehler ansehen, dass
man denen jüngern Professoribus nicht mehr als 660 Rbl. jährlich zugestehen will. Denn auf diese Weise wird es gewiss für ein
Wunder gehalten seyn, wann Leute, so in auswärtigen Ländern
unter den Gelehrten bereits eine grosse Reputation erhalten haben, sich auf eine so geringe Besoldung bei der hiesigen Academie engagiren sollten, da ihnen nicht unbekannt seyn wird, dass
Professores, welche allhier 800, 1.200 bis 2.000 Rbl. nebst freier
Wohnung genossen, und noch länger geniessen konnten, dennoch
in ihr Vaterland, woselbst sie kaum den 5.Theil, oder wohl gar
den 10.Theil eines solchen Gehaltes jährlich verdienen, zurückgezogen.

6. Ich will nicht leugnen, dass man unter der grossen Anzahl ar-
mer Studenten auf deutschen Universitäten eine ziemliche Anzahl
von nicht gar ungeschickten Leuten, und die wohl capable seyn
möchten, nach der Fähigkeit der hiesigen Studenten gute collegia
zu lesen, verschreiben könnte, deren ein jeder sich auch mit einer
Gage von 200 Rubeln gern würde zum Professor machen lassen,
so dass man für eine Summe von 20.000 Rubeln bis 100 Professores halten könnte; was aber andere vernünftige Leute, denen
nicht unbekannt ist, was zu einer Academie der Wissenschaften
gehöret, hiervon halten würden, ist leicht zu errathen.

7. Vielmehr sollten die Mitglieder der Academie so beschaffen
seyn, dass sie theils 1) die ihnen von Ihro Kaiserl. Majestät nach

eines jeden Science aufgetragenen Geschäfte geschicklich expedi-
ren und in Sachen, so die Wissenschaften betreffen, so oft es auf
höchsten Befehl erfordert wird, ein gründliches Gutachten ab-
statten, theils 2) in ihren Wissenschaften neue Wahrheiten ent-
decken und durch ihre Erfindungen dem Reiche Nutzen schaffen,
theils 3) die Jugend in ihren collegiis, so wie es auf Universitäten
gebräuchlich ist, unterweisen können.

8. Zu dem letztern requisito würden, wie ich bereits erwähnet,
nach der Beschaffenheit der hiesigen studiosorum auch Docentes
von mittelmässiger Gelehrsamkeit, oder die Adjuncti der Academie zulänglich genug seyn; denen beiden ersten requisitis aber ein
genügen zu leisten, müssen gewiss, wenn man Ihro Kaiserl. Majestät Interesse aufrichtig beobachten will, die Professores nicht
alsofort auf eines jedweden Recommendation, oder insgeheim und
auf eine der Academie der Wissenschaften despectirliche Art,
sondern nach Vorschrift Ihro Kaiserl. Majestät allergnädigster
Ukase mit gehöriger Überlegung und aus rechtmässigen Motiven
erwählet und dazu so viel möglich nur Personen von extraordi-
nairen Wissenschaften angenommen werden.

9. Die Anzahl der wirklichen Mitglieder und Professorum dürfte
sich über 12 nicht erstrecken, deren Gage aber könnte nach eines
jeden Meriten von 1.000 bis 2.000 Rbl. (jedoch Holz und Licht
mit eingerechnet) und gleichfalls die Gage der 12 associés[3] oder
Adjunctorum von 400 bis 600 Rubel bestimmt werden, welches
alles, mittelmässig gerechnet, eine Summe von 24.000 Rubeln
ausmachen würde. Da sich dann ein jeder an dem, was ihm in
seinem Contracte versprochen worden, begnügen lassen müsste,
und sich gar nicht darum zu bekümmern hätte, ob andere, die
vor oder nach ihm gekommen, mehr oder weniger, als er, zu geniessen haben. Wenn nun die bei der Academie noch übrigen
nöthigen Bedienten in der Anzahl, wie sie etwa zu des Herrn
Blumentrost's Zeiten a. 1727 gewesen, oder auch noch darunter
angesetzet würden, dürfte die ganze Summe der Besoldungen und
andern Ausgaben sich kaum auf 50.000 Rbl. ersträcken.

10. Die Zahl der auswärtigen Mitglieder könnte auch auf 12 ge-
setzet werden, bei deren Wahl aber gleichfalls keine Privat-Re-
commendation, sondern die Meriten der Personen selbst (so wie
solches bei der Academie der Wissenschaften in Paris rühmlich
beobachtet wird) in Consideration gezogen werden sollten.

11. Indessen gehet meine Intention gar nicht dahin, dass man die bemeldeten 24.000 Rubel Jahr aus Jahr ein nothwendig zu den Besoldungen der Professorum und Adjunctorum aufwenden müsse, sondern man kann die Gagen so klein als möglich, jedoch eines Professoris nicht unter 1.000, eines Adjuncti nicht unter 400 Rbl., damit ein jeder nach seinem Stande ein hinlängliches Auskommen habe, ansetzen. Welche Pension in St. Petersburg um desto weniger für exhorbitant zu halten sind, weil auch in Deutschland selbst manche Professores (wie leicht zu erweisen wäre) nebst ihrer ordentlichen Besoldung durch eignen Fleiss 1.000 bis 2.000 Rbl. jährlich verdienen können.

12. Sollten Ihro Kaiserl. Majestät allergnädigst erlauben, dass die Academie jährlich einen Preis auf eine gewisse in ihre Wissenschaften einlaufende Frage demjenigen, so dieselbe am besten beantwortet, austheilen möchte; so würde solches nicht nur zum Aufnehmen der Wissenschaften insgemein gereichen, sondern dadurch auch manchem gelehrten Manne Gelegenheit gegeben werden, seine Capacität der Academie zu zeigen und sich in Ihro Kaiserl. Majestät Dienste zu engagiren.[4]

13. Dass die zur Academie der Wissenschaften nöthigen Künstler, Handwerker und andere Personen, jedoch in einer so viel möglich eingeschränkten Anzahl, beibehalten werden, ist allerdings billig; wann aber Ihro Kaiserl. Majestät allergnädigste Intention wäre, besondere Academies de peinture, de sculpture, d'architecture und dergleichen mehr aufzurichten, so bin ich der Meinung dass hiezu nothwendig mehr Leute und Besoldungen, auch ganz andere Einrichtungen erfordert werden, und darüber vielmehr der in solchen Künsten erfahrnen Maler, Bildhauer, Architecten etc., als der Academie der Wissenschaften Gutachten einzuholen seyn würde, wie es denn auch auch nirgends gebräuchlich ist, dass die académies des Arts von den Academien der Wissenschaften dependiren oder auf deren Rechnung unterhalten werden, und solches in specie bei dieser Academie nicht anders, als unnütze Weitläuftigkeit und Confusion verursachen dürfte.

A3 Vorlage Goldbachs zur Abfassung einer Geschichte der Akademie der Wissenschaften[5]

Cicero sagte einst, das erste Gebot der Geschichtsschreibung bestehe darin, sich nicht zu erdreisten, die Unwahrheit zu sagen, sich aber auch nicht zu trauen, die Wahrheit auszusprechen. Ich denke, daran sollte sich in erster Linie derjenige halten, der die Geschichte der Petersburger Akademie schreiben wird. Denn, wie ich auch schon früher nicht nur einmal betonte, darf man nicht denken, daß man diese Geschichte schnell wird schreiben können, weil das, was man ins Gedächtnis zurückrufen muß, entweder unbekannt ist oder auf unzuverlässigen Zeugnissen beruht. Vor allem muß man möglichst vollständig berichten, wie der Zustand der Wissenschaften in Rußland unter Peter I. bis zur Gründung der Akademie war. Und es mögen die Ausländer begreifen, daß das russische Volk durchaus nicht so ungebildet war, insbesondere nicht in unserem Jahrhundert, wie man das gewöhnlich in von uns weiter entfernten Ländern annimmt. Über den Zustand der Wissenschaften in Rußland, so meine ich, kann uns niemand besser aufklären als Seine Eminenz der Erzbischof von Novgorod [Feofan Prokopovič — d.Ü.], der schon immer unsere Studien mit väterlicher Zuneigung und jedweder Gunst unterstützt.

Deshalb muß deutlich klargelegt werden, was in dieser Geschichte das Hauptsächliche ist, von dem alles weitere abhängt[6], mit welchem Ziel Peter der Große die Akademie gegründet hat, wessen Ratschläge er in dieser Angelegenheit nutzen konnte, warum er sie in Petersburg gründete, welche Disziplinen er in ihr vor allem erblühen sehen wollte und anderes mehr — über alles dies könnten uns der ehemalige Präsident, Lavrentij Blumentrost, und Exc. Schumacher, Bibliothekar S. Kaiserl.M., welche besondere Verdienste um die Akademie haben, viel klarere und vollständigere Angaben machen als es diejenigen sind, über die wir bis heute verfügen. Man muß sie unbedingt darüber befragen, denn damit erweisen sie nicht nur uns, sondern der ganzen wissenschaftlichen Welt einen Dienst. Solange wir alles das Notwendige, was ich aufgezählt habe, nicht besitzen, wird es niemand geben, der eine authentische Geschichte der Akademie schreiben kann (was unser ruhmreicher Präsident sehr wohl weiß).[7]

Aber weil auch die Akademie der Künste, die Bibliothek, das Münzkabinett, die Pinakothek — diese Sammlungen bewun-

dernswerter Werke der Natur und der Kunst —, nicht nur unserer
Akademie gehören, sondern mit ihr auch durch innigste Bande
verknüpft sind, bin ich der Ansicht, daß es der Sache dienlich
sein wird, wenn die Geschichten dieser Einrichtungen gesondert
geschrieben und einem oder mehreren Akademikern anvertraut
werden. Sobald mir deren Namen genannt werden, werde ich ihnen die Vorgehensweise unterbreiten, welche ich für mich in Aussicht genommen habe, um die Geschichte der Akademie zu schreiben, und wir werden die Arbeit freundschaftlich unter uns auf-
teilen und sie so verteilen, daß wir einander mit nützlichen Rat-
schlägen helfen und es vermeiden, daß jemand etwas wiederholt,
was schon von einem anderen gesagt worden ist. Man könnte auch
gemeinsam dasjenige zusammentragen, was sich an Bemerkens-
wertem im wissenschaftlichen Briefwechsel unserer Akademiemitglieder mit ausländischen Gelehrten findet. So könnten alle diese
Teile der Geschichte bis zum Ende des Jahres geschrieben und
gemeinsam herausgegeben sein, wenn rechtzeitig die notwendige
Unterstützung gewährt wird, wenn die Sache ernsthaft in Angriff
genommen wird und wenn jeder die ihm auferlegten Pflichten
erfüllt.

A4   Lateinische Gedichte Goldbachs[8]

Zum Tode von Leibniz

Ut resides Phaebi Tellus animosa quadrigas
Ambiet et liquidum pendula radat iter;
Ut ruat, inque suum rapide revolubilis axem,
Stelliferos faciat nocte redire choros;
Quaeque bipartitos cieat vis enthea motus
Leibnitii posuit dinumerare labor.
Terras qui tractusque Maris super ipse vagatus,
Sparsas Naturae vidit ovantis opes.
Se Gallis Batavisque dedit, sociumque Britannis,
Nec faciem nescis, Romula via, viri.
Quin et ad extremos animo penetraverat Indos,
Et Sinicos nostro stetit in Orbe lares.

Nulli nota prius rerum discrimina scivit,
Et numerum nodos solvere natus erat.
Germanumque Italumque diu cum luderet aër,
Sollicitis causas reddidit ille viris.
Cur levet argenti formosior aura liquorem,
Cur pluvio cedat vivida massa Jovi?
Nec totam repules a summo cortice laudem,
Infima terrarum viscera anhelus adit;
Fulvaque propitia tenuit praecordia cryptae,
Quae, nisi divinis, mater avara negat.
Nil jam, Terra, dabas, quo pergeret, involat Astris.
Fallor? An hic etiam cognita cuncta videt?

Auf Orfyrei aus Sachsen,
den Erfinder eines perpetuum mobile

Semideum jactent mendaces Orphea Graii,
Rectius Orfreum Saxonis ora colit.
Orphaeos ad digitum si quondam silvula mota est,
Illa iterum plectro non resonante stetit;
Quam movet arcani foetum libraminis Orfraeus
Machina perpetuum sponte revolvit iter.

Auf das Orfyreische Rad, das den
Bedürfnissen der Menschen entspricht

Nuper ut anguineis implexum Ixiona gyris,
Aeternam vidit Juppiter ire viam.
Egregio, superi, quantum ipse ab Saxone vincar,
Sit licet haec fari triste, fatebor, ait.
Perpetuas animare rotas cum dicimur, uni
Nos facimus poenas, omnibus ille lucrum.

A5 Veröffentlichungen und Korrespondenzen Goldbachs

1. Temperamentum musicum universale. — A.E.[9] mensis marti A. 1717, p.114–115.
2. Excerptae e litteris C. G. ad*** Regiomonte datis. — A.E., Supplementa, 1717, t.VI, p. 471–472.
3. Specimen methodi ad summas serierum. — A.E. mensis januarii 1720, p.27–31.
4. Demonstratio theorematis Fermatiani, nullum numerum triangularem praeter I. esse quadrato-quadratum. — A.E., Supplementa, 1724, t.VIII, p.483–484.
5. De casibus quibus integrari potest aequatio differentialis

$$ax^m \, dx + byx^p \, dx + cy^2 \, dx = dy$$

observationes quaedam. — Commentarii (1726) 1728, t.I, p.185–197.
6. Methodus integrandi aequationem differentialem

$$ay \, dx + bx^n \, dx + cx^{n-1} \, dx + ex^{n-2} \, dx + \text{etc} = dy$$

ubi n sit numerus integer positivus. — Commentarii (1726) 1728, t.I, p.207–209.
7. De transformatione serierum. — Commentarii (1727) 1729, t.II, p. 30–34.
8. De divisione curvarum in partes quocunque quarum subtensae sint in data progressione. — Commentarii (1727) 1729, t.II, p.174–179.
9. De terminis generalibus serierum. — Commentarii (1728) 1732, t.III, p.164–173.
10. Criteria quaedam aequationum quarum nulla radix rationalis est. — Commentarii (1732–1733) 1738, t.VI, p.98–102.
11. Briefwechsel mit Nikolaus II Bernoulli von Juni 1721 bis 18. September 1725, 27 Briefe (*Fuss*, Bd.II, S.95–170).
12. Briefwechsel mit Daniel Bernoulli vom 31. Mai 1723 bis 29. November 1731, 71 Briefe (*Fuss*, Bd.II, S.171–406).
13. Briefwechsel mit Leonhard Euler vom 13. Oktober 1729 bis 17. März 1764, 196 Briefe (*Fuss*, Bd.I und *Euler — Goldbach*).
14. Briefwechsel mit Gottfried Wilhelm Leibniz vom 22. Mai 1711 bis 1713, 11 Briefe (*Studia Leibnitiana*, XX-2 (1988), S.175–189).

15. Briefwechsel mit Jakob Hermann vom 29. Januar 1712 bis zum 15. März 1732 (vorliegendes Buch, S. 165–179).

Außerdem schrieb Goldbach die Vorworte zu den ersten drei Bänden der *Commentarii*, eine «Lebensbeschreibung» von Nikolaus II Bernoulli (Nicolai Bernoulli, Joh. fil., vita. *Commentarii* (1726) 1728, t.II, p.482–488)[10] und den auf S.79 erwähnten Überblick.

Auf Goldbach gehen schließlich noch zurück:
– Verschiedene lateinische Gelegenheitsgedichte (*Materialien*, Bd.6, St. Petersburg 1890, S.299–300, 247, 290).
– Die Beschreibungen der Feuerwerke und Illuminationen vom 28. April 1736, 1. Januar 1739, 12. August 1741, 1. Januar 1742 (alles alten Stils), welche zusammen mit den entsprechenden Stichen veröffentlicht wurden (Svodnyj katalog russkoj knigi XVIII v., 1725–1800. Moskau, 1963, Bd.I, S.242, Nr.1529–1532).

A6 Wichtige Daten aus dem Leben und Wirken Goldbachs[11)

1690

18. März — in Königsberg geboren.

1710

19. August — Abreise aus der Vaterstadt.
4. September — wird für ein Semester als Hörer an der Universität Frankfurt/Oder eingeschrieben.
29. Dezember — erste Ankunft in Berlin.

1711

31. Januar — Ankunft in Leipzig.
24. März — wird als Hörer an der Leipziger Universität eingeschrieben.
13. April — Ankunft in Halle.
16. April — Besuch bei Ch. Wolff.
11. Mai — Begegnung mit G.W. Leibniz in Leipzig.

1712

5. März — begibt sich auf eine große Reise.
9. und 18. Mai — besucht in Hannover G.W. Leibniz.
27. Juli — Ankunft in Groningen.
5. August — verteidigt an der Groninger Universität eine Dissertation für das Lizentiat der Rechte.
3. September — Ankunft in London.
7. Dezember — Ankunft in Brüssel.

1713

1. Mai — Ankunft in Paris.

1714

28. Februar — Ankunft in Florenz.
10. März — Ankunft in Rom.
6. August — Ankunft in Wien.
19. Oktober — Ankunft in Berlin.
3. Dezember — erhält den Rang eines preußischen Hofrats.
17. Dezember — Rückkehr nach Königsberg.

1718

28. August — begibt sich von Berlin aus erneut auf Reisen.

1719

25. Januar — Ankunft in Stockholm.

1720

16. September — Ankunft in Kopenhagen.
2. Dezember — Ankunft in Nürnberg.
15. Dezember — Ankunft in Wien.

1721

15. Mai — begibt sich nach Italien.
29. Dezember — Rückkehr nach Wien.

1722

5. März — begibt sich auf eine Donaureise.
28. Mai — Rückkehr nach Wien.
15. Oktober — begibt sich auf eine Reise durch Städte Böhmens und Mährens.

1724

19. Januar — Ankunft in Wien.
23. April — Rückkehr nach Berlin.

1725

15. Mai — Abreise aus Berlin.
4. Juli — schreibt aus Riga an die Petersburger Akademie der Wissenschaften.
8. August — Ankunft in Petersburg.
12. September — Antritt des Dienstes in der Petersburger Akademie der Wissenschaften.
28. September — erste Protokollnotiz über eine Sitzung der Akademischen Konferenz.

1726

12. August — hält eine Rede in der öffentlichen Sitzung der Akademie.

1727

12. Mai — schließt einen Kontrakt ab, nach dem er die Aufsichtspflicht über die Erziehung des Thronfolgers Petr Alekseevič übernimmt.

1728

25. Januar — Abreise von Petersburg nach Moskau.

1732

10. Januar — Rückkehr nach Petersburg.
25. Januar — Beginn der Leitung der akademischen Konferenzen bei Abwesenheit des Präsidenten.

1737

29. Oktober — erhält den Rang eines Kollegienrats.

1742

März — Berufung zum Ehrenmitglied der Petersburger Akademie.
29. März — Eintritt in das Kollegium des Auswärtigen im Range eines Staatsrats.

1744

26. Juli — Ernennung zum Wirklichen Staatsrat.

1760

16. August — Ernennung zum Geheimrat.

1764

1. Dezember — stirbt in Petersburg.

A7   Goldbachs Briefwechsel

in den Archiven Moskau — Zentrales Staatsarchiv der alten Akten (M), Archiv der Außenpolitik Rußlands (M*) und in St. Petersburg — Archiv der Akademie der Wissenschaften Rußlands, Petersburger Abteilung (P).

Korrespondenten	Briefe an G.	von G.	Jahre	Archivort
Albrecht J.S.		1	1738	P
Arna Magnus		1	1720	M
Asseman J.S.	1	5	1721–1722	M
Badia C.F.	1	5	1721–1722	M
Barayllon	1		1718	M
Bartsch H.		2	1713	M
Bayer Th.G.S.	69	61	1716–1732	M P
Beintema J.I.	1		1723	M
Beitel J.J.	2	1	1736–1745	M
Bel M.	5	1	1722–1740	M P
Bernoulli J.	1		1725	M
Bernoulli,D.	37	34	1723–1731	M
Bernoulli N.(II)	14	13	1721–1725	M
Bestužev-Rjumin A.P.	5	1	1753–1763	M M* P
Biatovski H.	1		1718	M
Bignon J.P.		1	1742	P
Biron E.J.	1		1740	M
Blandinus F.	1		1721	M
Blumentrost L.L.	4	1	1725–1745	M P
Bohlius	1	2	1736–1759	M P
Botta d'Adorno	2	·	1740–1743	M
Bruhl G.	1		1746	M
Bruinsma		1	1721	M
Bülfinger G.B.	18	18	1725–1738	M P
Cantemir A.D.	2	1	1739–1740	M P
Carapella T.		1	1714	M
Condoidi P.	1		1759	M
Cotinelli J.	19	12	1714–1738	M P
Cramm	1		1741	M
Crusius Ch.		6	1746–1750	M
Culeman	1		1725	M
Cupner		1	1719	M

Korrespondenten	Briefe an G.	von G.	Jahre	Archivort
Dangicourt P.	2	3	1718	M
Dohna A.G.B.	5	1	1720	M
Dohna G.B.H.	1		1725	M
Doppelmayer J.G.	37	10	1720–1745	M P
Dortous de Mairan J.J.	2	2	1734–1741	M P
Duhre (Durius) A.G.		2	1720–1721	M
Duvernois J.G.		3	1742	M
Euler L.	102	94	1729–1764	M P
Facciolato J	7	8	1721–1723	M
Fermor W.	1		1758	M
Fischer J.	2		1733–1734	M
Fortelius B.	3	3	1719–1724	M
Friedrich II		1	1744	M
Friedrich Wilhelm I		1	1727	M*
Froben	1		1732	M
Gessner J.M.	9		1744–1757	M
Gianuzzo		2	1714–1721	M
Gmelin J.G.	1		1748	M
Goetze A.	1	1	1712–1713	M
Golizin D.A.	2		1763	M
Habichtstahl	4		1729–1730	M
Hahn F.J.	6	3	1724–1741	M
Hansch M.G.	36	17	1710–1748	M
Hartmann M.P.	2	1	1721–1760	M
Heinson	2		1741–1742	M
Hermann J.	4	5	1721–1732	M
Instebourg Mlle		1	1717	M
Jusupov B.G.		1	1738	M
Keyserling G.K.		1	1738	M
Kirch Ch.	4	4	1735–1736	M P
Kith		1	1738	P
Koes F.	2	1	1722–1724	M
Knutzen M.	1	3	1739–1743	M P
Korff J.A.	15		1736–1748	M
Korff N.	15		1754–1758	M
Kortholt F.	1		1721	M
Kortholt S.	13	5	1721 1745	M

Korrespondenten	Briefe an G.	von G.	Jahre	Archivort
Kuhn	1	1	1739–1740	M P
La Crose M.	2	2	1718–1722	M
Lambert J.B.	1		1716	M
Leibniz G.W.	4	4	1711–1713	M
Lestocq J.H.	1		1743	M
Lilienthal M.		1	1738	P
Lippe		1	1721	M
Löfgreen	1		1725	M
Marinoni J.J.	11	3	1725–1750	M P
Martinetti J.	1		1718	M
Mascov J.J.	7	5	1713–1722	M
Mauclerc P.E.		1	1738	P
Maupertuis P.L.M.	1		1738	M
Mayern		1	1719	M
Miller F.		1	1738	P
Mollert C.O.	1		1722	M
Monforte A.	1	2	1715–1716	M
Müller G.F.		48	o.D.(1750 ff)	M
Münich B.Ch.	3	1	1739–1752	M
Nepljujev I.I.		1	1739	M
Niedhart J.G.	1		1725	M
Olsufiev V.		1	1758	M*
Pasqualino P.G.	10	7	1722–1725	M
Pauli J.A.	16	3	1717–1742	M
Podeville		1	1741	M
Poleni G.	5	3	1735–1742	M P
Raschke		4	1714–1715	M
Rast G.H.	6	4	1717–1722	M
Razumovskij K.G.	1		1750	P
Reichel J.G.	1		1763	M
Reitel J.J.		1	1739	M
Rudbeckius	1	1	1719–1720	M
Sanchez A.N.R.	1		1756	M
Schenck T.	9	1	1715	M
Schotte		1	1720	M
Schrader	1		1720	M
Schreiber M.	3		1709–1712	M

Korrespondenten	Briefe an G.	von G.	Jahre	Archivort
Schreiter Ch.		1	1712	M
Schumacher J.D.	17	41	1728–1753	M P
ŠuvalovI.I.	2		1754	M
Sellius G.		1	1738	P
Serrurier J.	1	2	1713–1719	M
Sievers	1		1755	M
Silvestris C.	1	1	1741	M
Simeon		1	1719	M
Sobakin M.G.		1	1763	M
Sonnenschmid E.E.	2		1753	M
Stobaeus M.	2	1	1711–1717	M
Stosch Ph.	4	1	1752–1753	M
Strube de Piermont		1	1741	P
Teuerlein D.A.		3	1708	M
Turre Ph.	1	1	1716	M
Umperio Rosender J.		1	1722	M
Vallisneri A.		1	1722	M
Veselovskij J.N.	2		1744–1753	M
Vockerodt J.G.A.	3		1739–1742	M
Vorončov M.I.	31	4	1744–1763	M M*
Wachter	2		1724	M
Winsheim Ch.N.		2	1735–1741	P
Wolff J.Ch.		2	1721–1738	M
Zeno A.		1	1721	M

A8 Anmerkungen

Anmerkungen zum Vorwort

1 *Correspondance mathématique et physique de quelques célèbres géomètres du XVIIIème siècle.* Publiée par P.H.Fuss. Pétersbourg, 1843, t. I, II (im weiteren: Fuss). Der Briefwechsel Eulers mit Goldbach wird nach der neuen vollständigen Ausgabe zitiert:*Leonhard Euler und Christian Goldbach: Briefwechsel 1729–1764.* Hrsg. von A.P. Juškevič und E. Winter, Berlin 1965 (im weiteren Euler-Goldbach).

2 Da viele Angehörige der Familie Bernoulli aus verschiedenen Generationen gleiche Vornamen hatten, werden zur Unterscheidung nach dem Vornamen die römischen Zahlen I, II, III gesetzt.

3 Fuss, Bd. 1, S. XXXIII.

4 Büsching, A.F.:*Beiträge zur Lebensgeschichte denkwürdiger Persönlichkeiten, insonderheit gelehrter Männer.* Halle 1785, Bd. III, S. 10–19.

5 Pekarskij, P.P.:*Geschichte der Kaiserlichen Akademie der Wissenschaften in Petersburg* (Russ.). 2 Bde, St. Petersburg 1870, 1873, Bd. I, S. 155–172 (im weiteren: Pekarskij).

6 Cantor, M.: *Vorlesungen über Geschichte der Mathematik,* Bd. 3, 3. Aufl., Leipzig 1913, Bd. 4, Leipzig 1908 (im weiteren: Cantor).

7 Dickson, L.E.:*History of the theory of numbers.* 3 Bde, Washington 1919–1923.

8 Ožigova, E.P.:*Entwicklung der Zahlentheorie in Rußland* (Russ.). Nauka, Leningrad 1972.

9 Hofmann, J.E.: *Um Eulers erste Reihenstudien.* Sammelband der zu Ehren des 250. Geburtstages Leonhard Eulers der Deutschen Akademie der Wissenschaften zu Berlin vorgelegten Abhandlungen. Unter verantw. Red. von K. Schröder. Berlin 1959, S. 139–208 (im weiteren: Hofmann).

10 Zitate in Deutsch sind im Original angegeben. Zitate in anderen Sprachen sind – soweit zugänglich – nach den Originalen ins Deutsche übersetzt worden. (Anm. des Übersetzers).

11 Pekarskij, Bd. I, S. 155–172.

Anmerkungen zu Kapitel 1

1 Eine kurze Auskunft Goldbachs über seinen Stammbaum findet sich in: CGADA, f. 199, op. 1, portf. 247, Nr. 1, Bl. 2, 2r. Dort findet sich auch eine Beschreibung des Familienwappens der Goldbachs. B. Goldbach wurde 1640 geboren und starb 1708.

2 Das Archiv der Königsberger Universität ist nicht erhalten geblieben. Über den dortigen Aufenthalt Goldbachs ist nur bekannt, daß in den Matrikeln der Universität der Name Ch. Goldbach unter dem 9. April 1706 verzeichnet ist. Siehe dazu: Esler, G.:*Die Matrikel der Universität Königsberg in Preußen.* Leipzig 1911, Bd. 2, S. 247 (diese Mitteilung verdanken die Autoren Prof.E. Knobloch, Berlin).

3 Ebenda, f.181, op. 16, Nr. 1410, Bl. 9–11.

4 Teuerlein, David Andreas (1645–1723), Theologe und offenbar ein Liebhaber der Mathematik.

5 CGADA, f.181, op.16, Nr.1410, Bl.95–104.

6 Ebenda, Bl. 105–128.

7 Ebenda, Bl. 129–131.

8 Ebenda, Bl. 137–140.

9 Hansch, Michael Gottlieb (1683–1749), studierte in Danzig und danach bei Ch. Wolff in Leipzig, wo er dann selbst eine Reihe von Jahren lehrte. Hansch ist vor allem als Herausgeber eines Teiles des handschriftlichen Nachlasses von Kepler und als Autor einer Kepler-Biographie bekannt. Er kaufte in Danzig von dem berümten Astronomen Hevelius 18 Bände Kepler-Handschriften, die später (1774) von der Petersburger Akademie der Wissenschaften erworben wurden.

10 Stobaeus, Michael, Professor der Geschichte und der Dichtkunst in Lund.

11 CGADA, f.181, op.16, Nr.1413, Bl.1–45. Als Beweis dafür, wie stark das Interesse der Zeitgenossen Goldbachs an diesem Sujet war, kann man die Tatsache werten, daß Gerhard Cornelius Drisch, einer der Korrespondenten von Leibniz, diesem 1715 eine Tragödie unter demselben Titel sandte. Siehe Kortholt, Ch.: *G. W. Leibnitii epistolae ad diversos … auctores.* T. I–IV, Lipsiae 1734–1742, T. IV, p. 139–143 (im weiteren: Kortholt).

12 Ebenda, Nr.1410, Bl.18r–19. Kopernikus war von 1512 bis zu seinem Tode 1543 mit Frauenburg verbunden, wo er verschiedene Posten in der Diözese Ermland innehatte. Das Lidzbarker Bischofsschloß mit seinem Wachturm, von dem aus Kopernikus astronomische Beobachtungen durchführte, ist bis heute erhalten geblieben. In Frauenburg gibt es ein Kopernikus-Museum.

13 CGADA, f.181, op.16, Nr.1410, Bl.49–50. Es ist bisher nicht gelungen, Angaben über diese Bibliothek zu finden.

14 Ebenda, Bl. 55.

15 Ebenda, Bl.58–64.

16 Ebenda, Nr.1413, č.1. Bl.47–48r.

17 Ebenda, Nr.1409, Diarium. Es gibt kein Material zur Beantwortung der Frage, woher die Mittel für Goldbachs Reisen kamen. Man kann annehmen, daß die Reisen der Jahre 1710–1714 mit Geld aus dem väterlichen Erbe bestritten wurden. In den Jahren 1718–1724 erhielt Goldbach irgendwelche Subsidien von der Regierung für die Erfüllung diplomatischer Aufträge.

18 Beckmann, Johann Christoph (1641–1717), Professor der Politik, später der Theologie an der Universität Frankfurt/Oder, als deren Rektor er über viele Jahre gewählt wurde.

19 Ames, William (latin. Amesius, 1576–1633), englischer Theologe und Philosoph, Autor des *Tractatus de conscientia*, Amstelodami, 1630.

20 Rhode, Markus (gest. 1715), Professor der Jurisprudenz in Frankfurt/Oder, Verfasser zahlreicher wissenschaftlicher Werke.

21 Biderman, Jacob (gest. 1639), Jesuit; Dichter und Romanist. *Utopia didaci Bemardini seu Jacobi Bidermani e societate Jesu sales musici quibus ludicria mixtim et seria literate ac festive denarrantur.* Dilingae 1640, 1690. Das Buch schildert einen Ausflug dreier Jünglinge ins Grüne und ihre zufälligen Begegnungen mit anderen Wanderern. Eingestreut werden eine Menge kleiner Geschichten über Räuber, Spitzbuben, alle möglichen Schrecknisse und Wunder sowie Abenteuer mit Menschen und Tieren.

22 CGADA, f.181, op.16, Nr.1409, Bl.23.

23 Jablonski, Daniel Ernst (1660–1741).

24 Jablonski, Johann Theodor (1654–1731).

25 Tschirnhaus, Ehrenfried Walter von (1651–1708), Mathematiker, Naturforscher und Philosoph.

26 CGADA, f.181, op.16, Nr.1409, Bl.27.

27 Troppeneger, Kaspar Wolfgang (gest.1729), Theologe.

28 Maskov, Christian (1673–1732), Theologe.

29 Thomasius, Christian (1655–1728), Philosoph und Jurist, Schüler des bedeutenden Historikers Samuel Pufendorf (1632–1694).

30 Siehe Lieberwirth, R.: *Christian Thomasius' Verhältnis zur Universität Leipzig.* In: *Karl-Marx-Universität Leipzig 1409–1959.* Leipzig 1959, S.71–92.

31 CGADA, f.181, op.16, Nr.1409, Bl.37. Thomasius hatte schon 1687, als er noch in Leipzig wirkte, als erster in Deutschland Vorlesungen in deutscher Sprache gehalten. Im Jahr darauf begann er eine deutsche literaturkritische Zeitschrift, die *Monatsgespräche* herauszugeben.

32 Ludovici, Jacob Friedrich (1671–1723), Jurist, Professor in Halle.

33 Stahl, Georg Ernst (1660–1734), Arzt und Chemiker.

34 Wolff, Christian von (1679–1754), Mathematiker, Physiker, Philosoph. Von 1707–1723 und von 1740–1754 Professor der Mathematik und Physik in Halle, von 1723–1740 Professor der Philosophie in Marburg. Ehrenmitglied der Petersburger Akademie der Wissenschaften seit ihrer Gründung. Schon 1722–1723 korrespondierte Wolff mit Petersburg über seine mögliche Übersiedlung nach Rußland, wo er an die Spitze der entstehenden Akademie der Wissenschaften treten sollte. Wolffs Anstellung in Rußland kam zwar nicht zustande, aber er war in den Jahren 1724–1725 aktiv an der Auswahl und Berufung von Gelehrten aus verschiedenen Ländern Europas an die Petersburger Akademie beteiligt. Später erwies er der Akademie einen großen Dienst, indem er für die Ausbildung von M.V. Lomonossov und zweier seiner Kommilitonen in Deutschland Sorge trug.

35 CGADA, f.181, op.16, Nr.1409, Bl.42.

36 Ebenda, Bl.43.

37 Pufendorf, Samuel (1632–1694), Historiker, Publizist und Rechtsgelehrter.

38 Ebenda, Nr.1414, č.1, Bl.98.

39 Alle elf Briefe, die in den Archiven in Moskau (CGADA) und Hannover (Leibniz-Archiv der Niedersächsischen Landesbibliothek) erhalten sind, sind in der russischen Ausgabe in russischer Übersetzung abgedruckt. Die Autoren entschieden sich dafür, den Briefwechsel in die deutsche Ausgabe nicht aufzunehmen, weil er kürzlich vollständig in den Originalsprachen publiziert wurde: *La correspondance de Leibniz avec Goldbach.* Par A.P. Juškevič (Moscou) et Ju.Kh. Kopelevič (Leningrad). *Studia Leibnitiana*, Bd. XX/2 (1988). Wiesbaden. S. 175–189.

40 Schreiter, Christoph (1688–1720), Jurist.

41 Schacher, Quirin Hartmann (1659–1719), Jurist.

42 Mencke, Luder (1658–1726), Professor der Jurisprudenz in Leipzig.

43 Stryck, Samuel (1640–1710), Jurist, Professor in Halle, Autor von mehr als 300 Werken, darunter des *Examen Juris feudalis*, 1675.

44 Mencke, Johann Burkhardt (1675–1732), nach dem Tode seines Vaters Otto Mencke 1644–1707) setzte er die von diesem begonnene Herausgabe der berühmten Zeitschrift *Acta eruditorum* fort; von 1732 an wurde das Journal von seinem Sohn F.O. Mencke unter dem Titel *Nova acta eruditorum* herausgegeben.

45 Wallis, John (1616–1703), englischer Mathematiker, einer der Gründer der Royal Society.

46 Frenicle de Bessy, Bernard (1605–1675), Mathematiker, Ratgeber des Münzamts in Paris, Mitglied der Pariser Akademie der Wissenschaften.

47 Eimmart, Georg Christoph (1638–1705), Graveur, Optiker und Astronom in Nürnberg.

48 Wedel, Georg Wolfgang (1645–1721), Chemiker und Arzt. In jenen Jahren arbeitete er gerade an seinem großen Buch *Centuriae secundae exercitationum medico-philologicarum sacrarum et profanarum Decas IV*, welches 1715 in Jena erschien

49 Buddeus, Johann Franziscus (1667–1729), Theologe und Philosoph.

50 Hamberger, Georg Albrecht (1662–1716), Mathematiker, Physiker,

51 Ludolf, Jeromin (1679–1728), Arzt, Philosoph, Mathematiker; nicht zu verwechseln mit dem holländischen Mathematiker Ludolph van Ceulen, der π auf 35 Dezimalstellen berechnete, weshalb man π damals oft als Ludolphsche Zahl bezeichnete.

52 Die deutsche Übersetzung der lateinischen Eintragung stammt von Beatrice Bosshart (Basel).

53 Fontenelle, Bernard de (1657–1757), machte sich einen Namen als glanzvoller Popularisator naturwissenschaftlicher Kenntnisse und als Autor zahlreicher Nachrufe auf verstorbene Mitglieder der Pariser Akademie der Wissenschaften (das Verfassen der Nachrufe gehörte zu den Obliegenheiten des ständigen Sekretärs).

54 Hobbes, Thomas (1588–1679), englischer Philosoph, Materialist.

55 CGADA, f.181, op.16, Nr.1409, Bl.80.

56 Burmann, Peter (1668–1741), Philologe und Historiker.

57 Biographische Angaben über Serrurier konnten nicht ermittelt werden.

58 Ramazzini, Bernardo (1633–1714), Arzt, Professor der praktischen Medizin in Padua. Sein Versuch ist beschrieben in *Acta eruditorum*, 1711, p. 10–11 und erneut in seinem Buch *Opera omnia medica et physiologica* (Ed. 3, Londini, 1718). Leibniz beschrieb den Versuch in der Pariser Akademie, worüber in *Histoire de l' Académie des Sciences*, 1717, p. 3–6 Mitteilung gemacht wird. Dort wird auch gesagt, daß der Versuch von Leibniz-Ramazzini von Reaumur erfolgreich wiederholt worden ist.

59 CGADA, f.181, op.16, Nr.1413, č.1, Bl.60–60r. Über die Goldbachsche Dissertation waren keine Angaben zu erlangen.

60 Pogenst (gest. 1718), Professor in Utrecht.

61 *Dissertatio juridica inauguralis de poena raptus ... pro licentia summos in utroque jure honores ac privilegia rite obtinendi ad d. 5 August 1712 publico sollennique examini ... subjecit Christianus Goldbach ...* Goningae, 1712. Ein Exemplar der Dissertation blieb zwischen Briefen erhalten. – CGADA, f.181, op.16, Nr.1413, Bl. 62–77.

62 Ebenda, Bl. 78–78r. Die *Theodizee* erschien 1710 in Amsterdam in französischer Sprache unter dem Titel *Theodicée sur la bonté de Dieu, la liberté de l'Homme et l'origine du mal.* Über die Polemik um die *Theodizee* s. den Brief von Leibniz an Hansch vom 30. Mai 1712: Kortholt, III, 1738, p.84–85. Leibniz schreibt: «Die Rezension aus Halle wird bei den Theologen kein großes Gewicht haben, da sie nicht von einem Theologen geschrieben ist». Offenbar hat Leibniz hier die anonyme Rezension in *Acta eruditorum*, 1711, p.110–121, 159–168 im Auge, die von Ch. Wolff stammt.

63 Boerhave, Hermann (1668–1738).

64 Granov, Jacob (1645–1716), Historiker und Geograph.

65 Crenius (Crusius), Thomas (gest. 1728), Philologe, Theologe, Weltreisender.

66 Albinus, Bernhard (1653–1721), Medicus.

67 CGADA, f.181, op.16, Nr.1409, Bl.97–103.

68 Sloane, Hans (1660–1752), Arzt, Botaniker, Sekretär und seit 1727 (nach Newtons Tod) Präsident der Royal Society; seit 1734 auswärtiges Mitglied der Petersburger Akademie der Wissenschaften.

69 Johnes, Jesekiel (gest. 1731), Forschungsreisender, Arabist, Erforscher Nordafrikas, Mitglied der Royal Society.

70 Alix, Peter (1641–1717), französischer Emigrant, Kirchenhistoriker.

71 Whiston, William (1667–1752), Philosoph und Mathematiker; trat an Newtons Stelle als Professor in Cambridge und gab 1707 dessen *Arithmetica universalis* heraus. Er hielt in London Vorlesungen mit Demonstrationen von Versuchen.

72 Woodward, John (1655–1728), Geologe und Physiker, Professor am Gresham College, Mitglied der Royal Society.

73 Bernoulli, Nikolaus I (1687–1759), Mathematiker, seit 1716 Professor der Mathematik in Padua, seit 1722 Professor der Logik und später der Jurisprudenz in Basel.

74 Halley, Edmund (1656–1742), Astronom, Direktor des Greenwicher Observatoriums seit 1719, Mitglied der Royal Society.

75 Poisson, Simeon Denis (1781–1840), französischer Mathematiker, Professor an der Sorbonne und an der École Polytechnique, Mitglied der Pariser Akademie der Wissenschaften.

76 *Dissertatio inauguralis mathematico-juridica de usu artis conjectandi in jure.* Basel 1709.

77 Montmort, Pierre Rémond de (1678–1719), Mitglied der Pariser Akademie der Wissenschaften.

78 Band 3 der Ausgabe *Die Werke von Jakob Bernoulli*, bearb. von B.L. van der Waerden, Birkhäuser Basel 1975, enthält die in Fußnote 76 angeführte Dissertation von Nikolaus I Bernoulli, die *Ars conjectandi* von Jakob Bernoulli, verschiedene Ergänzungen und außerordentlich wertvolle Kommentare von B.L. van der Waerden, K. Kohli, J. Henny und O. Spiess. Siehe auch: Juškevič, A.P.:*Nikolaus Bernoulli und die Herausgabe der Ars conjectandi von Jakob Bernoulli* (Russ.). Teorija verojat'nosti i eě primenenija, Bd. XXXI, H.2, 1988, S.333–352.

79 Moivre, Abraham de (1667–1754), Mathematiker und Astronom, als Hugenotte aus Frankreich emigriert, Mitglied der Royal Society.

80 Flamsteed, John (1646–1719), Königlicher Astronom, Direktor des Greenwicher Observatoriums vor Halley.

81 Bentley, Richard (1661–1742), Philologe und Historiker, Master of the Trinity College Cambridge.

82 An diesen Besuch erinnerte sich Goldbach viele Jahre später in einem undatierten, wahrscheinlich 1722 geschriebenen Brief an J.G. Doppelmayer. CGADA, f.181, op.16, Nr.1415, č.1, Bl.59r–60. Doppelmayer, Johann Gabriel (1677–1750), Mathematiker, Astronom und Physiker, Lehrer am Gymnasium zu Nürnberg.

83 Ebenda, Nr.1413, č.1, Bl.80–81.

84 Ebenda, Bl.84–84r.

85 Leibniz traf Peter I. in den Jahren 1711–1712 zweimal, in Torgau und in Karlsbad. Er legte dabei dem Zaren seine Ideen über Wege zur Entwicklung von Wissenschaft und Bildung in Rußland dar, über die Eröffnung von Universitäten und die Gründung einer Akademie der Wissenschaften. Siehe dazu: Kopelevič, Ju.Kh.:*Die Gründung der Petersburger Akademie der Wissenschaften* (Russ.), Nauka, Moskau 1977, S.32–34.

86 CGADA, f.181, op.16, Nr.1413, č.1, Bl.87–87r.

87 Ebenda, Bl.89–89r.

88 Malebranche, Nicolas (1638–1715), Philosoph, Mathematiker und Physiker, Mitglied der Pariser Akademie der Wissenschaften.

89 Varignon, Pierre (1654–1722), Mathematiker, Physiker, Professor am Collège des Quatre Nations, Mitglied der Pariser Akademie der Wissenschaften.

90 Maraldi, Jacomo Philippo (1665–1729), Astronom, Mitglied der Pariser Akademie der Wissenschaften.

91 Bignon, Jean Paul (1662–1743), von 1791 bis 1734 fast ständig Vizepräsident oder Präsident der Pariser Akademie der Wissenschaften.

92 Collège des Quatre Nations, nach dem Gründer auch oft Collège Mazarini genannt. Gegründet 1688 mit Mitteln aus dem Vermächtnis des Kardinals Mazarini in einem speziell dafür erbauten Hause. Das Collège wurde so genannt, weil entsprechend dem Testament Mazarinis dort ursprünglich Jünglinge aus jenen vier Provinzen unentgeltlich studierten, die vor der Zeit seiner politischen Tätigkeit von Frankreich abgefallen waren. Während der Großen Französischen Revolution geschlossen, wurde das Gebäude dem Institut de France übergeben, welches sich bis heute dort befindet.

93 l'Hospital, Giullaume-François-Antoine, Marquis de (1661–1704), Schüler von Johann Bernoulli, Mitglied der Pariser Akademie der Wissenschaften, stellte unter Anleitung seines Lehrers das erste gedruckte Lehrbuch der Differentialrechnung zusammen: *Analyse des infiniment petits pour l'intelligence des lignes courbes*, Paris 1696. Varignon verfaßte Erläuterungen zu diesem Werk, die posthum unter dem Titel *Eclaircissements sur l'analyse des infiniment petits* 1725 in Paris erschienen.

94 CGADA, f.181, op.16, Nr.1413, č.1, Bl.91–92.

95 Wahrscheinlich ging es um das Werk von Hansch, in dem dieser versuchte, Leitsätze von Leibniz' Philosophie, speziell der Metaphysik, nach Art geometrischer Theoreme zu begründen: *Theoremata metaphysica e philosophia Leibnitiana selecta ... methodo geometrica demonstrata*. Es erschien erst 1725.

96 Kircher, Athanasius (1601–1680), Mathematiker und Philosoph, Professor in Würzburg und Rom, Erfinder zahlreicher physikalischer und mathematischer Instrumente, Musiktheoretiker.

97 Marsiyli, Luigi Fernando (1658–1730), Teilnehmer zahlreicher Schlachten gegen die Türken und des spanischen Erbfolgekrieges, beschäftigte sich mit Kriegsgeschichte und auch mit der Natur von Flußbecken, insbesondere der Donau.

98 Aldrovandi, Ulisse (1522–1605), Professor der Logik und Medizin in Bologna.

99 Cospi, Ferdinando (gest. 1516), Professor der Philosophie in Bologna, später Botschafter in Wien und Sekretär des Kaisers Maximilian I.

100 Poleni, Giovanni (1683–1761), seit 1709 Professor in Padua, seit 1725 auswärtiges Mitglied der Petersburger Akademie der Wissenschaften.

101 Ilgen, Heinrich von (1650–1728), Staatsmann, war für die preußische Außenpolitik zuständig.

102 Königliches Patent vom 3. Dezember 1714. CGADA, f.199, portf. 247, Nr.3.

Anmerkungen zu Kapitel 2

1 Maskov, Johann Jakob (1689–1771), Jurist, Historiker, Autor zahlreicher Arbeiten zur politischen Geschichte Deutschlands.

2 CGADA, f.181, op.16, Nr.1413, č.1, Bl. 101. Orfyrei, Johann Ernst Elias, tatsächlicher Familienname Bessler (1680–1765), erfand eine lange laufende Maschine, die er für ein perpetuum mobile ausgab. Diese Maschine hat Peter I. sehr interessiert. Im Jahre 1729 wurde in dem damals neuen populären Journal der Petersburger Akademie «Historische, genealogische und geographische Bemerkungen in den 'Vedomosti'» in der Rubrik über neue Erfindungen auch über die Orfyreische Maschine gesprochen und dabei mitgeteilt, daß «die Mathematiker die Unmöglichkeit des Auffindens einer solchen Maschine zu beweisen sich erdreistet haben» (15.–22. Juli 1729, S.223). Die Orfyreische Maschine beschäftigte die Gelehrten viele Jahre lang. Nachrichten darüber werden im Briefwechsel Goldbachs mit Euler noch 1747 erörtert. Siehe Euler-Goldbach, S.274, 276–277. Über Euler s. Kap. 3, S.57–58. Genaueres über die Maschine von Orfyrei findet man bei Ord-Hume, A. W. I.:*Perpetual Motion.* London 1977.

3 Biographische Angaben über I. Cotinelli, einen der langjährigen Briefpartner Goldbachs, waren nicht aufzufinden.

4 CGADA, f.181, op.16, Nr.1413, č.1, Bl.124–125r, 128–129r, 135–135r.

5 Ebenda, Nr.1414, Bl.450.

6 Ebenda, Nr.1413, č.1, Bl.118, 119, 174–175.

7 *Neue Zeitungen von gelehrten Sachen.* Leipzig 1716 (IX Suppl.), S.512. Die Verse sind anonym abgedruckt. Sie sind durch folgende Worte des Herausgebers eingeleitet:«Königsberg. Ein gelehrter und vornehmer Mann hat allhier folgende zwei Epigrammata auf des Herrn Orfyrei Perpetuum Mobile verfertiget.» Nach den Epigrammen wird folgendes hinzugefügt:«Ob die Erfindung diesen Ruhm verdiene wird die Zeit lehren. Indessen sind doch die Gedancken des Poeten schön.» In den Epigrammen Goldbachs kann man schwer wahre Bewunderung von Ironie unterscheiden. Es sei aber angemerkt, daß Goldbach später, im Briefwechsel mit J.G. Doppelmayer, von der Unmöglichkeit eines perpetuum mobile spricht (s. dazu auch S.40).

8 Eisenschmidt, Johann Caspar (1656–1712), Arzt in Straßburg. Sein Buch *Diatribe de figura telluris elliptico-sphaeroida, ubi una exhibetur ejus magnitudo per singulas dimensiones...* (Argentorati, 1691) markierte den Anfang einer langen Polemik über die Gestalt der Erde, die im wesentlichen erst Ende der dreißiger Jahre des 18. Jahrhunderts beendet wurde. Wir werden sehen, daß das Problem der Erdgestalt 1737 Gegenstand eines speziellen Vortrags Goldbachs war (s. S.72–73).

9 CGADA, f.181, op.16, Nr.1410, Bl.492–493. Monforte, Antonio de (1644–1717), Astronom, Mathematiker und Musiker, Autor einiger Arbeiten über Bewegung, Größe und gegenseitige Abstände von Sternen.

10 Ebenda, Nr.1413, č.1, Bl.130–131.

11 Ebenda, Nr.1410, Bl. 501–504.

12 Bayer, Theophil Siegfried (1694–1738), Philologe, Historiker, Orientalist; seit 1726 Akademiemitglied in Petersburg.

13 CGADA, f.181, op.16, Nr.1413, č.1, Bl.133–134. Über die Bekanntschaft von Bayer mit Rodde s. Pekarskij, Bd.1, S.185. Es ist möglich, daß dies jener Rodde ist, der später Pastor in Narva war und in den dreißiger Jahren mit Bayer korrespondierte. Siehe *Sitzungsprotokolle der Kaiserlichen Akademie der Wissenschaften von 1725–1803* in vier Bänden (im weiteren: Protokolle). St. Petersburg, 1897–1911, Bd.1, S. 126, 129, 150, 159, 162, 164.

14 Stefan Javorskij (1658–1722), seit 1700 «Oberhirte» der russischen Kirche, führte in diesen Jahren eine «Untersuchung» gegen den Arzt Dimitrij Tveritinov durch, den er der Ketzerei und Aktivitäten zugunsten des Protestantismus bezichtigte.

15 CGADA, f.181, op.16, Nr.1413, č.1, Bl.147–148. Offenbar ist das Datum des Briefes fehlerhaft. Es sollte 27. Februar heißen, weil dieser Brief die Antwort auf einen Brief Goldbachs vom 12. Februar ist, über den im weiteren gesprochen wird.

16 Unter den Briefen Goldbachs an Bayer, die in Bayers Nachlaß aufbewahrt werden (Archiv der Akademie der Wissenschaften Rußlands, im folgenden AAdWR, f.784, op.2, Nr.1), finden sich viele Verse Goldbachs.

17 Über die Äußerungen von La Crose (1661–1739) s. den Brief Bayers an Goldbach (CGADA, f.181, op.16, Nr.1413, č.1, Bl.178–180r) und auch die Briefe von La Crose an Bayer (AAdWR, f.784, op.2, Nr.1, Bl.26–26r, 40–41r (hier spricht La Crose davon, daß Goldbach vielleicht zu den herausragendsten Poeten seines Jahrhunderts zu zählen sei), 52–53 u.a.).

18 CGADA,f.181, op.16, Nr.1413, č.1, Bl. 178–179.

19 CGADA, Ebenda, Bl.188 –189.

20 Rast, Georg Heinrich (1695–1726), Mathematiker, reiste viel, korrespondierte mit Leibniz, seit 1719 Professor in Königsberg.

21 AAdWR, f.784, op.2, Nr.1, Bl. 42–42r; CGADA, f.181, op.16, Nr.1410, Bl.529–532. Ein Auszug aus diesem Brief wurde im Bd.VI der *Supplementa* zu den *Acta eruditorum* (1717, S.471–472) abgedruckt unter dem Titel *Excerpta e litteris C.G. ad *** Regiomonte datis* (s.S. 135).

22 Über J. Hermann s. Kap.3, S.54. Die Rede ist von seinem Artikel *Methodus nova solvendi problemata, quae circa figuras isoperimetras aliasque proponi possunt. Acta eruditorum*, Lipsiae, 1718, p.32–38.

23 CGADA, f.181, op.16, Nr.1410, Bl.554, 561–562; Nr. 1413, č.1, Bl.176–177r, 196–197r, 202.

24 Rast, G.H.: *De infinitis sectionibus conicis nova methodo geometrica delineandis*. Lipsiae 1717.

25 Genaue Angaben über Orlov waren nicht zu finden. In einem Brief Bayers an Goldbach vom 26. Oktober 1719 befinden sich Verse mit der Widmung «An Georgij Orlov, Medicus beim Oberkommandierenden bei den livländischen Truppen, aus Anlaß seiner Reise nach Vilnius und der Entgegennahme von Titel und Privilegien eines Doktors der Medizin» (CGADA, f.181, op.16, Nr.1413, č.1, Bl.226–229r).

26 Clark, Samuel (1675–1729), Kaplan der Königin Anna, als Physiker Newtonianer, übersetzte die Optik Newtons ins Lateinische.

27 CGADA, f.181, op.16, Nr.1410, Bl.461–462. Der Text der Notiz findet sich ebenda, Bl.477–485. Über die lateinische Übersetzung der *Theodizee* s. Ludovici, C.G.:*Ausführlicher Entwurff einer vollständigen Historie der Leibnitzischen Philosophie*, Th.2, Leipzig 1737, S.252–253. Über Philipp a Turre, den «Bischof der Adria», konnten keine biographischen Angaben ermittelt werden.

28 CGADA, f.181, op.16, Nr.1413, č.1, Bl.155–156r.

29 Petersburger Abteilung des Archivs der Akademie der Wissenschaften Rußlands (im weiteren PA AAdWR), f.784, op.2, Nr.5, Bl.194–194r; CGADA, f.181, op.16, Nr.1413, č.1, Bl.145–146r.

30 Ebenda, Nr.1410, Bl.520–522. Die Verse Goldbachs (s. Anhang 4) sind in den Leipziger *Neue Zeitungen von gelehrten Sachen*, 1717, Th.1, S.70, abgedruckt. Der Herausgeber stellte ihnen folgende Worte voran:«Wir können nicht umhin dem geneigten Leser bey dieser Gelegenheit die schönen lateinischen Verse Herrn Christian Goldbachs, Königl. Preußischen Hof-Raths, als eines der geschicktesten Lateinischen Poeten unserer Zeit, auf den Tod des Herrn Leibnizes, die uns ungefähr in die Hände gerathen, allhier mit zu theilen.» Ungefähr mit demselben Vorwort wurden die Verse in Haag wiederabgedruckt, und zwar in der Zeitschrift *Nouvelles litteraires contenant ce qui se passe de plus considérable dans la republique des lettres*,1717, t.IV, 1 partie, p.111. Sie sind auch bei Ludovici in dem schon zitierten Werk (Th. 1, S.252–253) wiedergegeben.

31 Ebenda; Nr.1413,č.1, Bl. 153–154r. In derselben Nummer der Leipziger *Neue Zeitungen...*, in der Goldbachs Verse stehen, heißt es: «Hannover. Der Abt Buquoit hat eine grauliche Satyre auf den Seel. Herrn von Leibnitz gemacht, darüber aber jedermann sein Missfallen bezeuget.» Angaben über das Epigramm von J.A. Buquoit und den Text selbst (in Form einer parodistischen Grabinschrift) findet man in: *Archiv für die sächsische Geschichte*, Bd.6, 1880, S.343–344.

32 Ebenda, Nr.1410, Bl.524–526. Offenbar ist die Rede von einem Brief Leibniz' an Peter Dangicourt (1655–1727), Mitglied der Berliner Societät der Wissenschaften. Der Brief wurde später publiziert: Kortholt, t.III, p.283–288.

33 CGADA, f.181, op.16, Nr.1413, č.1, Bl.212 –214r.

34 Ebenda, Nr.1410, Bl.673–674.

35 Lilienstedt, Johann (1655–1732), Reichsrat, hatte unter Karl XII. eine Reihe höchster staatlicher Ämter inne.

36 Wolff, Johann Christoph (1683 –1739), Theologe, Historiker, Orientalist, unternahm viele Reisen und führte eine ausgedehnte Korrespondenz; seit 1716 Hauptpastor an der Katharinenkirche in Hamburg.

37 Fabricius, Johann Albert (1668–1736), bekannter Philologe, lebte in Hamburg, Autor einer langen Reihe von Arbeiten über antike griechische und römische sowie mittelalterliche Quellenschriften, welche er gewöhnlich mit dem Wort «Bibliothek» bezeichnete.

38 Becker, Peter (1672–1753), Autor einiger Bücher über Mechanik und Astronomie.

39 CGADA, f.181, op.16, Nr.1413, č.1, Bl.221–222.

40 Ebenda, Nr.1410, Bl.680–683; Nr.1413, č.1, Bl.224–225.

41 Goertz, Georg Heinrich von (1668–1719), Diplomat, anfangs im Dienste des Herzogs von Holstein-Gottorp, seit 1715 in schwedischen Diensten, leitete das Finanzwesen. Nach dem Tode Karls XII. wurde er beschuldigt, Intrigen gesponnen zu haben, um den König mit seinen Vertrauten zu entzweien, ferner wurden ihm finanzielle Mißbräuche zur Last gelegt; am 2. März 1719 hingerichtet.

42 Burmann, Erik (1692–1729), Professor der Astronomie in Uppsala.

43 Benzelius, Erik (1675–1743), Naturforscher, seit 1702 Bibliothekar an der Universität Uppsala, seit 1723 Professor der Theologie, einer der Gründer der Gesellschaft der Wissenschaften in Uppsala, später Bischof.

44 Roberg, Lars (1654–1742), Arzt, Professor der Anatomie und praktischen Medizin in Uppsala.

45 Dohna, Carl August von (1691–1744), gebürtig aus Königsberg, seit 1706 in schwedischen Diensten, seit 1718 General-Adjutant.

46 Es gibt eine Notiz von Dohnas über den Zweck dieser Audienz (CGADA, f.181, op.16, Nr.1413, č.1, Bl.238).

47 Hjärne, Urban (1641–1724), Arzt, Chemiker, Mineraloge, seit 1713 Präsident der obersten Bergbehörde.

48 Bromelius, Magnus (1679–1731), Arzt und Metallurge, leitete das chemische Laboratorium bei der obersten Bergbehörde.

49 Duhre, Anders Gabriel (1680–1739), Mathematiker und Mechaniker in Stockholm, angestellt bei der Bergbehörde, Mitglied der Sozietät der Wissenschaften in Uppsala.

50 CGADA, f.181, op.16, Nr.1415, č.1, Bl.4r.

51 *Introductio accurata in mathesin universalem et algebram – Acta eruditorum*, 1720, p.26–27. Das Buch erschien 1718 in Stockholm in schwedischer Sprache unter dem Titel *En gundeling anleding til mathesin universalem och algebram....*

52 Kortholt, Sebastian (1670–1760), Dichter, Bibliothekar und Professor in Kiel. Er sammelte die Korrespondenz von Leibniz. Sein Sohn Christian Kortholt (1709–1751), Professor der Philosophie in Leipzig, danach in Göttingen, setzte das Werk seines Vaters fort und gab Korrespondenzen von Leibniz in vier Bänden heraus.

53 Koes, Friedrich (1684–1766), Lehrer der Mathematik und Fortifikation in Kiel und Rendsburg, seit 1721 Professor an der Universität Kiel.

54 Magnusson (lat. Magnaeus) Arnas (1663–1730), Historiker, Professor in Kopenhagen.

55 Homann, Johann Baptist (1664 –1724), Begründer und Inhaber einer kartographischen Anstalt in Nürnberg.

56 Daten über das Leben des Arztes Johann Ignaz Beintema (eigentlicher Name J.I. Worb von Peima) sind uns nicht bekannt.

57 Badia, Carolo Francesco (1675–1751), Prediger, seit 1730 Präsident der Universität Turin. Es sei noch erwähnt, daß Goldbach von Wien aus, am 29. Januar 1721, den Briefwechsel mit J. Hermann begann, damals Professor in Frankfurt/Oder (s. Anhang 1).

58 Über Nikolaus II Bernoulli s. Kapitel 3, S.55–56.

59 Vallisneri, Antonio (1661–1730), Professor der theoretischen Medizin in Padua. In dem Notizbuch Goldbachs, das er *Chaos observationum* nannte (CGADA, f.181, op.16, Nr.1414, č.2, Bl.461), findet sich unter dem 26. Juni 1721 eine eingehende Beschreibung des Kabinetts von Vallisneri. Am 13. Januar 1722 schrieb Goldbach aus Wien an Vallisneri über seltene Steine, die man im Gebiet der böhmischen Salzbergwerke gefunden hatte. – Ebenda, Nr.1415, č.1, Bl.46.

60 Bel, Mathias (1684–1749), tschechischer Aufklärer, Historiker, Rektor der protestantischen Schule in Neusol.

61 G.E. Stahl, dessen Vorlesungen Goldbach seinerzeit in Halle gehört hatte, wurde 1716 Leibarzt des Königs in Berlin.

62 Pauli, Rat am Gerichtshof in Königsberg. Biographische Angaben über Pauli konnten wir nicht finden.

63 Facciolato, Jacobo (1682 –1769), Professor der Theologie und Philosophie in Padua, Philologe, Herausgeber von Wörterbüchern.

64 CGADA, f.181, op.16, Nr.1413, č.1, Bl.248. Beckenstein, Johann Simon (gest. um 1744), Professor der Jurisprudenz in Königsberg, von 1726–1735 an der Petersburger Akademie der Wissenschaften.

65 AAdWR, f.784, op.2, Nr.1, Bl.222.

66 Ebenda, Bl. 225–225r; CGADA, f.181, op.16, Nr.1415, č.1, Bl.33–35.

67 Der Vers des Ovid aus seinen Trauergedichten (IV, 8, 41) lautet: «Fern von dem Vaterland, unter nördlichem Himmel muß ich nun leben.» Goldbach spielt hier auf eine der Lesarten an, in der anstelle von *sub axe Boreo* (unter nördlichem Himmel) *sub axe Borusso* (unter preußischem Himmel) steht.

68 CGADA, f.181, op.16, Nr.1415, č.1, Bl.35.

69 Pasqualino, Paolo Guiseppe. Biographische Angaben über ihn waren nicht zu finden.

70 CGADA, F.181, op.16, Nr.1415, č.1, Bl.68. Marinoni, Giovanni Jacobo (1678–1755), Mathematiker und Astronom in Wien, korrespondierendes Mitglied der Petersburger Akademie der Wissenschaften.

71 Ebenda, Bl.78r–79.

72 Ebenda, Bl.74.

73 Ebenda, Nr.1413, č.2, Bl.51–52.

74 Ebenda, Nr.1415, č.1, Bl.60r–61.

75 Asseman, Josef Simon (1687 –1768), gebürtig aus Syrien, Bibliothekar beim Erzbischof von Tyr, Orientalist.

76 CGADA, f.181, op.16, Nr.1415, č.1, Bl.6.

77 Ebenda, Nr.1413, č.2, Bl. 68.

78 Ebenda, Nr.1415, č.1, Bl.67r.

79 Ebenda, Bl.46. Bülfinger, Georg Bernhard (1693–1750), Philosoph und Physiker, Professor in Tübingen, 1725–1730 an der Petersburger Akademie der Wissenschaften. Sein Buch *De harmonia animi et corporis humani maxime praestabilita commentatio hypothetica* erschien 1723 in Frankfurt/Main.

80 Ebenda, Nr.1413, č.2, Bl.20. Das Büchlein von Rast *Specimen methodi ad summas serierum analytice demonstratum* erschien 1720 in Königsberg.

81 Ebenda, Nr.1415, č.1, Bl.57–59.

82 Ebenda, Nr.1413, č.2, Bl.58

83 Ebenda, Nr.1413, č.1, Bl.275–276; Nr.1415, č.1, Bl.28.

84 Ebenda, Nr.1413, č.2, Bl.34–35r; Nr.1415, č.1, Bl.26r–27r.

85 Ebenda, Nr.1413, č.1, Bl.252–255; č.2, Bl.7–8 u.a.

86 Ebenda, Nr.1415, č.1, Bl.21–22.

87 Ebenda, Nr.1413, č.1, Bl.286; Nr.1415, č.1, Bl.31r–32.

88 Ebenda, Nr.1415, č.1, Bl.44.

89 Ebenda, Nr.1413, č.2, Bl.95; Nr.1415, č.1, Bl.44, 52–53, 85.

90 Ebenda, Nr.1415, č.1, Bl.5.

91 Ebenda, Bl.13–17.

92 Bibliographische Angaben über dieses Buch waren nicht zu finden. Nach indirekten Angaben erschien es 1715 in Wien.

93 Goldbach spricht von *Acta Vratislavensia*. Es geht offenbar um die in den Jahren 1718–1736 (in 38 Bänden) in Breslau erschienene Zeitschrift *Sammlung von Natur- und Medizin- wie auch hierzu gehörigen Kunst- und Literaturgeschichten, so sich in Schlesien und andern Ländern begeben.*

94 Eberhard, Christoph (1675–1730), Prediger in der russischen Armee, reiste viel, erfand ein Instrument zur Bestimmung der geographischen Koordinaten. Sein Buch *Specimen theoriae magneticae, quo ex certis principiis magneticis ostenditur vera universalis methodus inveniendi longitudinem et latitudinem* erschien 1718 in London.

95 Das Buch von Jakob Hermann *Phoronomia, sive de viribus et motibus corporum solidorum et fluidorum libri duo*, Amstelodami 1716, war das beste zusammenfassende Werk über Mechanik in der Zeit zwischen Newtons *Philosophiae naturalis principia mathematica* (1687) und den Arbeiten von L. Euler und D. Bernoulli in den dreißiger Jahren des 18. Jahrhunderts.

96 Aus dem Brief Goldbachs an Doppelmayer vom 5. März 1721. CGADA, f.181, op.16, Nr.1415, č.1, Bl.13.

97 Über den Besuch Goldbachs in Kirchers Museum in Rom s.S.21. *Musurgia universalis*, Rom 1650 (das Werk ist viele Male wieder aufgelegt worden, zuletzt 1970 in New York). Es ist eine umfassende Enzyklopädie des damaligen Wissens über Akustik und Musik. Im Buch VIII, Teil V (S.185–190 der Ausgabe Rom, 1650) ist unter dem Titel «Über die mechanische Schöpfung von Musik, oder über die verschiedenartigen Versetzungen kleiner beweglicher, 'musikalisch-arithmetischer' Zylinder» ein von Kircher erfundenes Gerät (mit Zeichnung) beschrieben, in der Form einem Kistchen ähnelnd, mit einem bestimmten Satz «musikalisch-arithmetischer» Zylinder, mittels derer man Musik komponieren kann, wenn man sich eines von Kircher vorgegebenen mathematischen Systems bedient.

98 CGADA, f.181, op.16, Nr.1413, č.1, Bl.257–258; Nr.1415, č.1, Bl.11r–12, 30–31, č.2, Bl.5.

99 Ebenda, f.199, portf. 247, Nr.4.

Anmerkungen zu Kapitel 3

1 Schumacher, Johann Daniel (1690–1761), Bibliothekar Peters I., später stand er an der Spitze der Kanzlei der Akademie. Er leitete bis unmittelbar vor seinem Tode in herrschsüchtiger Manier die administrativen Angelegenheiten der Akademie und rief damit nicht selten den Unwillen der Akademiemitglieder hervor.

2 Blumentrost, Lavrentij Lavrent'evič (1692–1755), Leibarzt Peters I. und dessen Gemahlin Katharina I., war 1725–1733 der erste Präsident der Petersburger Akademie der Wissenschaften.

3 Wahrscheinlich ist unter «Befehl» hier das Projekt Peters I. zur Akademiegründung gemeint.

4 CGADA, f.181, op.16, Nr.1413, č.2, Bl.100r.

5 Ebenda, Bl.123.

6 Brief Doppelmayers an Blumentrost vom 22. Juli 1724. AAdWR, Petersburger Abt., f.1, op.3, Nr.8, Bl.164–165r.

7 CGADA, f.181, op.16, Nr.1413, č.2, Bl.136.

8 Ebenda, Nr.1415, č.2, Bl.5. Siehe ferner S.171–172.

9 CGADA, f.181, op.16, Nr.1413, č.2, Bl.156; Fuss, Bd.II, S.228. S.M. bedeutet Seiner Majestät, d.h. Zar Peter I.

10 Ebenda, Bl.163–164. Fuss, Bd.II, S.232.

11 Golovkin, Aleksandr Gavrilovič (gest. 1760), russischer Gesandter in Berlin, später in Paris und in Den Haag.

12 Über diese Rede s. Pekarskij, Bd.I, S.85–86; Kopolevič, Ju.Kh.: *Die Gründung der Petersburger Akademie der Wissenschaften* (Russ.), Leningrad, Nauka 1977, S.94–97.

13 Über den Brief Doppelmayers, in dem er Goldbach als Menschen mit besonderen Fähigkeiten bezeichnet, siehe: *Materialien zur Geschichte der Kaiserlichen Akademie der Wissenschaften.* (Russ.) In 10 Bänden. St. Petersburg, 1885–1900 (im weiteren: *Materialien*), Bd.1, S.130. Der Brief selbst war nicht aufzufinden.

14 Swickard, wahrscheinlich ein Rigaer Arzt. Biographische Daten sind uns nicht bekannt.

15 Bruce, Jakob Vilimovič (1670–1735), General-Feldmarschall, Kommandierender der Artillerie, Präsident des Berg- und Manufakturkollegiums. Bruce war ein Mann mit breiten naturwissenschaftlichen Kenntnissen und Interessen.

16 Zar Peter I. starb am 23. Januar (8. Februar) 1725; nach ihm bestieg Katharina I. den Thron.

17 Wahrscheinlich war dies einer der schwedischen Bekannten Goldbachs, der mit Bruce auf der Insel Vårdö (Åland-Inseln) zusammentraf, wo im Frühjahr 1718 und im Sommer 1719 Friedensverhandlungen zwischen Rußland und Schweden stattfanden.

18 Die Briefe von Bruce an Goldbach waren nicht aufzufinden.

19 Über die Artikel Goldbachs in *Acta eruditorum* s. Kapitel 5 und 6.

20 Auf der angegebenen Seite werden in einer Rezension von Bayers Werk über die Eleganz des Stils von Gelehrten Worte Bayers über den Stil Goldbachs zitiert, die überschwengliches Lob enthalten.

21 Über die Elegie Goldbachs auf den Tod von Leibniz und ihre Publikation in den *Nouvelles Litteraires* war früher, S.43–44, die Rede.

22 Eine anonyme Bemerkung darüber findet sich in dem Leipziger Journal *Neue Zeitungen von gelehrten Sachen*, 1723, Nr.1, S.8.

23 Morgagni, Giambattista (1682–1771), Anatom, Professor in Padua, Mitglied des Instituts in Bologna. Bohn, Johann (1640–1718), Anatom, Physiologe, Professor in Leipzig. Die Daten der übrigen hier genannten Personen wurden schon früher angegeben.

24 AAdWR, Petersburger Abt., f.1, op.3, Nr.11, Bl.2–3. Größere Auszüge aus diesem Brief in russischer Übersetzung sind bei Pekarskij, Bd.1, S.156–157, angegeben.

25 Martini, Christian (1699–nach 1739), Professor für Logik und Metaphysik, 1729 entlassen.

26 Kohl, Johann Christoph (1698–1778), Professor der Beredsamkeit und der Kirchengeschichte, schied 1727 aus.

27 Šafirov, Petr Pavlovič (1669–1739), Diplomat, Vizekanzler, 1721 verurteilt und in die Verbannung geschickt.

28 Mayer, Friedrich Christoph (1697–1729), Adjunkt, seit 1726 außerordentlicher Professor der Mathematik.

29 AAdWR, Petersburger Abt., f.1, op.3, Nr.2, Bl.287r–288.

30 Ebenda, Bl.290r.

31 Ebenda, Bl.299.

32 De l'Isle, Joseph Nicolas (1688–1768), Professor der Astronomie, kehrte 1747 nach Frankreich zurück.

33 Duvernois, Johann Georg (1691–1759), Professor der Anatomie, schied 1741 aus.

34 Müller, Gerhard Friedrich (1705–1783), zunächst Adjunkt, seit 1731 Professor der Geschichte, 1733–1743 Teilnehmer der zweiten Kamtschatka-Expedition, seit 1754 Konferenz-Sekretär der Akademie. Das von ihm vorbereitete Manuskript zum 50-jährigen Bestehen der Akademie ist (lückenhaft) in Band 6 der *Materialien zur Geschichte der Kaiserlichen Akademie der Wissenschaften*, St. Petersburg 1890, publiziert. Siehe *Materialien*, Bd.6, S.30–31. Zu den Vorschlägen Goldbachs für die Abfassung einer Geschichte der Akademie siehe Anhang 3.

35 Leutmann, Johann Georg (1667–1736), Professor der Mechanik.

36 *Materialien*, Bd.6, S.69–73.

37 *Neue Zeitungen von gelehrten Sachen*, 1725, Nr.XXVI, S.731–736. Hier sind auch beide Reden abgedruckt; die von Hermann in französischer, die von Bülfinger in deutscher Sprache.

38 In den Jahren 1725–1727 datierte Goldbach die protokollarischen Aufzeichnungen nach dem neuen Kalender. Die Protokolle der Konferenzen wurden im 18. Jahrhundert in verschiedenen Zeiträumen in Latein, Deutsch und Französisch angefertigt. Sie erschienen in vier Bänden in den Jahren 1897–1911. In dieser Ausgabe wie auch in den Manuskripten finden sich Lücken. Einige von ihnen werden durch die Aufzeichnungen Müllers in seiner *Geschichte der Akademie* ausgefüllt. Einen Teil der Aufzeichnungen für die vierziger Jahre hat N.I. Nevskaja unlängst unter den Protokollen des geographischen Departements entdeckt.

39 Die jährlichen Sammelbände von Arbeiten der Akademiemitglieder erschienen in Latein, der damaligen Sprache der Gelehrten, unter dem Titel *Commentarii Academiae scientiarum imp. Petropolitanae* (im weiteren: *Commentarii*). Von 1728 bis 1751 wurden 14 Bände herausgegeben (für die Jahre 1726–1746). Später erschienen andere Serien unter den Bezeichnungen *Novi Commentarii...*, *Acta...*, *Nova Acta...* bis 1806; danach wurde Latein durch Französisch und schließlich durch Russisch ersetzt.

40 CGADA, f.181, op.16, Nr.1413, č.2, Bl. 105. Das den Akademikern vorgelegte «sibirische Gold» wurde am 3. (14.) September dem Kabinett-Sekretär A.V. Makarov für die Kunstkammer übersandt. Zur gleichen Zeit schickte Makarov der Akademie verschiedene Globen russischer Meister, darunter einen Erdglobus des Aleksej Rostovcev, der auf Befehl der Kaiserin «den angekommenen Professoren zur Prüfung zu übergeben» war. – AAdWR, Petersburger Abt., f.1, op.3, Nr.11, Bl.140.

41 *Materialien*, Bd.6, S.73–74.

42 CGADA, f.181, op.16, Nr.1415, č.2, Bl.6r–8r. (Fuss, Bd.2, S.169, 238).

43 AAdWR, Petersburger Abt., f.1, op.3, Nr.11, Bl.300. (*Materialien*, Bd.1, S.144, 153).

44 AAdWR, Petersburger Abt., f.1, op.3, Nr.11, Bl.205, 211–212. Näheres über diese Korrespondenz in: Kopelevič, Ju.Kh.: *In den Tagen der Gründung* (Russ.). Vestnik AN SSSR, 1973, Nr.10, S.121–131.

45 CGADA, f.181, op.16, Nr.1413, č.2, Bl. 221–222r, 225–226 u.a.

46 *Protokolle*, Bd.1, S.2, 3, 5, 7, 9.

47 Man hat hier das historische Vorwort zu Band 1 der *Commentarii* im Auge.

48 Die Moivresche Formel in ihrer heutigen Schreibweise wurde erst von Euler 1748 in der *Introductio in analysin infinitorum* angegeben (*Opera omnia*, Series 1, Vol.8). Moivre selbst sprach sein Theorem in etwas anderer Form aus und widmete ihm einige Artikel, hauptsächlich in den *Philosophical Transactions* der Royal Society von 1702 und 1722.

49 *Protokolle*, Bd.1, S.7.

50 Ebenda, S.11.

51 Nieuwentijt, Bernhard (1654–1718), war Arzt und Bürgermeister einer kleinen Stadt in Holland. Kurze Ausführungen zu seinen kritischen Bemerkungen findet man in: M. Cantor *Vorlesungen über Geschichte der Mathematik*, Bd.3, 3.Aufl., Leipzig 1913, S.254–255 sowie in der dort angegebenen Literatur.

52 Varignon sah sich in Frankreich auch zur Verteidigung der Leibnizschen Infinitesimalrechnung genötigt, weil sich das Pariser Akademiemitglied Michel Rolle (1652–1715) gegen die neue Analysis ausgesprochen hatte. Von Rolle stammt ein Satz der Algebra, der mit einem gewissen Spezialfall des sogenannten «Satzes von Rolle» in der Differentialrechnung gleichwertig ist.

53 *Antwort an den berühmten Herrn B. Nieuwentijt auf die von ihm herausgegebenen neuen Betrachtungen über die Grundlagen der Differentialrechnung.*

54 Die *Phoronomia* von Hermann wurde von Euler im Vorwort zu seiner zweibändigen Mechanik von 1736 (*Opera omnia*, Ser.II, Vol.1,2) sehr hoch eingeschätzt.

55 Fuss, Bd.II, S.95–170.

56 Fuss, Bd.II, S.266–270, 293.

57 *Hydrodynamica, sive de viribus et motibus fluidorum commentarii....* Argentorati, 1738.

58 Der Briefwechsel Goldbachs mit D. Bernoulli ist publiziert bei Fuss, Bd.II, S.173–406.

59 Der Briefwechsel Goldbachs mit Euler ist in einer Gemeinschaftsausgabe der Akademien der DDR und der UdSSR veröffentlicht (s. Euler-Goldbach). Es ist beabsichtigt, diesen Briefwechsel mit präzisierten Kommentaren in der *Series quarta* von Eulers *Opera omnia* neu herauszugeben, und zwar als Band IV, wenn die übrigen acht Bände fertig sind.

60 *Protokolle*, Bd.1, S.5–7.

61 *Sermones in secundo solenni Academiae scientiarum imperialis conventu die 1 Augusti Anni MDCCXXVI publice recitati.* Petropoli (1727).

62 *Sankt Peterburgskie Vedomosti,* eine Zeitung, die seit 1703 erschien, wurde seit Anfang 1727 von der Akademie der Wissenschaften in russischer und deutscher Sprache herausgegeben. Die Rede Goldbachs ist bei Müller wiedergegeben: *Materialien,* Bd.6, S.111. In den erhalten gebliebenen Nummern der *Vedomosti* aus dem Jahr 1727 war sie nicht aufzufinden.

63 Osterman, Andrej Ivanovič (1686–1747), Vizekanzler, später Kabinett-Minister, 1742 verurteilt und in die Verbannung geschickt.

64 Nach dem Vertrag mit der Akademie, der am selben Tag abgeschlossen wurde, zahlte die Akademie 800 Rubel jährlich an Goldbach, die restlichen 1200 Rubel erhielt er als Justizrat (AAdWR, f.21, op.105, Goldbach, Bl.1.).

65 CGADA, f.181, op.16, Nr.1410, Bl.246, 251. Feofan Prokopovič (1681–1736), Zögling der geistlichen Akademie in Kiew, las dort Anfang des 18. Jahrhunderts in Latein einen allgemeinen Kurs der Mathematik, der auch Ausführungen über Kegelschnitte und die Quadratur des Kreises mittels der Quadratrix und mittels Spiralen enthielt. 1716 berief Peter I. ihn nach Petersburg, wo er einer der bedeutendsten Helfer des Zaren bei dessen kulturreformatorischen Bestrebungen und bei der Umgestaltung der Kirche wurde. In Petersburg gründete Prokopovič eine Schule für Waisen und Kinder von Mittellosen. In der Folgezeit wurde er Bischof von Pskov und Erzbischof von Novgorod.

66 Ebenda, Bl.250.

67 Die von Goldbach verfaßte Einleitung gefiel den Petersburger Akademikern sehr gut. Die allgemeine Meinung brachte D. Bernoulli in einem Brief an Goldbach vom 18. (29.) November 1728 zum Ausdruck; dort heißt es: «Wir haben alle Ihre edlen Gedanken und schönen Ausdrücke im Vorwort und in der Widmung für unsere Mémoires bewundert.» Fuss, Bd.II, S.279.

68 *Materialien,* Bd.1, S.559.

69 AAdWR, Petersburger Abt., f.1, op.3, Nr.15, Bl.146–148r.

70 Ebenda, Bl.143–145; f.121, op.2, Nr.58, Bl.1–8.

71 Über den mathematischen Inhalt dieses Briefwechsels siehe die Kapitel 6 und 7.

72 *De causa gravitatis physica generali disquisitio experimentalis. – Pièces qui ont remporté le prix de l'Academie de Paris,* II. Paris 1728.

73 *De directione corporum gravium in vortice sphaerico et figura nuclei dissertatio experimentalis. Commentarii,* Bd.1, S.245–261.

74 CGADA, f.181, op.16, Nr.1415, č.2, Bl.13r–20, 27r–28, 32r–34, 37r–38, 40r–44; č.3, Bl.1a,r–3, 6–6r, 10r, 24–25r; Nr.1413, č.2, Bl.256–257, 264–265r, 283–283r; č.3, Bl.5, 13, 17, 27, 28, 48, 52, 79.

75 Ebenda, Nr.1415, č.3, Bl.28; Nr.1413, č.3, Bl.91, 121, 136.

76 Ebenda, Nr.1415, č.2, Bl.12–12r; č.3, Bl.36–36r, 39–40; Nr.1413, č.2, Bl.262–263r, 281–282r; č.3, Bl.67, 77, 90, 103, 105 u.a.

77 CGADA, f.181, op.16, Nr.1413, č.3, Bl.125.

78 *Protokolle*, Bd.1, S.54.

79 Krafft, Georg Wolfgang (1701–1754), seit 1727 Adjunkt, seit 1731 Professor der Physik an der Petersburger Akademie, verließ die Akademie 1744.

80 AAdWR, Petersburger Abt., f.21, op.1, Nr.105, Goldbach, Bl.3–4.

81 *Protokolle*, Bd.1, S.60.

82 *Materialien*, Bd.6, S.257, 290.

83 Keyserling, Hermann Karl (1697–1764), Präsident der Akademie im Jahre 1733, später russischer Gesandter in Polen und Preußen.

84 *Materialien*, Bd.6, S.299–300. CGADA, f.199, portf.247, d.(delo = Sache) 8 vom 20. August 1733. 1000 Rubel entsprachen ungefähr 1500 deutschen Talern.

85 AAdWR, Petersburger Abt., f.3, op.1, Nr.8, Bl.421; Nr.14, Bl.618–619.

86 CGADA, f.181, op.16, Nr.1413, č.3, Bl.145.

87 Dortous de Mairan, Jean Jaques (1678–1771): *Traité physique et historique de l'Aurore Boreale.* Paris 1731.

88 CGADA, f.181, op.16, Nr.1413, č.3, Bl.147.

89 Korff, Johann Albrecht von (1697–1766), an der Akademie der Wissenschaften von 1734 bis 1740, danach Gesandter in Dänemark.

90 *Materialien*, Bd.6, S.332.

91 *Protokolle*, Bd.1, S.118.

92 In den ausländischen Akademien, deren Beispiel Peter I. offenbar zu folgen beabsichtigte, bezeichnete man als Kuratoren hochgestellte Beamte, die im Namen des Monarchen die Aufsicht über die Akademie ausübten. Ein solches Amt existierte jedoch an der russischen Akademie nicht.

93 Peter I. machte in dem Plan von 1724 diese Anmerkung in Russisch. Das Zitat stammt aus der 1732 angefertigten deutschen Übersetzung des Plans (AAdWR, Petersburger Abt., f.21, op.1, Nr.77, Bl.18r). Goldbach selbst sprach später in seinem Bericht an den Senat vom 19. Mai 1738 über diese Festsetzung mit denselben Worten: «Zum Assistenten des Praesidis... allergnädigst verordnet worden.» (Ebenda, Nr.105, Bl.6).

94 Der russische Text der Eingabe findet sich in *Materialien*, Bd.3, S.480, der deutschsprachige Entwurf in AAdWR, f.3, op.1, Nr.32, Bl.280.

95 *Materialien*, Bd.3, S.554–555. Nach einem Senatserlaß vom 16. März 1738 wurde das «Dienstalter» des Goldbachschen Ranges von 1727 an gerechnet (Ebenda, Bd.6, S.466). Der Rang eines Kollegienrats zählte in der «Tabelle der Ränge» aus der Zeit Peters I. zur 6. Klasse und entsprach dem Militärrang eines Obersten.

96 *Materialien*, Bd.3, S.801–802, 818, 822.

97 *Protokolle*, Bd.1, S.349, 351. Im lateinischen Original lautet der Titel *Tentamen ad investigandum utrum axis terrae intra polos major est an minor diametro aequatoris.*

98 Clairaut, A.C.: *Théorie de la figure de la terre tirée des principes de l'hydrostatique*, Paris 1743, 1808. Deutsche Übersetzung: *Theorie der Erdgestalt nach den Gesetzen der Hydrostatik.* Ostwalds Klassiker Nr.189, Leipzig 1903. – Clairaut, Alexis Claude (1713–1765), Mathematiker und Astronom, Mitglied der Pariser Akademie, auswärtiges Mitglied der Petersburger Akademie. Es existiert auch eine russische Übersetzung von Clairauts Buch (Moskau – Leningrad 1947) mit einem interessanten Vorwort von N.I. Idelson. – Idelson, Naum Il'ič (1885–1951), russischer Astronom und Wissenschaftshistoriker, Professor in Leningrad.

99 Poincaré, Jules Henri (1854–1912), Mathematiker, Mitglied der Pariser Akademie, Autor grundlegender Arbeiten über Differentialgleichungen und Himmelsmechanik.

100 Ljapunov, Aleksandr Mikhailovič (1857–1918), Mathematiker, Mitglied der Petersburger Akademie.

101 Diese Beilage erschien in den Jahren 1728–1742. Sie enthielt politische Materialien und populärwissenschaftliche Artikel, welche hauptsächlich von den Professoren und Adjunkten der Akademie stammten.

102 *Protokolle*, Bd.1, S.218.

103 *Materialien*, Bd.6, S.368.

104 Der Globus befand sich damals in einem speziellen Saal in der zweiten Etage der Kunstkammer. Nachdem er zahlreiche Mißgeschicke überdauert hat (1747 verbrannte er, wurde wiederhergestellt und an verschiedenen Orten gezeigt; in den Jahren des zweiten Weltkrieges haben ihn deutsche Truppen von Puschkino nach Deutschland gebracht, nach dem Krieg kam er zurück) befindet er sich heute wieder in der Kunstkammer, und zwar in einem Raum des Turmes.

105 *Protokolle*, Bd.1, S.335, 464, 504. Der Text des Gutachtens mit den Unterschriften von Goldbach, Euler, Krafft und Heinsius befindet sich in AAdWR, Petersburger Abt., f.1, op.64, Nr.6/1. – Bruckner, Isaak (1686–1762), Mechaniker an der Petersburger Akademie.

106 AAdWR, f.1, op.3, Nr.1, Bl.10–11r. Siehe Anhang 3.

107 *Protokolle*, Bd.1, S.155, 157–158. Über diese Episode s. die Bemerkung von P.P. Pekarskij in: *Uč. zap. imp. Akademii Nauk po I i III otdelenijam*, t.II, vyp.1, Sankt Petersburg (1853–1857), S.137–138.

108 *Protokolle*, Bd.1, S.693–695.

109 De la Croix: *Extrait du mechanisme des mouvements des corps flottans.* – *Mémoires pour l'Histoire des sciences et des beaux arts.* Paris, 1735, p.638–668. Biographische Daten über De la Croix waren nicht aufzufinden.

110 *Protokolle*, Bd.1, S.222, 259, 301, 379.

111 Autor war J.A. von Korff.

112 *Materialien*, Bd.6, S.434.

113 *Protokolle*, Bd.1, S.665. *Deutsche Grammatik, ehedem aus verschiedenen Autoren zusammengestellt....* Sankt Petersburg 1745.

114 Ebenda, S.426, 435. Marsiyli, L.F.: *Der militärische Zustand des ottomanischen Reiches, sein Aufschwung und Verfall.* Sankt Petersburg, nach 1739.

115 *Materialien*, Bd.6, S.500–501.

116 Ebenda, S.176.

117 Ebenda, S.488.

118 *Protokolle*, Bd.1, S.590, 681. – Viele Materialien über die Beteiligung Goldbachs an der Gestaltung von Medaillen – seine Notizen über Medaillen, seine Aufschriften für Medaillen – sind in dem Buch von A.F. Büsching publiziert: *Beiträge zur Lebensgeschichte denkwürdiger Persönlichkeiten, insonderheit gelehrten Männer.* Halle, 1785, Bd.III, S.10–15. Büsching, Anton Friedrich (1724–1793), deutscher Geograph. Unter den Papieren Goldbachs im Fonds G.F. Müller im Zentralen Archiv für alte Akten (CGADA, f.199, portf.247, d.21, Bl.8–49) befindet sich eine große Kollektion von Sinnsprüchen Goldbachs zu verschiedenen festlichen Illuminationen, von Gelegenheitsgedichten und Medaillenaufschriften. Es gibt auch Sinnsprüche in russischer Übersetzung (Bl.44–47) mit einschätzenden Randbemerkungen von Feofan Prokopovič.

119 Adodurov, Vasilij Evdokimovič (1709–1780), Adjunkt der Petersburger Akademie von 1733–1741, von 1762–1771 Kurator der Moskauer Universität.

120 *Protokolle*, Bd.1, S.136, 140, 152, 155, 164, 165, 179.

121 S. den Aufsatz von Ju.Kh. Kopelevič: *J.A. Korff und die internationalen Beziehungen der Petersburger Akademie der Wissenschaften* (Russ.). *Iz istorii estestvoznanii i tekhn. Pribaltiki.* Riga 1976, vyp.5, S.14–23.

122 *Protokolle*, Bd.1, S.259, 585, 591 u.a.

123 AAdWR, Petersburger Abt., f.1, op.3, Nr.7, Bl.169. – Kantemir, Antiokh Dmitrievič (1709–1744), Diplomat, Schriftsteller, Autor bekannter Satiren, in denen er sowohl die Sittenlosigkeit als auch die Unwissenheit scharf geißelte. Ohne Zweifel stand Kantemir unter dem Einfluß von Feofan Prokopovič.

124 Ebenda, Nr.18, Bl.153, 284–285, 190–193; Nr.19, Bl.110; Nr.21, Bl.11–12, 33–34 u.a. – Kirch, Christfried (1694–1740), Astronom.

125 Gmelin, Johann Georg (1709–1755), Professor der Chemie und der Naturgeschichte, Teilnehmer der zweiten Kamtschatka-Expedition.

126 Henckel, Johann Friedrich (1679–1744), Chemiker und Metallurge in Freiberg.

127 AAdWR, Petersburger Abt., f.1, op.3, Nr.22, Bl.7–8, 148–149 u.a.

128 Ebenda, Bl.13–16r.

129 Maupertuis, Pierre-Louis Moreau de (1698–1759), Physiker und Astronom, Mitglied der Pariser Akademie, Ehrenmitglied der Petersburger Akademie von 1740 bis 1759, Präsident der Berliner Akademie.

130 Angaben über diese Korrespondenzen findet man in: *Euler. Briefwechsel/Annotierter Index* (Russ.). Leningrad 1967; L.Euler, *Opera omnia*, Ser.IV, Bd.A1, Basel 1975.

131 Brewern, Karl von (1704–1744), Diplomat, Präsident der Petersburger Akademie von 1740–1741.

132 AAdWR, Petersburger Abt., f.1, op.3, Nr.20, Bl.4–9; Nr.22, Bl.90r–91, 11, 116–117 u.a.

133 *Extractos Academicos dos livros que a Academia de Petersburg mandou à de Lisboa feitos por ordem de mesma pelo Conde da Ericeira, D. Francisco Xavier de Menezes Hum dos seus Directores e Censores...* Lisboa Occidental, 1739.

134 *Abrégé des Mathématiques pour l'usage de Sa Majesté Imperiale de toutes les Russies, T.I, contenant l'Arithmétique, la Géométrie et la Trigonometrie; T.II, contenant l'Astronomie et la Géographie; T.III, contenant la Fortification et l'Architecture civile.* St. Petersbourg, 1728.

135 Buxbaum, J.Ch.: *Plantarum minus cognitarum Centuriae I–V.* Petropoli, 1728–1740. – Buxbaum, Johann Christian (1694–1730), Professor der Botanik.

136 Sinopeus, Dem'jan Petrovič (gest. 1776), Arzt in der russischen Flotte, seit 1736 Stadtphysikus in Moskau. Seine Werke *Parerga medica. De frequentioribus nautarum russicorum morbis.* Petropoli, 1734; *De Scorbuto.* Cronstadti, 1735, beruhen auf Beobachtungsmaterial über die Krankheiten russischer Seeleute.

137 *Commercium epistolicum Regiae Historiae Lusitanae Academia cum Academia Petropolitana. Commentarii*, Bd.9, S.I–XXXI.

138 CGADA, f.181, op.16, Nr.1413, č.3, Bl.207; Nr.1415, č.3, Bl.47. – Münnich, Christoph Antonovič (1683–1767), Generalfeldmarschall.

139 Ebenda, Nr.1413, č.3, Bl.195. – Jussupov Boris Grigor'evič (1696–1759), Gouverneur von Moskau, später Präsident des Handelskollegiums (Handelsminister).

140 Ebenda, Nr.1415, č.3, Bl.48. – Nepljuev, Ivan Ivanovič (1693–1773), Schiffbauer und Diplomat.

141 AAdWR, Petersburger Abt., f.1, op.3, Nr.22, Bl.84. – Bestužev-Rjumin, Aleksej Petrovič (1693–1776), Diplomat, Botschafter in Dänemark, später Vizekanzler und Kanzler; 1758 verurteilt und verbannt, 1763 von Katharina II. nach Petersburg zurückgeholt und zum Generalfeldmarschall ernannt.

142 Ebenda, Nr.7, Bl.2r–3

143 CGADA, f.181, op.16, Nr.1415, č.3, Bl.43r–44.

144 Ebenda, Bl.57r–58r.

145 Ebenda, f.199, portf. 247, d.19, Bl.13–18.

146 *Materialien*, Bd.4, S.372.

147 *Materialien*, Bd.2, S.370.

148 Euler-Goldbach, S.103.

Anmerkungen zu Kapitel 4

1 Euler-Goldbach, S. 308.

2 Kahn, D.: *The codebreakers. The Story of the secret writing.* Mac Millan Co. New York 1968. Die Angaben über den russischen Chiffrierdienst wie auch den Hinweis auf das Buch von Kahn entnahmen wir mit Billigung des Autors dem Artikel von V.K. Novik:*Franz Aepinus (1724–1802) – eine biographische Chronik* (Russ.), publiziert in dem Sammelband *Aus der Geschichte der Wissenschaft und Kultur Rußlands im 18. Jahrhundert.* Aepinus hat in vielem Goldbachs Weg wiederholt: er war Akademiemitglied, unterrichtete den Thronfolger, blieb unverheiratet und leitete nach Goldbachs Tod den Chiffrierdienst.

3 CGADA, f.199, portf.247, Nr.12.

4 August III. (1696–1763), 1736 vom Warschauer Sejm zum König von Polen ausgerufen, führte seit 1742 einen erfolglosen Krieg mit Preußen, der durch den Dresdener Frieden vom 25. Dezember 1745 beendet wurde. War seit 1733 auch Kurfürst von Sachsen.

5 Darum hatte sich der Kanzler A.P. Bestužev-Rjumin bei der Zarin bemüht, weil er befürchtete, daß der preußische Gesandte Mardenfeld Goldbach zur Rückkehr nach Preußen überreden könnte. S. Pekarskij, Bd.1, S.168.

6 Euler-Goldbach, S.263.

7 Ebenda, S.334.

8 Erlaß des Senats: CGADA, f.199, portf.247, d.15. Im gleichen Jahr unterbreitete Goldbach seine Vorstellungen über die Ausbildung des Großfürsten Pavel Petrovič. An die erste Stelle setzte er die Lehre der Sprachen Deutsch, Französisch und Latein – letztere sei für das Verständnis wissenschaftlicher Termini notwendig. Die Anfänge der Arithmetik, Geometrie und Geographie können «zum Zeitvertreib» während der Sprachausbildung gelehrt werden. Nach den Sprachen können die anderen Wissenschaften begonnen werden, insbesondere Geschichte, Geographie, Fortifikation, ein wenig Wasserbaukunst und bürgerliche Architektur, «volkstümliche und erbauliche Regeln». (Pekarskij, Bd.1, S.169).

9 CGADA, f.181, op.16, Nr.1412.

10 Euler-Goldbach, S.399–400.

11 *Festakt der Akademie der Wissenschaften vom 6. September 1751* (Russ.) St. Petersburg 1751. Die Rede Popovs wurde in St. Petersburg 1752 publiziert. – Kratzenstein, Christian Gottlieb (1723–1759), Akademiemitglied für Mechanik; Popov, Nikita Ivanovič (1720–1782), Akademiemitglied für Astronomie. Das Preisausschreiben der Jahre 1749/1750 war das erste internationale Preisausschreiben der Petersburger Akademie. Das Problem – ob alle bekannten Unregelmäßigkeiten in der Bewegung des Mondes mit der Newtonschen Theorie übereinstimmen – wurde von Euler gestellt. Er war auch der maßgebliche Preisrichter über die eingesandten Arbeiten. Viele Angaben über dieses Petersburger Preisausschreiben findet man in dem Einleitungsartikel zu Band 5, Series IV, von *L. Euleri opera omnia*, Basel 1980.

12 Es sei angemerkt, daß die Persönlichkeiten dieses M.I. Voroncov nahestehenden Kreises auch oft durch verwandschaftliche Beziehungen verbunden waren: A.S. Stroganov war mit einer Tochter von M.I. Voroncov verheiratet, N.A. Korff mit der Cousine der Zarin, Martha Skavronskaja, Voroncov selbst mit Anna Karlovna Skavronskaja und deren Bruder M.K. Skavronski mit Maria Nikolajevna Stroganova.

13 Šuvalov, Ivan Ivanovič (1727–1797), Oberkammerherr, Kurator der Moskauer Universität.

14 Euler-Goldbach, S.403.

15 Lambert, Johann Heinrich (1728–1777), stammte aus Mulhouse im Elsaß, Mathematiker und Physiker, seit 1765 Mitglied der Berliner Akademie der Wissenschaften.

16 Euler-Goldbach, S. 404–405.

17 *Die Berliner und die Petersburger Akademie der Wissenschaften im Briefwechsel Leonhard Eulers.* Herausg. und eingeleitet von A.P. Juškevič und E. Winter unter Mitwirkung von P. Hoffmann, T.N. Klado und Ju.Kh. Kopelevič. Akademie-Verlag Berlin, 1959–1976, 3 Bände (im folgenden: Briefwechsel); Bd.1, S.224–256.

18 Ebenda, Bd.2, S.267, 272.

19 CGADA, f.181, op.16, Nr.1413, č.4, Bl.101, 184.

20 Ebenda, Bl. 62.

21 Ebenda, Bl.258–259.

22 Ebenda, Bl. 225. – Messerschmidt, Daniel Gottlieb (1685–1735), Naturforscher, seit 1717 in russischen Diensten, leitete in den Jahren 1719–1727 eine Expedition nach Sibirien.

23 Die Titel der Aufsätze waren: *Schediasma de arte generali inveniendi, cum figura hieroglyphica* und *De theoria arithmetices novis a se inventis aucta et ad mathematicos epistula.* Siehe *Protokolle,* Bd.2, S.177.

24 Ebenda, Bl. 235–237.

25 Gessner, Johann Mathias (1691–1761).

26 Stosch, Philipp (1691–1757). CGADA, f.181, op.16, Nr.1415, č.4, Bl.9–11.

27 Schreiber, Johann Friedrich (1705–1772), seit 1731 Arzt in der russischen Armee, später Stadtphysikus in Moskau, Professor am Hospital in Petersburg, Ehrenmitglied der Petersburger Akademie der Wissenschaften.

28 CGADA, f.199, ed. khr.546, č.3, d.17.

29 Ebenda, f.181, op.16, Nr.1413, č.4, Bl. 179–180. – Crusius, Christian (1715–1767), seit 1740 Adjunkt, seit 1746 Professor an der Petersburger Akademie.

30 Weitbrecht, Josias (1702–1747), seit 1725 Adjunkt, seit 1731 Professor der Physiologie an der Petersburger Akademie der Wissenschaften.

31 CGADA, f.181, op.16, Nr.1413, č.5, Bl.41–42.

32 Ebenda, Bl.55–58.

33 Ebenda, č.4, Bl.58–60.

34 Ebenda, Teil 5, Bl.178.–Reichel, Johann Gottfried (gest. 1778), Professor der Geschichte an der Moskauer Universität und Autor zahlreicher historisch-politischer Werke.

35 Briefwechsel, Bd.1, S.256–258.

36 Braun, Josef Adam (1712–1768), Professor der Philosophie an der bei der Petersburger Akademie bestehenden Universität.

37 Fedorovič, Georg Friedrich, war 1760–1770 Professor der Jurisprudenz an der bei der Petersburger Akademie bestehenden Universität. Müller schrieb an Euler, daß «dieser Name in der wissenschaftlichen Welt unbekannt ist.» Die Lebensdaten von Fedorovič sind uns nicht bekannt.

38 Büsching, A.F. Op. cit., S.16.

39 Briefwechsel, Bd.1, S.254.

40 Ebenda, S.255–256.

41 Ein Entwurf dieser Lebensbeschreibung ist in den Papieren Müllers erhalten. – CGADA, f.199, portf.247, d.16, Bl.6.

42 AAdWR, Petersburger Abt. f.21, op.1, Nr.105, Goldbach, Bl.5.

Anmerkungen zu Kapitel 5

1 Wolff, Ch. v.: *Anfangsgründe sämtlicher mathematischen Wissenschaften.* Halle 1710. *Elementa matheseos universae.* Halle 1713–1741.

2 2 Bände, St. Petersburg 1770–71. – Kotel'nikov, Semjon Kirillovič (1723–1806), Akademiemitglied, Mathematiker, Schüler Eulers. Die Ergänzungen zur Übersetzung des Wolffschen Werkes basieren auf den Arbeiten von Euler.

3 Euler-Goldbach, S.24. Der Kurs von Wolff wird auch in einem Brief Goldbachs an D. Bernoulli vom 20. März 1730 im Zusammenhang mit gewissen Integralen erwähnt. S. Fuss, Bd.II, S.351.

4 Fuss, Bd.II, S.301,305.

5 Ebenda, S.217.

6 Ozanam, Jaques (1640–1717), französischer Mathematiker, besonders bekannt als Verfasser einer Sammlung von Unterhaltungsaufgaben: Ozanam, J.:*Récréations mathématiques*, Paris 1697.

7 Fermat, Pierre (1601–1665), sprach die Behauptung aus, daß die Gleichung $x^n + y^n = z^n$ $(xyz \neq 0)$ für $n > 2$ nicht in ganzen Zahlen lösbar ist. Fermat meinte, über einen Beweis zu verfügen. Bekannt ist indessen ein Beweis von Fermat eben nur für den Fall $n = 4$. Der « Große Fermatsche Satz» ist bis heute, ungeachtet der Bemühungen der bedeutendsten Mathematiker, nicht in vollem Umfang bewiesen.

8 Leuneschloss, Johann (1620–1680), war Professor der Mathematik in Heidelberg. Die Rede ist von den Büchern: Leuneschloss, J.: *Mille de quantitate paradoxa sive admiranda.* Heidelbergiae 1658; *Thesaurus mathematum reseratum per algebram novam.* Patavii, 1646.

9 Bongo (lat. Bungus), Pietro, Priester in Bergamo. Sein Buch: Bungus, P.:*Numerorum mysteria ex additis plurimarum disciplinarum fontibus hausta.* Venetiae, 1591.

10 Euler-Goldbach, S.85, 89.

11 Ebenda, S.86.

12 Schon die alten Griechen nannten eine natürliche Zahl n vollkommen, wenn die Summe der Teiler von n, die kleiner als n sind, gleich der Zahl n selbst ist, wie z. B. $n=6$ oder 28. Ein erstes wichtiges Theorem über vollkommene Zahlen findet sich in den Elementen des Euklid (ca. 300 v. u. Z.). Euler und viele andere Mathematiker haben sich mit vollkommenen Zahlen beschäftigt. Bis heute ist nicht bekannt, ob es ungerade vollkommene Zahlen gibt und ob unendlich viele oder nur endlich viele vollkommene Zahlen existieren. Vgl. Euler-Goldbach, S.356, Anm.2.

13 Ebenda, S.356, 361.

14 Ebenda, S.363, 366

15 Fuss, Bd.II, S.128.

16 Newton, I.:*Arithmetica universalis.* Cantabrigae, 1707.

17 Fuss, Bd.II, S.176, 179, 182, 187.

18 Ebenda, S.210.

19 Newton, I.:*Tractatus de quadratura curvarum.* In: Newton, I.:*Opticks...* London, 1704.

20 Schooten, Frans van (1615–1660), holländischer Mathematiker, Professor in Leiden.

21 *Geometria à Renato Des Cartes... in latinam linguam versa, et commentariis illustrata, opera atque studio Francisci à Schooten...* Amstelodami, 1659–1661. S. Fuss, Bd.II, S.187.

22 Leibniz, G.W.: *De vera proportione circuli ad quadratum circumscriptum in numeris rationalibus expressa.* Der Aufsatz war 1675 im wesentlichen fertiggestellt und wurde 1682 in den *Acta Eruditorum* gedruckt. In: *Leibnizens mathematische Schriften.* Herausgegeben von C.I. Gerhardt. Halle 1858 (im weiteren L. M. S.), Bd.V, S.118–122. S. Fuss, Bd.II, S.183.

23 Leibniz, G.W.: *Specimen novum Analyseos pro Scientia infiniti circa Summas et Quadraturas. Acta Eruditorum* von 1702. In: L. M. S., Bd.V, S.350–361. S. den Brief Goldbachs an F. Koes vom 28. August 1721: CGADA, f.181, op.16, Nr.1415, Bl.26r–27r

24 Bernoulli, Jac.: *Propositiones arithmeticae de seriebus infinitis eorumque summa finita.* Basileae, 1689–1704. Deutsche Ausgabe: Jac. Bernoulli: *Unendliche Reihen* (1689–1704). Hrsg. von G. Kowalewski. Leipzig 1909.

25 Bernoulli, Jac.: *Ars conjectandi*. Basileae, 1713 (Wiederabdruck: Brüssel, 1968). Wie schon J.E. Hofmann bemerkte, fand dieses Buch Jakob Bernoullis zu seiner Zeit keine große Verbreitung. Die damaligen Bibliotheken verfügten im allgemeinen nicht über bedeutende mathematische Bestände, und die Verbreitung von Jakob Bernoullis Arbeiten im Kreis derjenigen Gelehrten, die dem damals sehr einflußreichen Johann Bernoulli nahestanden, wurde durch die alles andere als freundschaftlichen Beziehungen behindert, die letztlich zwischen den beiden Brüdern entstanden waren. Johann hat nach dem Tod des Bruders dessen Lehrstuhl an der Basler Universität erhalten. S. Hofmann, S.141–142. Übrigens ist einer der Teile des Werkes von Jakob Bernoulli über Reihen, wahrscheinlich der fünfte, von Nikolaus I Bernoulli an Goldbach übergeben worden, als sie sich in England trafen. Indessen hat Goldbach damals die Abhandlung nicht studiert, weil sie ihm entweder zu schwer oder zu unklar (*sive difficila, sive obscura*) erschien und er darüberhinaus mit anderen Dingen beschäftigt war. Darüber schrieb Goldbach in einem Brief an D. Bernoulli vom 4. November 1723, in welchem er über die Anfänge seiner Studien zur Theorie der unendlichen Reihen berichtet.

26 S. Cantor, Bd.3, S.90–96.

27 Als Stimmung (das lateinische Wort *Temperamentum* bedeutet soviel wie richtiges Verhältnis oder rechtes Maß) bezeichnet man in der Musik die Festsetzung der Verhältnisse zwischen den Stufen (Tönen, Halbtönen) der Tonleiter.

28 Goldbach hat seine Arbeiten nie mit vollem Familiennamen unterzeichnet, sondern am Anfang oder am Ende die Initialen C. G. geschrieben.

29 Die genannten bibliographischen Daten sind in der Bibliographie der Publikationen und Briefwechsel Goldbachs auf den Seiten 187–188 angegeben. Hinweise auf den Briefwechsel Goldbachs mit Euler sind mit der Bezeichnung R Nr... versehen, die es ermöglicht, die Stelle ihrer Publikation oder ihren Aufbewahrungsort nach dem Band I der Serie IVA der *Opera omnia* in den Fällen zu finden, wo keine direkten Hinweise auf entsprechende Ausgaben gegeben werden.

30 Als Monochord bezeichnet man ein Instrument zur Bestimmung der Tonhöhe einer Saite und ihrer Teile bzw. allgemein irgend ein einsaitiges Instrument.

31 Aristoxenos von Tarent, Schüler des Aristoteles, gilt als bedeutendster antiker Musiktheoretiker. Näheres bei: Van der Waerden, B. L.: *Erwachende Wissenschaft*. Basel/Stuttgart 1956, S.178.

32 Wir erinnern daran, daß die Endung *is* die Zunahme um einen Halbton bedeutet und daß B für *Hes* steht.

33 Euler, L.: *Tentamen novae theoriae musicae*, 1739. S. *Opera omnia*, Ser.III, vol.1.

34 Eneström, G.: *Der Briefwechsel zwischen Leonhard Euler und Johann Bernoulli. Bibliotheca Mathematica*, 1903, F.3, Bd.4, S.383–388.

35 Euler, L.: *Opera omnia*, Ser.III, vol.1, p.332.

Anmerkungen zu Kapitel 6

1 Genaueres findet man in dem Buch von I.G. Bašmakova und E.I. Slavutin: *Die Geschichte der Diophantischen Analysis von Diophant bis Fermat* (Russ.). Moskau, Nauka, 1984.

2 Vor kurzem wurden arabische Texte von vier weiteren Büchern entdeckt, die den Diophantschen Aufgaben nach Inhalt und Form nahekommen. Es steht nicht genau fest, ob diese Bücher Übersetzungen von bisher nicht gefundenen Teilen der *Arithmetik* sind. Sie sind aber auf jeden Fall sehr eng mit der Diophantischen Tradition verknüpft. S.:Rashed, R.: *Les travaux perdus de Diophant.* – *Revue d'hist. sciences* 17, 1974, 97–122; 18, 1975, 3–30. Ferner: Sesiano, J.: *Books IV to VII of Diophantus' Arithmetica in the Arabic Translation Attributed to Quṣṭā ibn Lūcā.* New York, Heidelberg, Berlin 1982.

3 Bachet de Meziriac, Claude Caspar de (1581–1638), Liebhaber der Mathematik, war Mitarbeiter des Münzhofs.

4 Gauß, Carl Friedrich (1777–1855), bedeutendster Mathematiker des 19. Jahrhunderts, Professor in Göttingen. Die Rede ist von seinem grundlegenden Werk: *Disquisitiones arithmeticae*, Göttingen 1801.

5 Fuss, Bd.II, S.207,212.

6 Ebenda, S.195–213.

7 Euler-Goldbach, S.42. R.724.

8 *Protokolle*, Bd.I, S.60.

9 *Commentarii*, Bd.6, S.101. Erstmals verwendete Goldbach dieses Zeichen anscheinend in einem Brief an D. Bernoulli vom 13. September 1724 (Fuss, Bd.II, S.219). Ob hieraus wohl das heute übliche Ungleichheitszeichen $\neq$ hervorgegangen ist?

10 Ebenda.

11 *Commentarii*, Bd.6, S.202.

12 Euler, L.: *Theoremata circa residua ex divisione potestatum relicta* (E.262) – *Novi Commentarii*, t.VII (1756–1757), 1761. (S. *Opera omnia*, Ser.I, vol.2). Der Buchstabe E. mit einer Nummer weist hier und im folgenden auf das Eneströmsche Verzeichnis der Werke Eulers hin: Eneström, G.: *Verzeichnis der Schriften Leonhard Eulers.* Jahresber. der DMV 1910–1913, Ergänzungsbd.IV, Lieferung 1–2. Wiederabgedruckt (ohne Angabe von Nachauflagen und Übersetzungen, aber mit Hinweisen auf die entsprechende Serie und den Band der *Opera omnia* von Euler) in dem Buch: *Handschriftliche Materialien Leonhard Eulers im Archiv der Akademie der Wissenschaften der UdSSR* (Russ.), Bd.I. Hrsg.: Ju.Kh. Kopelevič, M.V. Krutikova, G.K. Michailov, N.M. Raskin. Moskau, Leningrad, 1962, S.352–386.

13 Euler-Goldbach, S.33 R.720.

14 Fuss, Bd.II, S.161.

15 Ebenda, S.168.

16 Ebenda, S.169–170.

17 Ebenda, S.237,239.

18 Euler-Goldbach, S.35, R.721.

19 Ebenda, S.38, R.722.

20 Ebenda, S.39, R.723.

21 Euler, L.: *Regula facilis problemata Diophantea per numeros integros expedite resolvendi*. E.739. Siehe *Opera omnia*, Ser.I,vol.4; *Protokolle*, Bd.III, S.357.

22 Euler, L.: *Theorematum quorundam arithmeticorum demostrationes*. E.98. *Commentarii*, Bd.10, (1738) 1747. Siehe *Opera omnia*, Ser.I, vol.2; *Protokolle*, Bd.I, S.488, 491,493,503.

23 Lagrange, Joseph Louis (1736–1813), ein gebürtiger Italiener, neben Euler der bedeutendste Mathematiker und Vertreter der Mechanik des 18. Jahrhunderts, Mitglied der Berliner (1759) und der Pariser (1787) Akademie der Wissenschaften, Ehrenmitglied der Petersburger Akademie (1776), Professor an der Ecole Normale und an der Ecole Polytechnique.

24 Fuss, Bd.II, S.190. In der *Arithmetik* des Diophant wird die Lösung dieser Aufgabe in gebrochenen rationalen Zahlen gegeben (Buch 4, Aufgabe 20); S. Diophantus Alexandrinus: *Arithmetik*. Aus dem Griech. von A. Czwalina. Göttingen 1952). Fermat verfügte sicher über eine Methode zum Auffinden ganzer Lösungen, die D. Bernoulli unbekannt war.

25 Fuss, Bd.II, S.194–195.

26 Fuss, Bd.II, S.202–203. Goldbach setzte die Erörterung eben dieser Frage in einem Brief vom 17. April fort; s. ebenda, S.206–207.

27 Ebenda, S.203.

28 Für diesen Fall würde man heute folgende Eulersche Transformation benutzen: $\sqrt{ax - x^2} = zx$. S. Euler: *Integralrechnung* (Euler, L.: *Institutiones calculi integralis*, 1768, t.1. *Opera omnia*, ser.I, vol.11), E.366, §§88–91.

29 Fuss, Bd.II, S.262, 280–281.

30 Fuss, Nikolaus (1755–1826), gebürtig aus Basel, traf 1773 in Rußland ein; seit 1786 Akademiemitglied, seit 1800 ständiger Sekretär der Petersburger Akademie. Der Herausgeber der oft zitierten Briefwechsel von Mathematikern des 18. Jahrhunderts, Paul H. Fuss (1798–1855), Sohn von N. Fuss, folgte ihm 1826 auf den Posten des ständigen Sekretärs.

31 Fuss, Bd.II, S.676–677.

Anmerkungen zu Kapitel 7

1 L.M.S., Bd.V, S.351.

2 Riccati, Jacopo Francesco, Graf (1676–1754), italienischer Liebhaber der Mathematik.

3 d'Alembert, Jean-Baptiste le Rond (1717–1783), französischer Mathematiker und Physiker, Mitglied der Pariser Akademie und auswärtiges Mitglied der Petersburger Akademie.

4 Fuss, Bd.II, S.97–98.

5 Ebenda, S.153–154.

6 Ebenda, S.106–108.

7 Bernoulli, D.: *Exercitationes quaedam mathematicae.* Venetiae, 1724, p.77–80.

8 Liouville, Joseph (1809–1882), Professor an der Ecole Polytechnique und am Collège de France, Mitglied der Pariser Akademie.

9 *Protokolle*, Bd.1, S.3.

10 Ebenda, S.9. In den *Protokollen* ist von der Vorstellung dieses Aufsatzes nicht die Rede. Die von uns angegebenen Daten beruhen auf Randbe-merkungen in den *Commentarii* unmittelbar am Anfang des Artikels.

11 *Commentarii*, Bd.1, S.190.

12 Siehe z.B. Stepanov, V.V.: *Lehrbuch der Differentialgleichungen.* Berlin 1963, Kap.I, §6.

13 Euler-Goldbach, S.52–55, 60–61; R.729–731. – In den Anmerkungen zu diesen Briefen ist weitere einschlägige Literatur angegeben, insbesondere die entsprechenden Arbeiten Eulers.

14 Die Integrationskonstante schrieb man damals gewöhnlich nicht mit hin und die Untersuchung der Konvergenz einer unendlichen Reihe führte man nicht durch (s.S.139–141).

15 *Commentarii*, Bd.1, S.195.

16 Fuss, Bd.II, S.339.

17 Euler-Goldbach, S.45–49. R.725, 727.

18 *Commentarii*, Bd.1, S.208.

19 Hermann, J.: *De calculo integrali. Commentarii*, Bd.1 (1726), 1728, S.149–167.

20 Fuss, Bd.II, S.316.

21 Ebenda, S.339. Fuss datierte den Brief nach altem Stil, was falsch sein muß, da Goldbach schon am 5. Januar 1730 neuen Stils antwortete (ebenda, S.341).

22 Ebenda, S.349.

23 Ebenda, S.354–356. Auf der ersten Zeile von S.356 steht, wahrscheinlich versehentlich, n statt m.

24 Fuss, Bd.II, S.367–370. Das Differential

$$x^m (a + bx^n)^p \, dx = \frac{1}{m+1} (a + bx^n)^p \, dx^{m+1}$$

kann mittels der Substitution $x^{m+1} = y$ auf den ersten Ausdruck zurück-geführt werden.

25 Ebenda, S.373.

26 Euler-Goldbach, S.48. R.725–727.

27 Euler, L.: *Integralrechnung*, Bd.1. *Opera omnia*, Ser.I, vol.11, p.588.

28 Čebyšev, Pafnutij L'vovič (1821–1894), bedeutendster russischer Mathematiker des 19. Jahrhunderts, Professor an der Universität Petersburg, Mitglied der Petersburger Akademie, Begründer einer großen wissenschaftlichen Schule, die seinen Namen trägt.

29 Mordukhaj-Boltovskij, Dmitrij Dmitrievič (1876–1952), Professor der Mathematik an der Universität Warschau und seit 1915 an der Universität Rostov, beschäftigte sich auch viel mit Geschichte der Mathematik.

30 Fuss, Bd.II, S.156, 160.

31 Ebenda, S.388–389.

32 Euler-Goldbach, S.40–41.

33 Für einen kurzen Abriß der Geschichte des Problems im 18. Jahrhundert s. Hofmann, S.148–150. Dort gibt es auch Hinweise auf die wesentliche Literatur.

34 Klausen, Thomas (1801–1885), Astronom, arbeitete in Altona und ab 1841 in Dorpat (Tartu).

35 Čebotarev, Nikolaj Grigor'evič (1894–1947), Professor in Kasan, Korrespondierendes Mitglied der Akademie der Wissenschaften der UdSSR.

36 Dorodnov, Anatoli Vassil'evič (geb. 1908), arbeitete seit 1940 an der Universität Kasan.

37 L.M.S., Bd.V, S.118–122. S. oben, Anm. 25 zu Kapitel VII, S.223.

38 Goldbach bezeichnete, dem Beispiel Descartes folgend, $\pm$ durch einen Punkt zwischen den Gliedern des Nenners.

39 Das heißt, die Summe ist eine rationale Funktion des Index x.

40 Man sieht leicht, daß das allgemeine Glied die Differenz

$$\frac{ax}{lx+m} - \frac{a(x-1)}{l(x-1)+m}$$

zweier aufeinanderfolgender Summen ist.

41 Fuss, Bd.II, S.173–174,177–178,185–186.

42 Wenn x nacheinander die Werte $1, 2, 3, \ldots, x$ annimmt, dann ist die Summe der Glieder der Form

$$\left(\frac{1}{x+m} - \frac{1}{x+m+1} \right) \quad \text{gleich} \quad \frac{1}{m+1} - \frac{1}{x+m+1}.$$

Diesen ziemlich offensichtlichen Umstand hat Goldbach nicht bemerkt; man findet jedoch eine solche Formel bei Euler (s.S.145).

43 Über die Summation dieser Art schrieb Goldbach auch in Briefen an J. Hermann vom 29. Januar und 11. September 1721 (s.S.165-171.)

44 Fuss, Bd.II, S.186–187.

45 CGADA, f.181, op.16, Nr.1415, č.1, Bl. 4r.

46 Rast, G.H.:*Specimen methodi ad summas serierum analytice demonstratum*. Regiomontis, 1720. In einem Brief Rasts an Goldbach vom 19. März 1722 ist von der Übersendung dieses – uns unzugänglichen – Werkes die Rede. Goldbach antwortete am 3. Juli und führte einige ergänzende Überlegungen an. – CGADA, f.181, op.16, Nr.1413, č.2, Bl.20–20r, Nr.1415, č.1, Bl. 57–59.

47 Fuss, Bd.II, S.186.

48 Ebenda, S.189. Der Begriff «rekurrente Reihe» wurde von Moivre in einem Aufsatz eingeführt, der 1720 der Royal Society vorgelegt wurde und der in den *Philosophical Transactions* für das Jahr 1722 erschien.

49 J.E. Hofmann (Hofmann S.146) schrieb, daß sich diese Formel bereits in einem Werk des italienischen Mathematikers Pietro Mengoli (1625–1686) aus dem Jahre 1650 findet und daß Jacob Bernoulli sie gekannt haben muß. Durch irgendein Mißverständnis erwähnt Hofmann diese Formel jedoch im Zusammenhang mit Goldbachs Aufsatz in den *Acta eruditorum* von 1720, wo sie aber gar nicht vorkommt.

50 Newton, I: *Methodus differentialis*. London, 1711.

51 Gregory, James (1638–1675), schottischer Mathematiker, Professor in St. Andrews und Edinbourgh, Mitglied der Royal Society.

52 Taylor, B.: *Methodus incrementorum directa et inversa*. London, 1715.

53 Die sogenannte Taylorsche Reihe ist in den unlängst publizierten Manuskripten Newtons vom Beginn der 1690er Jahre enthalten; sie war ihm wie auch J. Gregory schon früher bekannt.

54 Nicole, François (1638–1758), Mitglied der Pariser Akademie der Wissenschaften.

55 Stirling, James (1692–1770), schottischer Mathematiker, Mitglied der Royal Society. Über die hier erwähnten Arbeiten Taylors und anderer Mathematiker s. Cantor, S.378ff.

56 Fuss, Bd.II, S.285,297,302–304,307–308,314,324.

57 *Arithmetica infinitorum*. Oxoniae, 1656. Wallis, John (1616–1703), Mathematiker, einer der Gründer der Royal Society.

58 Bekanntlich erfuhr die «Interpolation» von Wallis eine Weiterentwicklung vor allem bei Newton, der, von ihr ausgehend, die heute nach ihm benannte Binomialformel fand.

59 Fuss, Bd.II, S.128–129.

60 Ebenda, S.32. Den von Goldbach gefundenen Ausdruck für $\sqrt{2}$ erhält man unmittelbar aus der Potenzreihenentwicklung von $(1+x)^n$ für $x = 1$ und $n = \frac{1}{2}$.

61 Fuss, Bd.II, S.146. Die Erwähnung dieses Manuskripts zeigt, daß Goldbach den wesentlichen Inhalt seiner Arbeit *Über die allgemeinen Glieder von Reihen* bereits 1722 besaß.

62 Ebenda, S.273, 282 und 285.

63 Fuss, Bd.II, S.250.

64 Fuss, Bd.II, S.270. Der Titel des Aufsatzes von D. Bernoulli lautete: *Observationes de seriebus quae formantur ex additione vel substractione quacunque terminorum se mutuo consequentium, ubi praesertim earundem insignis usus pro inveniendis radicum omnium aequationum algebraicarum ostenditur. Commentarii*, III, (1728) 1732, p.85–100.

65 Fuss, Bd.II, S.273.

66 Fuss, Bd.II, S.284–286.

67 E.101. Erschienen 1748. *Opera omnia*, Ser.I, vol.8.

68 Kramp, Christian (1760–1826), Professor der Mathematik in Straßburg.

69 Der Terminus «konvergente Reihe» (*series convergens*) geht auf J. Gregory (1667) zurück, der Terminus «divergente Reihe» (*series divergens*) stammt von Nikolaus I Bernoulli (1713).

70 Fuss, Bd.II, S.201–216, 219–226.

71 Fuss, Bd.II, S.221.

72 Dieser Briefwechsel, der in zwei verschiedenen Ausgaben publiziert ist, wird jetzt im Band II der *Series quarta* A von Eulers *Opera omnia* neu herausgegeben.

73 Euler-Goldbach, S.218; R.805.

74 E.247. *De seriebus divergentibus. Novi Commentarii*, V, (1754–1755) 1760; *Opera omnia*, Ser. I, vol.14.

75 Euler, L.: *Institutiones calculi differentialis*. E.212. *Opera omnia*, Ser.I, vol.10, p.80 –82, 224–226.

76 Eine Analyse und Einschätzung der Methoden und Berechnungen Eulers in der Theorie der Reihensummation findet man in dem Buch von G.H. Hardy: *Divergent Series*. Oxford 1949. – Hardy, Godefroy Harold (1877–1947), Professor in Cambridge und Oxford, Mitglied der Royal Society und Auswärtiges Mitglied zahlreicher Akademien, war der bedeutendste englische Mathematiker seiner Zeit.

77 Fuss, Bd.II, S.325.

78 Euler, L.: *Differentialrechnung* (Russ.). Moskau – Leningrad, 1949, S.24. – Vygodskij, Mark Jakovlevič (1898–1965), Mathematiker und Mathematikhistoriker, Professor, arbeitete an der Moskauer Universität und am Pädagogischen Institut in Tula.

79 Mit Bezugnahme auf die §§ 34–36 des Kapitels 1, wo dieselben Resultate ein wenig anders gewonnen werden.

80 Legendre, Adrien-Marie (1752–1833), französischer Mathematiker, Autor zahlreicher Arbeiten über verschiedene Fragen der Analysis, Zahlentheorie, Mechanik, Geodäsie; Mitglied der Pariser Akademie und Professor an der Ecole Polytechnique.

81 Euler-Goldbach, S.19–23.

82 Euler-Goldbach, S.25–29.

83 *Materialien*, Bd.1, S.591. Die Rede ist von der Arbeit E.19: *De progressionibus transcendentibus, seu quarum termini generales algebraice dari nequeunt. Commentarii* V (1730–1731) 1738. *Opera omnia*, Ser.I, vol.14.

84 Siehe Gussov,V.V.: *Die Arbeiten russischer Gelehrter zur Theorie der Gammafunktion.*(Russ.) In: *Istoriko-matematičeskie issledovanija*, 1952, vyp.V, S.421–437.

85 *Protokolle*, Bd.1, S.2. Hier wird nur davon gesprochen, daß Goldbach «ein Theorem über die Umordnung von Reihen» vorgestellt hat; der Artikel in den *Commentarii* ist bei den Eintragungen für März 1727 verzeichnet. Es ist möglich, daß Goldbach zwischen Herbst 1725 und Frühjahr 1727 irgendwelche Veränderungen in den Text eingearbeitet hat. In den Protokollen für 1727 wird der Aufsatz nicht erwähnt.

86 Hardy, a.a.O., Kap.I, 1,6.

87 Euler,L.: *Differentialrechnung. Opera omnia*, Ser.I, vol.10, p.217.

88 Hardy, a.a.O., Kap.I–II und VIII. D. Bernoulli äußerte in einem Brief an Goldbach vom 18. (29.) November 1728 große Zweifel an der Möglichkeit, divergente Reihen in konvergente umzuordnen (Fuss, Bd.II, S.277).

89 Fuss, Bd.II, S.373. Bernoulli arbeitete zu jener Zeit an seiner berühmten Hydrodynamik (*Hydrodynamica*), die 1738 erschienen ist.

90 Bei der Publikation dieses Briefes von D. Bernoulli hat Fuss die ganze Goldbach betreffende Passage ausgelassen, ferner gewisse Stellen, die sich auf Schumacher und andere Personen sowie auf Fragen der Politik beziehen. S. Fuss, Bd.II, S.474 und 479. Wir zitieren nach dem Original, welches sich in der Petersburger Abteilung des Archivs der Akademie der Wissenschaften befindet: f.136, op.2, Nr.7, Bl.44–45r.

91 Fuss, Bd.II, S.479–480. Die Übersetzung der zitierten Passage bei Pekarskij (Bd.I, S.170–171) ist nicht ganz korrekt.

Anmerkungen zu Kapitel 8

1 Genauer bis zum Sommer 1733: Am 24. Juni (5. Juli) 1733 verließ D. Bernoulli Petersburg.

2 Hofmann, S.143.

3 Die letzten Briefe Eulers blieben, wie bereits erwähnt, wegen des sehr schlechten Gesundheitszustandes Goldbachs unbeantwortet.

4 Weil hier und im folgenden ständig die angeführte Ausgabe der Korrespondenz Eulers mit Goldbach zitiert wird, werden wir die Verweise auf die entsprechenden Seiten direkt im Text geben. Die schon erwähnte Ausgabe des Briefwechsels von Euler und Goldbach, auf die wir uns hier stets beziehen, enthält eingehende mathematikhistorische Kommentare zu jedem Brief und Hinweise auf weitere Literatur zur jeweiligen Frage.

5 Den Namen Zeta-Funktion und die Bezeichnung $\zeta(n)$ führte 1857 der berühmte deutsche Mathematiker Bernhard Riemann (1826–1866), Professor in Göttingen, ein.

6 Über die Reihen von Potenzen der inversen natürlichen Zahlen findet man näheres in dem inhaltsreichen Überblick über die Arbeiten Eulers zur Reihentheorie in den Bänden 14–16 der Serie I der *Opera omnia*, welcher von G. Faber stammt und im zweiten Teil von Bd.16 abgedruckt ist, besonders auf den Seiten XVI–XXXIX. Bei E.477 handelt es sich um die Arbeit *Meditationes circa singulare serierum genus*. *Novi Commentarii*, vol.20 (1775)1776; *Opera omnia*, Ser.I, vol.15. Über diese Arbeit siehe S. XXXVI–XXXVIII des Abrisses von Faber.

7 Fuss, Bd.II, S.296, 305–306.

8 *Protokolle*, Bd.1, S.383, 385. E.72. *Variae observationes circa series infinitas*. *Commentarii*,vol.5 (1730–1731) 1735. *Opera omnia*, Ser.I, vol.14. Auf das erste Resultat wird auch in der Arbeit E.25 hingewiesen, die von Euler am 20. Juni (1. Juli) und 21. August (2. September) 1732 vorgestellt und 1738 veröffentlicht wurde.

9 «stumme Zahlen» sind algebraische Irrationalitäten und «von irgendwelchen Quadraturen abhängige Zahlen» sind transzendente Zahlen (s.u. S.189). Der Terminus «stumme Zahl» (*numerus surdus*) ist mittelalterlich.

10 Die Tatsache, daß schon früher Mengoli (1650) und der französische Gelehrte Nicole Oresme (gest.1382) die Divergenz der harmonischen Reihe festgestellt hatten, war Jakob Bernoulli nicht bekannt. Der Satz, daß man durch passende Umordnungen einer bedingt konvergenten Reihe als Summe jede beliebige Zahl (einschließlich Unendlich) erhalten kann, geht auf Riemann (1853) zurück.

11 Anfang der dreißiger Jahre verbrachte Johann II Bernoulli einige Zeit in Petersburg. Er glaubte, hier eine akademische Position zu erhalten. Seine Verhandlungen hatten keinen Erfolg und er verließ Petersburg zusammen mit dem älteren Bruder am 24. Juni (5. Juli) 1733.

12 Fuss, Bd.II, S.252–253.

13 Ebenda, S.296–297.

14 Ebenda,S.300–301.

15 *De summatione innumerabilium progressionum*. *Commentarii*, vol.5 (1731–1732) 1735. *Opera omnia*, Ser.I, vol.14.

16 *De progressionibus harmonicis observationes*. *Commentarii*, vol. 7 (1734–1735) 1740. *Opera omnia*, Ser.I, vol.14

17 *Inventio summae cuiusque seriei ex dato termino generali*. *Commentarii*, vol.8 (1736) 1741. *Opera omnia*, Ser.I, vol.14.

18 *Observationes de theoremate quodam Fermatiano aliisque ad numeros primos spectantibus*. *Commentarii*, vol.6 (1732–1733) 1738. *Opera omnia*, Ser.I,vol.2.

19 Am selben Tage trug Goldbach seine Arbeit Nr.10 vor (s.o. S.112).

20 *Demonstratio circa residuo ex divisione potestatum per numeros primos resultante*. *Novi Commentarii*, vol.18 (1773) 1774. *Opera omnia*, Ser.I, vol.3.

21 *Observationes circa divisionem quadratorum per numeros primos. Opuscula analytica*,vol.I, 1783. *Opera omnia*, Ser.I, vol.3.

22 *Protokolle*, Bd.2, S.458–459. Diese Behauptung findet sich auch in. den Papieren von Descartes, die erst in neuerer Zeit publiziert worden sind (Descartes, R.: *Oeuvres*. Paris 1908, vol.10, p.298). In der Ausgabe von Fuss (Bd.I, S.257) ist das Goldbachsche Theorem mit einem sinnentstellenden Fehler wiedergegeben: statt «keine Formula algebraica» steht «eine Formula algebraica».

23 Stern, Moritz Abraham (1807–1894), Professor in Göttingen.

24 Littlewood, John Idensor (1885–1957), Professor in Cambridge.

25 Linnik, Jurij Vladimirovič (1915–1972), Professor an der Universität Leningrad (1944), Mitglied der Akademie der Wissenschaften der UdSSR (1964). Siehe seinen Aufsatz *Alle großen Zahlen sind Summe einer Primzahl und zweier Quadrate (Über ein Problem von Hardy–Littlewood)* (Russ.). Mat. sbornik, 1960, Bd.52, Nr.2; 1961, Bd.53, Nr.1.

26 Fuss, Bd.II, S.301, 310. Es ist indessen unklar, ob Bernoulli nur Irrationalitäten vom Typ $\sqrt[a]{b}$ oder beliebige algebraische Zahlen (deren Definition damals noch fehlte) im Auge hatte. Hinzu kommt, daß man zu jener Zeit noch glaubte, alle algebraischen Gleichungen seien in Radikalen lösbar.

27 Fuss, Bd.II, S.313, 318–319, 326, 329.

28 Hermite, Charles (1822–1901), französischer Mathematiker, Professor an der Sorbonne, Mitglied der Pariser und Ehrenmitglied der Petersburger Akademie.

29 Lindemann, Ferdinand (1852–1939), deutscher Mathematiker, Professor in Königsberg und München. Das zentrale Moment in Lindemanns Beweis war die Formel $e^{\pi i} = -1$. Ein bewundernswerter Vorgriff auf diese Zusammenhänge war die zweimal wiederholte Behauptung von D. Bernoulli, daß die Frage nach der arithmetischen Natur für die «Quadratur des Kreises» und für «die Quadratur der Hyperbel» in gleicher Weise zu lösen sein wird, weil sie sich beide «untereinander in einer gewissen Abhängigkeit vermittelst der imaginären Zahlen befinden.» Eine könne nämlich durch die andere mit Hilfe imaginärer Logarithmen ausgedrückt werden (Fuss, Bd.II, S.310, 329). Von der Verbindung zwischen den inversen trigonometrischen Funktionen und den «imaginären Logarithmen» ist in Aufsätzen von Johann I Bernoulli die Rede, die 1704 und 1712 publiziert wurden.

30 Kuz'min, Rodion Osievič (1891–1949), Professor am Leningrader Polytechnischen Institut, später an der Universität; korrespondierendes Miglied der Akademie der Wissenschaften der UdSSR. Es geht hier um die Arbeit *Über die transzendenten Zahlen Goldbachs* (Russ.). Trudy Leningrad. industr. instituta, razd. fiz.-mat. 1938, S.28–32.

31 Euler, L.: *Introductio in analysin infinitorum* 1748, t.1. *Opera omnia*, Ser.I, vol.8.

32 Euler, L.: *Einleitung in die Analysis des Unendlichen*. Deutsch von J.A.Ch. Michelsen. Berlin, 1835, S.77.

33 Gel'fond, Aleksandr Osipovič (1906–1968), Professor an der Moskauer Universität; korrespondierendes Mitglied der Akademie der Wissenschaften der UdSSR.

34 Unabhängig von Gel'fond und fast gleichzeitig wurde dieser Satz von dem deutschen Mathematiker T. Schneider bewiesen.

35 Descartes, R.: *Oeuvres*, vol.10, p.298. – Unabhängig von Goldbach hat auch Edward Waring diese Vermutung formuliert. Das Interesse für das Goldbachsche Problem entstand aber erst nach der Herausgabe seines Briefwechsels mit Euler im Jahre 1843. – Waring, Edward (1734–1798), Professor in Cambridge, Mitglied der Royal Society.

36 Debov, Adolph (1818–1888), französischer Mathematiker; arbeitete in Amiens.

37 Cantor, Georg (1845–1918), Begründer der Mengenlehre, Professor in Halle/Saale.

38 Landau, Edmund (1877–1938), Professor an den Universitäten Berlin und Göttingen, auswärtiges Mitglied der Akademie der Wissenschaften der UdSSR.

39 Šnirel'man, L.G.: *Über die additiven Eigenschaften von Zahlen* (Russ.). Izvestija Donskoj polyt. Instituta, 1930, 14, S.3–28. – Šnirel'man, Lev Genrikhovič (1905–1938), Professor an der Moskauer Universität, korrespondierendes Mitglied der Akademie der Wissenschaften der UdSSR.

40 Vinogradov, I.M.: *Eine neue Methode in der analytischen Zahlentheorie* (Russ.). Trudy mat. Instituta AN SSSR, 1937, 10, S.1–122. Siehe auch seine spätere Arbeit *Die Methode der trigonometrischen Summen in der Zahlentheorie* (Russ.) Ebenda, 1947, 23, S.1–109. Wiederabdruck in dem Buch: Vinogradov, I.M.: *Ausgewählte Arbeiten* (Russ.). Moskau, Izdatel'stvo AN SSSR, 1952, S.237–331.

41 Zur Geschichte des Goldbachschen Problems siehe N.G. Čudakov: *Über das Goldbachsche Problem* (Russ.). Uspekhi mat. nauk, 1938, vyp.IV, S. 14–33; Delone, B.N.: *Die Petersburger Schule der Zahlentheorie* (Russ.). Moskau, Leningrad: Izdatel'stvo AN SSSR, 1947, S.365–395. Frühere Arbeiten sind kurz behandelt in: Dickson, L.E.: *History of the theory of numbers*. Washington 1919, vol.1, p.421–425.

Anmerkungen zum Anhang

1) In der Übersetzung dieses Briefwechsels, der in Latein geführt wurde, sind einige Stellen, die nicht von Interesse sind, weggelassen worden (sie sind durch drei Punkte gekennzeichnet). Ebenfalls weggelassen wurden die damals üblichen Höflichkeitsformeln am Anfang und am Ende jedes Briefes.

2) In deutscher Sprache. — *Materialien*, Bd.6, S.528–532.

3) Goldbach hat hier offenbar die außerordentlichen Professoren im Auge.

4) Die Ausschreibung von Preisaufgaben durch die Akademien war zu dieser
   Zeit gerade aufgekommen. Begonnen hatte damit die Pariser Akademie
   in den zwanziger Jahren. An den Pariser Preisausschreiben beteiligten
   sich auch Petersburger Akademiemitglieder wie G.B. Bülfinger, L. Euler
   und andere. In der Folgezeit begannen fast alle bedeutenden Akademien
   Europas Preise auszuschreiben. Die Preisausschreiben wurden zu einer
   der wichtigsten Formen der internationalen Zusammenarbeit der Gelehrten. Der Vorschlag Goldbachs zu Preisausschreiben der Petersburger
   Akademie fand seinen Niederschlag im Akademiestatut von 1747, in dem
   ein besonderer Punkt über Preisausschreiben enthalten ist. Es wurden
   Aufgaben aus der Physik, der Astronomie und der Biologie ausgeschrie-
   ben. An der Auswahl und der Formulierung von Aufgaben haben sich
   besonders L. Euler und M.V. Lomonosov aktiv beteiligt. Einen Überblick
   über die Petersburger Preisaufgaben des 18. Jahrhunderts findet man in
   dem Aufsatz von Ju.Kh. Kopelevič: In der Anfangszeit (Russ.). Vestn.
   AN SSSR, 1974, Nr.2, S.130–143.

5) Manuskript in Latein. — Archiv der Akademie der Wiss. Rußlands, Pe-
   tersb. Abt., f.1, op.3, Nr.1, Bl.10–11r; CGADA, f.199, portf.257, d.21.
   Publiziert in der Originalsprache von P.P. Pekarskij–Zapiski imp. Akademii nauk, t. VII, St. Petersburg 1865, Anhänge, S.28–29.

6) Im Manuskript steht nach diesen Worten folgende Passage durchgestrichen: «zu welcher Zeit Peter erstmals die Idee kam».

7) Im Manuskript folgt durchgestrichen: «es sei denn jemand, der überhaupt
   nicht weiß, was Geschichte ist und der allen beweisen will, daß er ebenso
   unvernünftig wie unwissend ist.»

8) Zu diesen Gedichten s.S.25–26, 165–179.

9) A.E.: Acta Eruditorum.

10) Die Lebensbeschreibung beruht auf Notizen von Daniel Bernoulli, die
    dieser seinem Brief an Goldbach vom 9. November 1728 beigefügt hatte.
    Siehe auch den Brief von D. Bernoulli vom 31. März 1729 (*Fuss*, Bd.II,
    S.266–270 und 289–291).

11) Alle Daten sind nach dem heutigen Kalender angegeben.

Index

Verzeichnis Abbildungen

BIRKHÄUSER

Vita Mathematica

Herausgegeben von
Emil A. Fellmann, Basel, Schweiz

Die Reihe **Vita Mathematica** bringt unter einheitlichen Gesichtspunkten verfasste Werkbiographien bedeutender Mathematiker von der Antike bis in unsere Zeit – unter Berücksichtigung der wissenschaftshistorischen Forschung der letzten Jahrzehnte. Diese Bücher sind nicht primär für professionelle Mathematikhistoriker geschrieben, sondern wenden sich an Studierende der Mathematik, der Physik und der technischen Wissenschaften in den ersten bis mittleren Semestern, an Mathematik- und Physiklehrer, Mathematiker und Physiker, die ihre Fachdisziplinen in ihrer Einbettung in die Kultur- und Geistesgeschichte kennenlernen und studieren möchten. Die Publikationssprachen sind Deutsch, Englisch oder Französisch.

VM 1   W. Purkert / H.J. Ilgauds
Georg Cantor 1845-1918
1987. 262 Seiten. 25 s/w-Abb.
Gebunden (deutsch)
ISBN 3-7643-1770-1

VM 2   H. Loeffel
Blaise Pascal 1623-1662
1987. 176 Seiten. 84 s/w-Abb.
Gebunden (deutsch)
ISBN 3-7643-1840-6

VM 3   H.-G. Bigalke
Heinrich Heesch
Kristallgeometrie –
Parkettierungen –
Vierfarbe-forschung
1988. 320 Seiten. 90 s/w-Abb.
Gebunden (deutsch)
ISBN 3-7643-1954-2

VM 4   W. Breidert
George Berkeley 1685-1753
1989. 200 Seiten. 31 s/w-Abb.
Gebunden (deutsch)
ISBN 3-7643-2236-5

VM 5   P.R. Masani
Norbert Wiener 1894-1964
1990. 416 pages. Hardcover
(English)
ISBN 3-7643-2246-2

VM 6   **André Weil**
Souvenirs d'apprentissage
Autobiographie
1991. 201 pages. Relié (French)
ISBN 3-7643-2500-3

VM 7   I. Schneider
Johannes Faulhaber
1580-1635
Rechenmeister in einer Welt
des Umbruchs
1993. 288 Seiten. Gebunden
(deutsch)
ISBN 3-7643-2919-X

**Please order through your
bookseller or write to:**
Birkhäuser Verlag AG
P.O. Box 133
CH-4010 Basel / Switzerland
FAX: ++41 / 61 / 271 76 66

**For orders originating
in the USA or Canada:**
Birkhäuser
44 Hartz Way
Secaucus, NJ 07096-2491 / USA

Prices are subject to change without notice. 11/93

Birkhäuser

Birkhäuser Verlag AG
Basel · Boston · Berlin

MATHEMATICS

Adolf Pavlovič Juškevič (1906–1993), Doktor der mathema-
tischen Wissenschaften und Professor der Mathematik der
Universität Moskau, wirkte mehrere Jahrzehnte als
Abteilungschef des Instituts für Geschichte der Naturwissen-
schaften und der Technik der (vormaligen) Sowjetischen
Akademie der Wissenschaften. Er war «Membre Effectif»
der «Académie Internationale d'Histoire des Sciences»
(AIHS, Paris) und 1965–1968 deren Präsident, Mitglied der
Deutschen Akademie der Naturforscher Leopoldina,
Korrespondierendes Mitglied der «Real Academia de
Buenas Letras de Barcelona» und war Träger der Medaillen
A. Koyré (AIHS), G. Sarton (USA), Leibniz (DDR),
Euler (USSR) und K.O. May (ICHM).
Juškevič ist Autor zahlreicher Abhandlungen und Bücher,
darunter einer sechsbändigen Geschichte der Mathematik,
und gilt als markantester Vertreter der Mathematik-
geschichte Russlands. Besondere Verdienste erwarb er sich
als Mitarbeiter der vierten Serie der *Opera omnia* Leonhard
Eulers, eines Gemeinschaftswerkes der Schweizerischen
und der Russischen Akademie der Wissenschaften, das
noch immer fortgeführt wird.

Judith Kh. Kopelevič, geb. 1921 in Homel (Weissrussland),
absolvierte die philologische Fakultät der (damaligen)
Leningrader Universität, Abteilung für klassische Philologie
von 1939 bis 1947. Sie promovierte 1955 mit ihrer Dissertation über die späten Satiren von Juvenal und ist seither am
Institut für Geschichte der Naturwissenschaften und
Technik der Akademie der Wissenschaften der ehemaligen
USSR (jetzt Russlands) tätig. Sie ist sie die beste Kennerin
der Geschichte der Petersburger Akademie der Wissenschaften im 18. Jahrhundert und deren Beziehungen
mit dem Ausland. Ihre bekanntesten Bücher sind:
Die Entstehung der wissenschaftlichen Akademien (1974)
und *Die Gründung der Petersburger Akademie der
Wissenschaften* (1977), (beide russisch). Ferner ist sie
Autorin zahlreicher Abhandlungen zur Geschichte der
Wissenschaften und Mitarbeiterin an den Briefwechsel-
bänden der Euler-Werkausgabe, die in schweizerischer und
russischer Gemeinschaftsarbeit ediert werden.